令和2年版

水 産 白 書

水産庁　編

水産白書の刊行に当たって

農林水産大臣

江藤 拓

　我が国は、世界屈指の豊かな海に囲まれており、その恵みである多様な水産資源は、漁獲、加工、流通及び販売など多くの水産業に関わる人々の営みを通じて、国民の豊かで健康的な食生活を支えてきました。

　現在、我が国の水産業は大きな変化の中にあります。平成期を通じて、我が国の漁業生産量は減少し、漁業者の減少・高齢化も継続しています。また、クロマグロやウナギ等で資源管理強化の必要性が高まるほか、気候変動等による海洋環境の変化によって、サケやサンマが歴史的不漁となるなど、多くの課題に直面しています。

　他方、資源管理措置や漁業許可・免許制度等の漁業生産に関する基本的制度を一体的に見直す、約70年振りとなる漁業法の抜本改正が本年12月に施行されます。

　また、近年は、生産性・所得向上や浜の活性化のための取組が拡大するとともに、ICT・AIなどによる技術革新が現場にも普及するなどの新たな動きも見られます。これらの潮流を将来につなげるべく、水産資源の適切な管理と水産業の成長産業化を両立させ、所得向上と年齢バランスの取れた就業構造の確立を目指してまいります。

　一方、近年、我が国の周辺水域では、外国漁船による悪質な違法操業も見られますが、これらの違法操業の取締りは、我が国漁業者が安心して操業するために不可欠であり、ひいては漁船が持つ国境監視機能を果たすという点からも重要です。今後、更なる取締装備と人員の強化、船舶の増隻や大型化、取締訓練の実施などにより取締能力の向上を図ってまいります。

　さらに、漁業・水産業の現場においても、今般の新型コロナウイルス感染症の影響により水産物の需要が減退し、国内価格が下落するなど厳しい状況が続いていますが、現場の皆様の声をよく伺いながら、漁業・水産業の生産基盤をしっかりと守り、強化するよう、収入安定対策の拡充や、漁場保全活動・資源調査などの休漁支援、水産物の一時保管費用への支援を講じるなど全力で取り組んでまいります。

　今回の白書では、「平成期の我が国水産業を振り返る」と題した特集を組み、平成期における生産・消費の変遷や資源の持続的利用の取組について分析するとともに、令和の時代に我が国水産業が向かうべき方向について、具体的な事例を含めて記述しています。

　この白書が多くの国民の皆様に広く活用され、我が国の水産業の現状と将来の展望についての御理解を深めていただける一助となれば幸甚です。

　皆様の御理解とお力添えを賜りますよう、よろしくお願い申し上げます。

令和2年6月

令和元年度
水産の動向

令和2年度
水産施策

第201回国会（常会）提出

この文書は、水産基本法（平成13年法律第89号）第10条第１項の規定に基づく令和元年度の水産の動向及び講じた施策並びに同条第２項の規定に基づく令和２年度において講じようとする水産施策について報告を行うものである。

令和元年度

水 産 の 動 向

第201回国会（常会）提出

第1部

目　次

令和元年度　水産の動向

平成30年度以降の我が国水産の動向
第1章　水産資源及び漁場環境をめぐる動き

第3章　水産業をめぐる国際情勢

コラム一覧

注　本資料に掲載した地図は、必ずしも、我が国の領土を包括的に示すものではありません。

第2部　令和元年度　水産施策

令和元年度に講じた施策

目　　次

第1部

令和元年度　水産の動向

は じ め に

　我が国水産業は、国民に対して水産物を安定的に供給し、漁村地域をはじめとする国民経済の発展を担うことが期待されています。水産物の安定供給のためには、漁業資源の持続的利用のための適切な資源管理を実施するとともに、水産物を生産する産業である漁業の経営の安定を図っていくことが必要です。また、水産物の生産、加工、流通、販売の各段階において、消費者のニーズに的確に応えていくことも重要です。

　しかしながら、我が国の漁業生産量は平成期の30年間で約３分の１に減少し、漁業を担う漁業就業者は高齢化が進むとともに、減少傾向が続いています。また、気候変動等による海洋環境の変化が水産資源の分布・回遊に大きな影響を与えるなど、漁業や漁村を取り巻く環境変化のリスクも大きくなっています。

　一方で、生産現場においては、資源管理の取組が推進されるとともに、地域の漁業の課題の解決に向けて漁業者主体の取組が広がってきています。また、ICTやAIなどの新技術の活用も進められています。

　本報告書では、特集において「平成期の我が国水産業を振り返る」と題し、平成期における我が国水産業の変遷について振り返るとともに、令和の時代において、我が国の水産業が持続的に発展し、期待される機能を一層発揮していくためには何が必要であるかについて考察しています。

　特集に続いては、「水産資源及び漁場環境をめぐる動き」、「我が国の水産業をめぐる動き」、「水産業をめぐる国際情勢」、「我が国の水産物の需給・消費をめぐる動き」、「安全で活力ある漁村づくり」及び「東日本大震災からの復興」の章を設けています。

　本書を通じて、水産業についての国民の関心がより高まるとともに、我が国の水産業への理解が一層深まることとなれば幸いです。

特 集

平成期の我が国水産業を振り返る

平成期の水産業に関する主な出来事

	年	水産業に関する国際的な動き	水産政策の動き
昭和後期	50～63	**200海里時代が開始（52年）** IWCでいわゆる「商業捕鯨モラトリアム」採択（57年） 「日ソ地先沖合漁業協定」発効（59年） 「日ソ漁業協力協定」発効（60年）	南極海での鯨類科学調査開始（62年）
平成前期	3	米国200海里水域から完全撤退 国連で「公海大規模流し網漁業のモラトリアム」採択	
	5	「北太平洋における溯河性魚類の系群の保存のための条約」発効	
	6	「国連海洋法条約」発効 「みなみまぐろの保存のための条約」発効	北西太平洋での鯨類科学調査開始
	7	「中央ベーリング海におけるすけとうだら資源の保存及び管理に関する条約」発効	
	8	「インド洋まぐろ類委員会の設置に関する協定」発効 我が国が「国連海洋法条約」を批准	「海洋生物資源の保存及び管理に関する法律」成立
平成中期	11	「日韓漁業協定」発効	「持続的養殖生産確保法」成立
	12	「日中漁業協定」発効	
	13		「水産基本法」成立 「漁港漁場整備法」成立
	14		「有明海及び八代海を再生するための特別措置に関する法律」成立
	16	「中西部太平洋まぐろ類条約」発効	
	17	FAO水産委員会において「水産エコラベルガイドライン」採択	
	19		「漁船漁業改革推進プロジェクト」開始
平成後期	23		**「資源管理・収入安定対策」開始**
	24	「南インド洋漁業協定」発効 「南太平洋公海資源保存管理条約」発効	
	25	「日台民間漁業取決め」成立	
	26		「内水面漁業の振興に関する法律」成立
	27	「北太平洋漁業資源保存条約」発効 国連で「持続可能な開発目標（SDGs）」合意	
	28	ロシア200海里水域内における流し網漁業の全面禁止 「違法漁業防止寄港国措置協定」発効	
	29		「商業捕鯨の実施等のための鯨類科学調査の実施に関する法律」成立
	30	「TPP11協定」発効	**「水産政策の改革について」公表** **「漁業法」、「水産業協同組合法」改正** **「出入国管理及び難民認定法」改正**
	31	「日EU・EPA」発効	

注：太字は特集で記載されている事項。

	年	水産業に関する国内の動き	消費・需給に関する動き	その他社会の動き・出来事
昭和後期	50～63	漁業・養殖業生産額がピークとなる（57年） 漁業・養殖業生産量がピークとなる（59年） マイワシの漁獲量がピークとなる（63年） 大型鯨類を対象とした捕鯨業を中断（63年）		第二次オイルショック（53年）
平成前期	2		EUが日本産水産物の輸入を全面禁止、のちに解除	
	3			バブル崩壊
	5	技能実習制度の創設		
	6			この頃、インターネットが普及 阪神・淡路大震災
	7		「製造物責任法」（PL法）成立	
	8		米国で水産品のHACCPが義務化	
	9	漁獲可能量（TAC）制度の運用開始		
平成中期	13		日本で初めてBSEが発生 国民1人1年当たり食用魚介類消費量がピークとなる	
	14	資源回復計画の実施開始 クロマグロ完全養殖成功	この頃、「おさかな天国」が人気となる	
	15		「食品安全基本法」成立 この頃、農林水産物の輸出促進への注目が高まり始める この頃、買い負けが話題となる	
	17	燃油価格の高騰（17～20年）		この頃、SNSが普及
	19		「マリン・エコラベル・ジャパン」創設	この頃、スマートフォンが普及
	20		産地偽装などの食に関する信頼を揺るがす事案が相次ぐ	
平成後期	22	ニホンウナギ完全養殖成功		
	23	東日本大震災による津波が水産業に甚大な被害をもたらす 「資源管理指針」・「資源管理計画」の実施開始	東京電力福島第一原子力発電所事故による諸外国の輸入規制の影響等により、水産物の輸出額が減少 国民1人1年当たり肉類消費量が食用魚介類消費量を上回る	
	25	「浜の活力再生プラン」開始	「食品表示法」成立	「和食」がユネスコ無形文化遺産に登録
	26	過去最多のサンゴ密漁船を確認		
	27	うなぎ養殖業が大臣許可制となる		
	30	太平洋クロマグロについてTAC制度の運用開始		

第1節　我が国水産業の変遷

　我が国水産業は、国内外の環境変化の中で、生産や産業構造などの様々な面において変化してきました。

　この節では、我が国水産業の平成期の変遷について、漁業生産、漁場環境、水産物消費、水産政策の指針となる条約の締結及び法律の制定、資源の持続的利用の取組、水産基盤整備という多角的な視点で見ていきます。

（1）　漁業生産の状況の変化

（平成期には生産量の減少傾向が継続）

　我が国の漁業は、第2次世界大戦後、沿岸から沖合へ、沖合から遠洋へと漁場を拡大することによって発展しましたが、昭和50年代には200海里時代が到来し、遠洋漁業の撤退が相次ぐ中、マイワシの漁獲量が急激に増大した結果、漁業・養殖業の生産量は、昭和59（1984）年にピークの1,282万トンとなりました（図特－1－1）。その後、主に沖合漁業によるマイワシの漁獲量の減少の影響により、漁業・養殖業の生産量は平成7（1995）年頃にかけて急速に減少し、その後は緩やかな減少傾向が続いていました。平成23（2011）年には、東日本大震災の被害を受けた地域の生産量が大幅に減少したこと等により前年比10％減少となり、平成24（2012）年には、被災地の復興等により前年比2％増加したものの、その後も緩やかな減少傾向が続きました。マイワシの漁獲量の大きな変動については、海水温等が数十年間隔で急激に変化するレジームシフトによるものであるとする説が有力となっています。

図特－1－1　我が国漁業生産量の推移及び漁業を取り巻く状況の変化

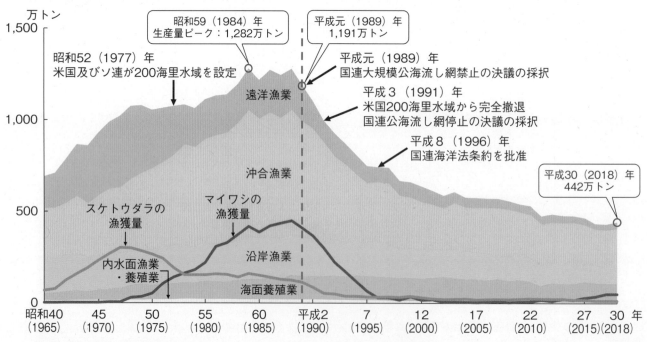

資料：農林水産省「漁業・養殖業生産統計」
　注：漁業・養殖業生産量の内訳である「遠洋漁業」、「沖合漁業」及び「沿岸漁業」は、平成19（2007）年から漁船のトン数階層別の漁獲量の調査を実施しないこととしたため、平成19（2007）～22（2010）年までの数値は推計値であり、平成23（2011）年以降の調査については「遠洋漁業」、「沖合漁業」及び「沿岸漁業」に属する漁業種類ごとの漁獲量を積み上げたものである。

（漁業生産額は平成後期には増加傾向へ）◇◇◇◇◇◇◇◇◇◇◇◇◇◇◇◇◇◇◇◇◇◇◇◇◇◇

　漁業生産額は、海洋環境の変動等の影響から資源量が減少する中で、漁業者や漁船の減少等に伴う生産体制のぜい弱化や、国民の「魚離れ」による消費量の減少等により、昭和57（1982）年の2兆9,772億円をピークに平成24（2012）年まで長期的に減少してきましたが、平成25（2013）年以降は消費者ニーズの高い養殖魚種の生産の進展等により増加に転じています（図特−1−2）。平成期においては、漁業生産額のうち、海面漁業生産額が6割から7割程度を占めてきました。その額は、昭和58（1983）年以降、減少傾向となりましたが、平成21（2009）年以降は横ばい傾向となりました。一方、海面養殖業生産額は平成3（1991）年をピークに減少傾向となりましたが、平成26（2014）年以降は増加傾向となりました。内水面漁業・養殖業生産額は昭和57（1982）年をピークに減少傾向となりましたが、平成20（2008）年以降、増加傾向となっています。

図特−1−2　我が国漁業生産額の推移

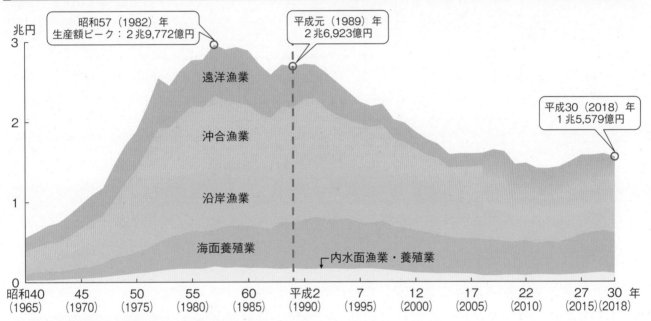

資料：農林水産省「漁業産出額」に基づき水産庁で作成
　注：1）　漁業生産額は、漁業産出額（漁業・養殖業の生産量に産地市場卸売価格等を乗じて推計したもの）に種苗の生産額を加算したもの。
　　　2）　海面漁業の部門別産出額については、平成19（2007）年から取りまとめを廃止した。
　　　3）　平成18（2006）年以降の内水面漁業の産出額には、遊漁者による採捕は含まれない。

（遠洋漁業の縮小が続き、漁船漁業生産量に占める割合は4割から1割に減少）◇◇◇◇◇◇◇

　昭和後期、我が国の遠洋漁業は最盛期を迎え、その生産量は、ピークとなった昭和48（1973）年には400万トンに迫り、我が国の漁船漁業生産量全体の約4割を占めるまでになりました。しかし、昭和52（1977）年には、米国、ソビエト連邦などが200海里水域の設定に踏み切り、事実上200海里時代が到来したことにより、我が国の多くの遠洋漁船が米国200海里水域等の既存の漁場から撤退を余儀なくされました。その後は、公海域におけるカツオ・マグロ漁業等が遠洋漁業の主力となりましたが、公海域においてもマグロ類を中心に多くの外国漁船が操業を始めたこと等から、「大西洋のまぐろ類の保存のための国際条約」等に基づく漁業生産量の国別割当てや禁漁等も含む国際的な漁業管理が強化されました。また、我が国と条約非加盟国等との競合も激化したため、更に多くの我が国遠洋漁船が撤退しました。

　こうした状況の中、平成元（1989）年には、遠洋漁業生産量は198万トンと、我が国の漁

船漁業生産量全体の約2割となりました。平成期に入って以降も、遠洋漁業の縮小につながる動きが続きました。公海上での大規模流し網漁業については、平成3（1991）年の国連総会決議により平成4（1992）年末をもって停止されました。また、ベーリング公海漁業が平成4（1992）年の関係国会議において一時停止することで合意され、平成7（1995）年の「中央ベーリング海におけるすけとうだら資源の保存及び管理に関する条約」の発効以降も停止状態が続いています。さらに、平成5（1993）年に「北太平洋における溯河性魚類の系群の保存のための条約」が発効し、北緯33度以北の北太平洋の公海における溯河性魚類の漁業が禁止され、さらに、ロシア200海里水域におけるさけ・ます流し網漁業が平成28（2016）年以降禁止されました。このほか、平成11（1999）年には、国際連合食糧農業機関（FAO）水産委員会において、各国が協調して過剰な漁船等を削減することを内容とする「漁獲能力の管理に関する国際行動計画」が採択され、我が国はこの内容に基づき、遠洋まぐろはえ縄漁業漁船の2割に当たる132隻の減船を実施しました。

　近年、我が国の遠洋漁業の中心となっているのは、カツオ・マグロ類を対象とした海外まき網漁業、遠洋まぐろはえ縄漁業、遠洋かつお一本釣り漁業等であり、カツオ・マグロ類が我が国の遠洋漁業生産量の約9割を占めています。我が国の遠洋漁船は、公海水域のほか、太平洋島しょ国やアフリカ諸国等の各国の排他的経済水域（以下「EEZ」といいます。）においても操業を行っており、カツオ・マグロ類を始めとする高度回遊性魚類等については、地域漁業管理機関が定めるルールに従って、また、各国のEEZ内では、我が国と入漁先国との間に締結された政府間協定又は民間による入漁契約に基づき、操業が行われています。しかし、入漁先国側は、国家収入の増大及び雇用拡大を推進するため、入漁料の引上げ、現地加工場への投資や合弁会社の設立等を要求する傾向が強まっています。また、海洋環境の保護を重視する国も増加しており、入漁をめぐる状況は厳しさを増しています。

　平成30（2018）年の遠洋漁業生産量は、我が国の漁船漁業生産量の約1割に当たる35万トンとなっています。

（沖合漁業は主要魚種であるマイワシやサバ類の生産量が大きく変化）

　沖合漁業は、昭和期から平成期に至るまで我が国の漁業生産量の最も大きな割合を占めており、昭和50年代初め以降は、漁船漁業生産量の5割から6割程度を占めていました。しかし、沖合漁業の主要漁獲対象種は多獲性浮魚類と呼ばれる資源変動が激しい種であるため、漁獲魚種の構成については変化が見られます（図特－1－3）。1980年代には、それまでの主要魚種であったサバ類は漸減し、急増したマイワシが主要魚種となりました。1990年代に入るとマイワシが急減する一方でマアジやサンマの漁業生産量が増加しましたが、これら魚種の増加量はマイワシの急減をカバーするほどではなく、その結果、沖合漁業の生産量は急速に減少しました。平成期の中頃には、沖合漁業でかつてのマイワシほど大きな割合を占める魚種は見られず、漁獲魚種の構成は多様なものとなりましたが、近年、サバ類とマイワシの割合が増加してそれぞれ2割程度を占めています。

　平成30（2018）年の沖合漁業生産量は、我が国の漁船漁業生産量の約6割に当たる204万トンとなっています。

図特－1－3　沖合漁業生産量が我が国漁業生産量に占める割合及び沖合漁業生産量の主要魚種別内訳の推移

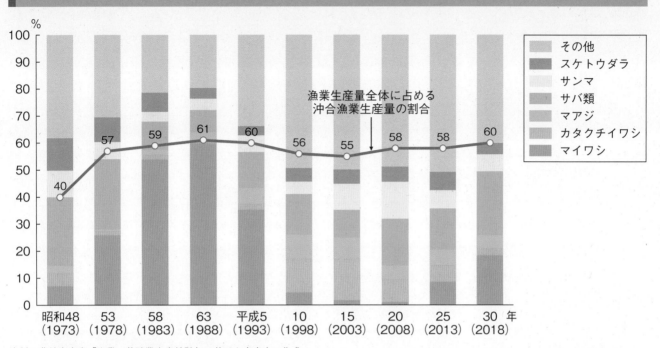

資料：農林水産省「漁業・養殖業生産統計」に基づき水産庁で作成
注：1)　昭和48（1973）年及び53（1978）年については、それぞれの年の「漁業・養殖業生産統計」における沖合漁業の生産量を用いた。
　　2)　昭和58（1983）〜平成30（2018）年は、平成30（2018）年の「漁業・養殖業生産統計」における沖合漁業に含まれる漁業種類を対象に集計した生産量を用いた。
　　3)　漁業生産量には養殖業生産量は含まない。

（沿岸漁業は海洋環境の変化等により生産量が漸減傾向）◇◇◇◇◇◇◇◇◇◇◇◇◇◇◇◇◇◇◇◇

　沿岸漁業（海面養殖業を除く。）の生産量は、昭和後期から平成初期にかけて盛んになった栽培漁業によって一部の種では増産効果が見られた時期もあったものの、平成期には総じて漸減傾向にありました。沿岸漁業生産量の減少の要因としては、海洋環境の変化も大きく影響していると考えられており、具体的には、磯焼けの発生や沿岸開発による水産生物の減少・稚魚育成適地の減少やサケ・マスの回帰率の低下などが問題となっています。一方、漁船漁業生産量に占める沿岸漁業生産量の割合については、昭和50年代には約2割を占めていましたが、遠洋・沖合漁業生産量が減少した平成期においては、3割程度のシェアに上昇し、平成30（2018）年には、97万トンとなりました。

　沿岸漁業の多くは漁村の産業基盤となっています。漁村及び地域漁業の活性化のためには、漁業所得の向上を目標に、何が問題となっておりその解決のためにはどうすべきかを漁村地域が自ら検討し、解決の方策を決めることが必要です。各浜の漁業協同組合（以下「漁協」といいます。）等は、平成25（2013）年度から、市町村等と共同で地域の実情に即した「浜の活力再生プラン」を策定し、プランに掲げた取組の実施を開始しました。また、平成27（2015）年度からは、より広域的な競争力強化のための取組を行う「浜の活力再生広域プラン」も開始されました。

（海面養殖業は技術の普及・発展に伴い魚類の生産量が安定）◇◇◇◇◇◇◇◇◇◇◇◇◇◇◇◇◇◇◇◇

　我が国の養殖業は、魚類、貝類、海藻類、さらには宝飾品である真珠といった多岐にわたる品目を生産しており、水産物需要の高級化と多様化に対応して、計画的かつ安定的な生産・供給が可能であるという特性を活かして発展してきました。我が国の海面養殖業の生産量は、

平成6（1994）年にピークの134万トンとなった後、緩やかな減少傾向となっています。養殖業を魚種別に見ると、多くの種で生産量が減少する中、ブリ類の生産量は安定しています（図特－1－4）。近年では、既存の養殖業者による経営規模の拡大や協業化の取組が見られるほか、大手水産業者や水産業以外の分野の企業が養殖業に参入する事例も見られています。

　また、魚類養殖においては、生餌を中心とした飼育が一般的でしたが、平成期においては、魚種によっては、モイストペレット（養殖現場で粉末配合飼料とミンチにした生餌を混ぜて粒状に成形した飼料）やドライペレット（乾燥した固形飼料）を中心とした、栄養効率や作業効率が良く、環境にも優しい飼育方法の導入が進むとともに、給餌量や飼育密度の適正な管理による品質やサイズの安定した養殖魚の生産が進みました。さらに、クロマグロ等の完全養殖の技術や飼育しやすい魚の開発が進められてきました。

　養殖による生産量の割合が大きいホタテガイやブリ類は近年輸出が盛んに行われており、平成20（2008）年から30（2018）年までの直近10年間の輸出量を見てみると、ホタテガイが約7倍、ブリ類が約4倍に増加しました。また、平成17（2005）年に、FAOの水産委員会が、水産資源の持続性や環境に配慮して生産された水産物であることを証明する水産エコラベルに関するガイドラインを採択して以降、その認証を活用する動きが世界中で広がってきました。

図特－1－4　海面養殖業の魚種別生産量の推移

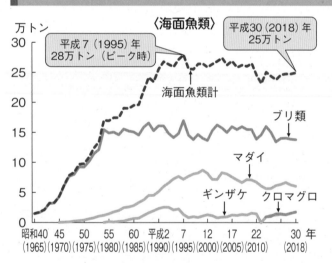

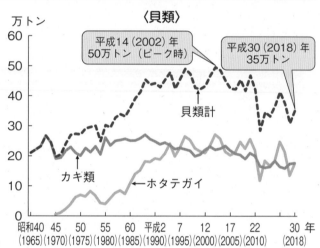

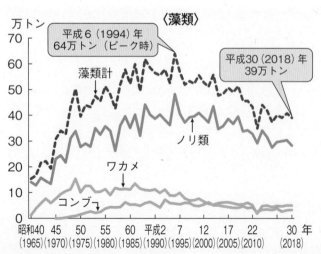

資料：農林水産省「漁業・養殖業生産統計」
注：平成23（2011）年調査は岩手県、宮城県、福島県の一部を除く結果である。

（内水面漁業は生息環境の変化等により生産量が減少）◇◇◇◇◇◇◇◇◇◇◇◇◇◇◇◇◇◇◇◇◇

　内水面漁業では、サケ類を除き、ほとんどの魚類で生産量が大きく減少しています（図特－1－5）。特にシジミの生産量は、ピークの昭和45（1970）年には約5万6千トンとなり、内水面漁業生産量の5割近くを占めていましたが、平成30（2018）年には約1万トンまで減少し、内水面漁業生産量に占める割合も約4割に低下しています。また、アユの生産量は、ピークの平成3（1991）年には約1万8千トンとなり、内水面漁業生産量の2割を占めていましたが、平成30（2018）年には約2千トンとなり、内水面漁業生産量に占める割合も1割以下となっています。

　これら内水面魚種の生産量の減少の要因としては、河川工事等による内水面漁業資源の生息環境の変化、オオクチバス等の外来魚や、カワウ等の鳥獣の生息域の拡大と食害等が影響していると考えられています。このような資源状況の悪化を受け、平成期には、魚が行き来しやすい魚道の設置や産卵場の造成等、内水面漁業資源の回復を目指す活動も行われており、琵琶湖では平成20年代以降、ホンモロコやニゴロブナの漁業生産量が増加に転じるなど、一部の内水面漁業資源には回復の兆しも見られています。

図特－1－5　内水面漁業の魚種別生産量の推移

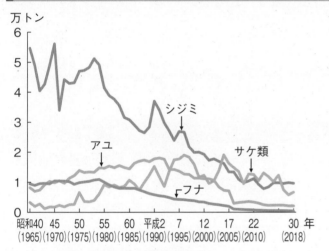

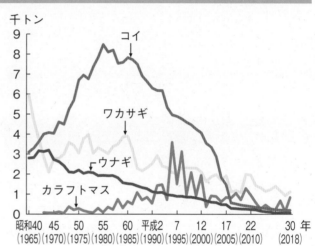

資料：農林水産省「漁業・養殖業生産統計」
注：1）　内水面漁業生産量は、平成12（2000）年以前は全ての河川及び湖沼、平成13（2001）～15（2003）年は主要148河川28湖沼、平成16（2004）～20（2008）年は主要106河川24湖沼、平成21（2009）～25（2013）年は主要108河川24湖沼、平成26（2014）～30（2018）年は主要112河川24湖沼の値である。
　　　2）　平成18（2006）年以降の内水面漁業の生産量には、遊漁者による採捕は含まれない。

（内水面養殖業は、コイの需要減少や魚病、ウナギ種苗の採捕量の減少により生産量が減少）◇

　内水面養殖業生産量は、ピーク時である昭和63（1988）年には10万トンでしたが、平成30（2018）年には約3万トンとなりました。内水面養殖は全魚種で大きく減少していますが、特に食用コイ養殖での減少率が大きくなっています。これは需要の減少に加え、コイヘルペスウイルス病による大量斃死が原因と考えられます（図特－1－6）。

図特－1－6　内水面養殖業の魚種別生産量の推移

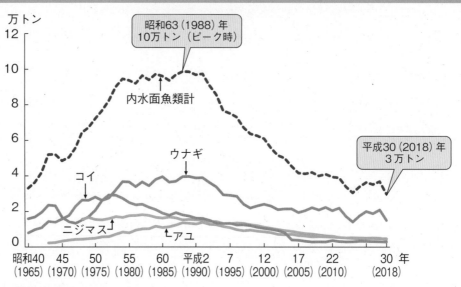

資料：農林水産省「漁業・養殖業生産統計」
注：1）　平成23（2011）年調査は岩手県、宮城県、福島県の一部を除く結果である。
　　2）　平成13（2001）年以降の内水面養殖業生産量は、マス類、アユ、コイ及びウナギの4魚種の収獲量であり、平成19（2007）年以降の
　　　　収獲量は、琵琶湖、霞ヶ浦及び北浦において養殖された上記4魚種以外のその他の収獲量を含む。

　ウナギは、内水面養殖業生産量・生産額の中で大きな割合を占めていますが、養殖の種苗は天然資源であるシラスウナギに依存しており、その採捕量が低水準かつ減少基調にあることから、国内外での資源管理対策の推進が必要です。この問題意識に基づき、平成26（2014）年に日本、中国、チャイニーズ・タイペイ及び韓国の4者で「ニホンウナギその他の関連するうなぎ類の保存及び管理に関する共同声明」が発出され、各国・地域内における池入数量上限が定められ、以降、毎年の非公式協議において、共同声明の遵守状況や次漁期の池入数量の上限等についての確認等が行われています。また、国内における資源管理の強化のため、うなぎ養殖業は、平成26（2014）年11月から「内水面漁業の振興に関する法律[*1]」に基づく届出養殖業とされ、さらに、平成27（2015）年6月には農林水産大臣の許可を要する指定養殖業とされ、個別の養殖場ごとに種苗の池入数量の制限が行われています。

（2）　漁場環境をめぐる動き

（顕在化しつつある気候変動の影響への対策を推進）◇◇◇◇◇◇◇◇◇◇◇◇◇◇◇◇◇◇◇◇◇◇◇◇

　気候変動は、地球温暖化による海水温の上昇等により、水産資源や漁業・養殖業に影響を与えます。日本近海における、令和元（2019）年までのおよそ100年間にわたる海域平均海面水温（年平均）の上昇率は、+1.14℃/100年です（図特－1－7）。この上昇率は、世界全体で平均した海面水温の上昇率（+0.55℃/100年）よりも大きく、日本の気温の上昇率（+1.24℃/100年）と同程度の値です。一方、海面水温の推移には10年規模の変動も認められ、近年は平成12（2000）年頃に極大、平成22（2010）年頃に極小となった後、上昇しています。さらに、局所的な海況の変化も日々起こっており、水産資源の現状や漁業・養殖業への影響を考える際には、これら様々なスケールの変動・変化を考慮する必要があります。

＊1　平成26（2014）年法律第103号

図特－1－7　日本近海の平均海面水温の推移

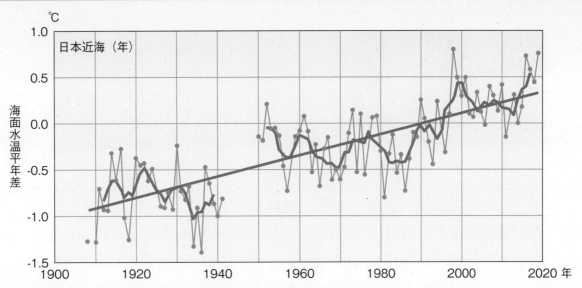

資料：気象庁地球環境・海洋部「海面水温の長期変化傾向（日本近海）」より抜粋
注：図の青丸は各年の平年差を、青の太い実線は5年移動平均値を表す。赤の太い実線は長期変化傾向を示す。

第1部

特集

　平成期において、我が国周辺水域では海水温の上昇が主要因と考えられる現象が顕在化してきており、近年では、北海道でのブリの豊漁やサワラの分布域の北上、九州沿岸での磯焼けの拡大とイセエビやアワビ等の磯根資源の減少、南方性エイ類の分布拡大による西日本での二枚貝やはえ縄漁獲物の食害の増加等が報告されています（図特－1－8）。中期的な変化としては、北太平及び北極海の過去36年分の表面水温データから、サケの夏季の分布可能域（水温2.7℃〜15.6℃）が北へシフトし、その面積は約1割減少した可能性があることが報告されています（図特－1－9）。

　気候変動はまた、海水温だけでなく、深層に堆積した栄養塩類を一次生産が行われる表層まで送り届ける海水の鉛直混合、表層海水の塩分、海流の速度や位置にも影響を与えるものと推測されています[*1]。このような環境の変化を把握するためには、調査船や人工衛星を用いた観測によりモニタリングを行っていくことが重要です。また、地域の水産資源や水産業に将来どのような影響が生じ得るかを把握するため、関係省庁や大学等とも連携して、数値予測モデルを使った研究や影響評価を行うとともに、取り得る対策案を事前に検討しておく取組も進められており、今後もこれらを継続していくことが重要です（図特－1－10）。

　気候変動に対しては、近年、水産分野においても、気温上昇をできるだけ抑えるための温室効果ガスの排出抑制等による「緩和」と、高水温耐性を有する養殖品種の開発等の「適応」の両面から対策が進められています。

＊1　温暖化により表層の水温が上昇すると、表層の海水の密度が低くなり沈みにくくなるため、鉛直混合が弱まると予測されている。

図特－1－8　北海道におけるブリ漁獲量の推移

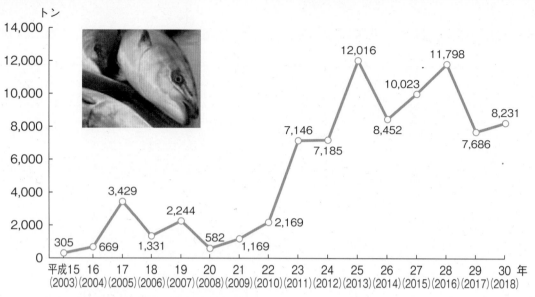

資料：北海道庁「北海道水産現勢」に基づき水産庁で作成

図特－1－9　北太平洋及び北極海におけるサケの分布可能域の変化

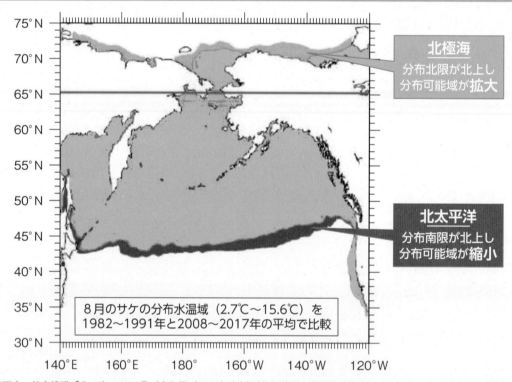

資料：（研）水産研究・教育機構「北の海から36号（令和元（2019）年）」（北海道区水産研究所編集）より抜粋、水産庁にて加筆修正

図特−1−10　北日本におけるコンブ類11種の種多様性の変化予測

温暖化の進行が著しいシナリオ（RCP8.5）では、2090年代の北日本でのコンブの分布域は、1980年代の0〜25％まで減少すると予測された。

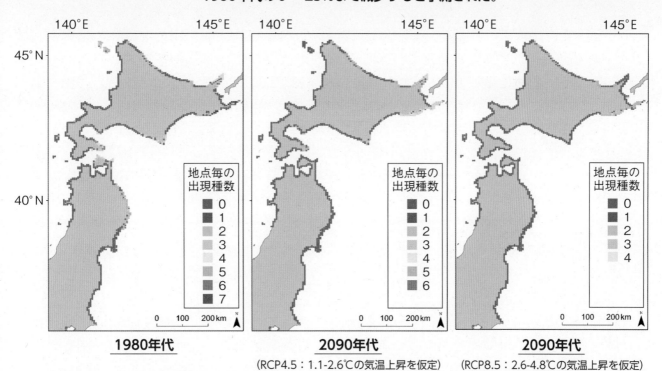

1980年代	2090年代 （RCP4.5：1.1-2.6℃の気温上昇を仮定）	2090年代 （RCP8.5：2.6-4.8℃の気温上昇を仮定）

資料：北海道大学プレスリリース「地球温暖化により北日本のコンブが著しく減少する可能性を予測〜沿岸生態系の海洋生物多様性やサービスに負の影響〜」（2019/10/31：原著論文　Sudo et al.（2020）Ecological Research 35:47-60の日本語解説）より抜粋、水産庁にて加筆修正

（漁場環境改善に向けた施策・取組を推進）◇◇◇◇◇◇◇◇◇◇◇◇◇◇◇◇◇◇◇◇◇◇◇

　東京湾、瀬戸内海等の内湾では、高度経済成長期以降、工業廃水や生活排水による栄養塩類の過剰な流入によって富栄養化が進行し赤潮の発生頻度の増加が顕著になりました。昭和45（1970）年に制定された「水質汚濁防止法[*1]」による排水規制の強化等により、各地で水質が改善して赤潮の発生頻度は減少しましたが、平成期においても、依然としてある程度の件数の発生が確認されてきました。また、国では、海面を利用する養殖業について、平成11（1999）年に「持続的養殖生産確保法[*2]」を制定し、同法に基づき、漁協等が漁場環境改善のための取組等をまとめた「漁場改善計画」を策定し、これを平成23（2011）年度から「資源管理・収入安定対策[*3]」により支援することで、養殖漁場の環境改善を推進しています。

　有明海や八代海では、周辺の経済社会や自然環境の変化に伴い、底質の泥化や有機物の堆積等海域の環境が悪化し、赤潮の増加や貧酸素水塊の発生等が見られる中で、二枚貝を始めとする漁業資源の悪化が進み、海面漁業生産が減少しました。これらの状況に鑑み、平成12（2000）年度のノリの不作を契機に「有明海及び八代海を再生するための特別措置に関する法律[*4]」が平成14（2002）年に制定され、関係県は環境の保全及び改善並びに水産資源の回復等による漁業の振興に関し実施すべき施策に関する計画を策定し、有明海及び八代海等の

[*1]　昭和45（1970）年法律第138号

[*2]　平成11（1999）年法律第51号

[*3]　平成27（2015）年度から「漁業収入安定対策」に名称変更。

[*4]　平成14（2002）年法律第120号。平成23（2011）年に法律名を「有明海及び八代海等を再生するための特別措置に関する法律」に改正。

再生に向けた各種施策を実施しています。

　瀬戸内海では、「水質汚濁防止法」に基づく対策に加え、「瀬戸内海環境保全特別措置法[*1]」等に基づき水質改善に取り組んだ結果、水質は総体として改善されましたが、依然として、赤潮や貧酸素水塊等の発生、漁業生産量の低迷、藻場や干潟の減少等の課題が残っています。これを受けて、平成27（2015）年10月には、同法が改正され、瀬戸内海を、人の活動が自然に対して適切に作用することを通じて美しい景観が形成され、生物の多様性・生産性が確保されるなど多面的価値・機能が最大限に発揮される豊かな海（里海）とするため、栄養塩類の管理の在り方について、検討が開始され、調査研究等の様々な施策が取り組まれています。

（海洋ごみへの注目が高まる）◇◇◇◇◇◇◇◇◇◇◇◇◇◇◇◇◇◇◇◇◇◇◇◇◇◇

　昭和後期から、日常生活に伴い排出されるプラスチック類や流出した漁具等の海洋ごみによる生物及び船舶航行への悪影響について、国内外で関心が高まってきました。そのような中で、平成4（1992）年には、国連環境開発会議（地球サミット）がリオデジャネイロで開催され、現在の環境保全や開発に関する考え方の基盤ができました。国内では、平成5（1993）年に水産関係者が中心となって「社団法人海と渚環境美化推進機構（マリンブルー21）」（現在の公益財団法人海と渚環境美化・油濁対策機構）が設立され、同機構を中心に、浜辺のごみ回収等の海洋・海岸環境の保全活動が全国的に開始されました。同機構や漁協系統団体等の取組によって海浜・河岸の清掃活動が積極的に行われるようになり、同機構の調査によれば、近年では毎年延べ100万人程度が海浜等清掃活動に参加しています。

（3）　水産物消費の変化

（世界の1人当たりの食用魚介類の消費量は半世紀で約2倍に）◇◇◇◇◇◇◇◇◇◇◇

　世界では、1人当たりの食用魚介類の消費量が過去半世紀で約2倍に増加し、平成期においてもそのペースは衰えていません（図特−1−11）。

　FAOは、食用魚介類の消費量の増加の要因として、輸送技術等の発達により食品流通の国際化が進展し、また、都市人口の増加を背景に国際的なフードシステムとつながったスーパーマーケット等での食品購入が増えていること、また、この結果として経済発展の進む新興国や途上国では芋類等の伝統的主食からたんぱく質を多く含む肉、魚等へと食生活の移行が進んでいることなどを挙げています。さらに、健康志向の高まりも水産物の消費を後押ししているものと考えられます。魚介類は、世界の動物性たんぱく質供給量の17％を担う重要な食料資源となっています。

　1人当たりの食用魚介類の消費量の増加は世界的な傾向ですが、とりわけ、元来、魚食習慣の強いアジアやオセアニア地域では、生活水準の向上に伴って顕著な増加を示しています。特に、中国では過去半世紀に約9倍、インドネシアでは約4倍となるなど、新興国を中心とした伸びが目立ちます（図特−1−12）。

　一方、動物性たんぱく質の摂取が既に十分な水準にある欧州及び北米地域では、その伸びは鈍化傾向にあります。我が国の1人当たりの食用魚介類の消費量は、世界平均の2倍を上回っているものの、約50年前と同水準まで減少してきており、世界の中では例外的な動きを

＊1　昭和48（1973）年法律第110号

見せています。

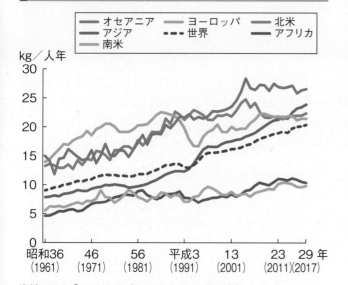

図特－1－11　地域別の世界の1人1年当たり食用魚介類消費量の推移（粗食料ベース）

資料：FAO「FAOSTAT（Food Balance Sheets）」
注：粗食料とは、廃棄される部分も含んだ食用魚介類の数量。

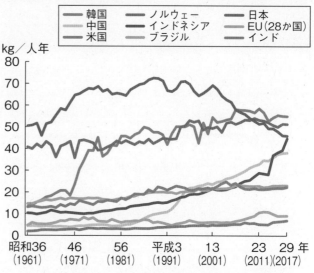

図特－1－12　主要国・地域の1人1年当たり食用魚介類消費量の推移（粗食料ベース）

資料：FAO「FAOSTAT（Food Balance Sheets）」（日本以外の国）
　　　及び農林水産省「食料需給表」（日本）
注：粗食料とは、廃棄される部分も含んだ食用魚介類の数量。

（食用魚介類の国内消費仕向量は平成中期から減少）

　我が国における食用魚介類の国内消費仕向量は、平成元（1989）年度から13（2001）年度に850万トン前後で推移した後に減少し続け、平成28（2016）年度には肉類の国内消費仕向量を下回り、平成30（2018）年度には569万トン（概算値）となりました（図特－1－13）。

　また、我が国における食用魚介類の1人1年当たりの消費量[*1]は、平成13（2001）年度の40.2kgで過去最高となりました。その後は減少傾向にあり、平成23（2011）年度に初めて肉類の消費量を下回り、平成30（2018）年度には23.9kg（概算値）となりました。

＊1　農林水産省では、国内生産量、輸出入量、在庫の増減、人口等から「食用魚介類の1人1年当たり供給純食料」を算出している。この数字は、「食用魚介類の1人1年当たり消費量」とほぼ同等と考えられるため、ここでは「供給純食料」に代えて「消費量」を用いる。

図特－1－13　食用魚介類の国内消費仕向量及び1人1年当たり消費量の変化

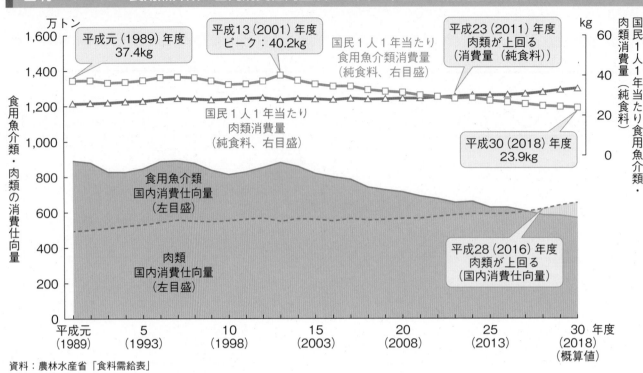

資料：農林水産省「食料需給表」

また、「国民健康・栄養調査」に基づいて年齢階層別の魚介類摂取量を見てみると、平成10（1998）年以降はほぼ全ての世代で摂取量が減少傾向にあります（図特－1－14）。

図特－1－14　年齢階層別の魚介類の1人1日当たり摂取量の変化

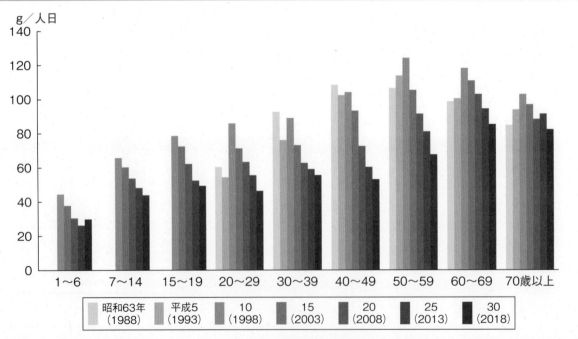

資料：厚生労働省「国民栄養の現状」（平成5（1993）年以前）及び「国民健康・栄養調査」（平成10（1998）年以降）に基づき水産庁で作成

18

第1部

特集

（よく消費される生鮮魚介類は、イカ・エビからサケ・マグロ・ブリへ変化）◇◇◇◇◇◇◇◇

　我が国の１人当たり生鮮魚介類の購入量は減少し続けていますが、よく消費される生鮮魚介類の種類は変化しています。平成元（1989）年にはイカやエビが上位を占めていましたが、近年は、切り身の状態で売られることの多い、サケ、マグロ及びブリが上位を占めるようになりました（図特−１−15）。

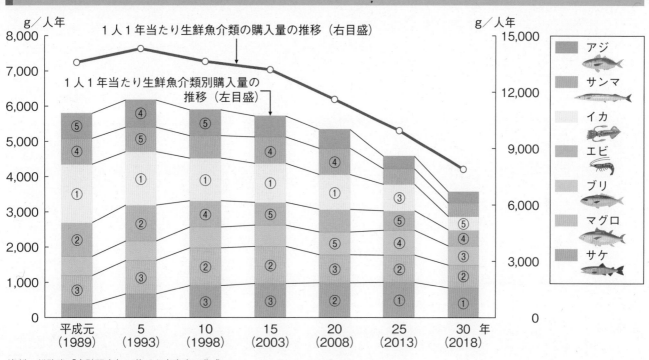

図特−１−15　生鮮魚介類の１人１年当たり購入量及びその上位品目の購入量の変化

資料：総務省「家計調査」に基づき水産庁で作成
注：1）　対象は二人以上の世帯（平成10（1998）年以前は、農林漁家世帯を除く。）。
　　2）　グラフ内の数字は各年における購入量の上位５位までを示している。

　消費の上位を占めているサケ、マグロ及びブリの３魚種について、１世帯１年当たりの地域ごとの購入量を平成元（1989）年と平成30（2018）年で比較すると、地域による購入量の差が縮まっています（図特−１−16）。かつては、地域ごとの生鮮魚介類の消費の中心は、その地域で獲れるものでしたが、流通や冷蔵技術の発達により、以前はサケ、マグロ及びブリがあまり流通していなかった地域でも購入しやすくなったことや、調理しやすい形態で購入できる魚種の需要が高まったことなどにより、全国的に消費されるようになったと考えられます。特にサケは、平成期にノルウェーやチリの海面養殖による生食用のサーモンの国内流通量が大幅に増加したこともあり、地域による大きな差が見られなくなっています。

図特－1－16　都道府県庁所在都市別のサケ、マグロ及びブリの1世帯1年当たり鮮魚購入量

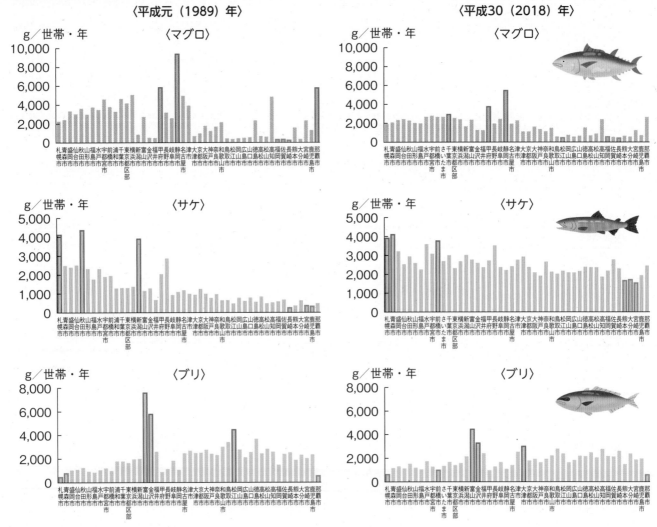

〈平成元（1989）年〉　　〈平成30（2018）年〉

資料：総務省「家計調査」に基づき水産庁で作成
注：1）　対象は二人以上の世帯（平成元（1989）年は、農林漁家世帯を除く。）。
　　2）　赤枠は上位3位、青枠は下位3位の都道府県庁所在都市。

（消費者の食の簡便化志向が強まる）◇◇◇◇◇◇◇◇◇◇◇◇◇◇◇◇◇◇◇◇◇◇◇◇

　平成期には、女性の社会進出や共働き家庭の増加に伴う家事時間の短縮により、食の簡便化志向が強まり、簡単に調理できる、又はすぐに食べられる食品がより一層求められるようになってきました（図特－1－17）。また、単身世帯の増加等の世帯人数の減少に伴い、世帯によっては、調理食品（弁当などを含む。）の購入や外食の方が家庭内で調理するより合理的と考える人が増えてきたとも考えられます。

　こうしたことを背景として、家計の食料支出額に占める調理食品や外食の支出額の割合が増加してきました（図特－1－18）。一方、魚介類購入額の比率は減少し続けており、水産物消費は、家庭内での調理から調理食品や外食に比重が移ってきています。

　このようにライフスタイルが変化する中、水産物の消費を拡大するためには、消費者の簡便化志向に合わせた商品の開発・供給が必要です。一方で、水産物の多様な食文化を継承していくためには、これまでの主な継承の場であった家庭だけでなく、インターネットや漁業者、水産関係団体等による魚食普及の取組も重要です。

図特－1－17　女性就業率と平日の男女別家事時間の推移

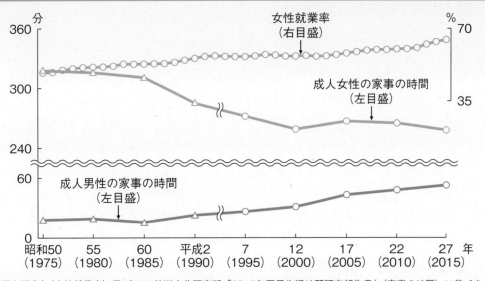

資料：総務省「労働力調査」（女性就業率）及びNHK放送文化研究所「2015年国民生活時間調査報告書」（家事の時間）に基づき水産庁で作成
注：1）　女性就業率は15～64歳の女性の就業者を15～64歳の女性の人口で除して求めた。
　　2）　家事の時間は、平成7（1995）年に調査方式を変更したため、連続しない。

図特－1－18　食料支出額に占める外食等の支出額の割合の変化

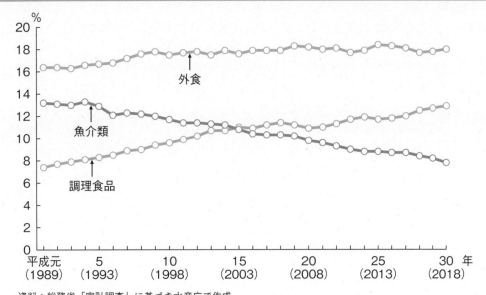

資料：総務省「家計調査」に基づき水産庁で作成
注：対象は二人以上の世帯（平成11（1999）年以前は、農林漁家世帯を除く。）。

（魚食普及に向けた様々な取組が始まる）◇◇◇◇◇◇◇◇◇◇◇◇◇◇◇◇◇◇◇◇◇◇◇◇◇◇◇◇

　平成期においては、1人当たりの魚介類の消費量が減少に転じる中で、漁業者、水産関係団体、流通業者等様々な関係者による魚食普及の活動が活発化し、様々な取組が始まりました。

　「魚の国のしあわせ」プロジェクトは、消費者に広く魚食の魅力を伝え水産物消費を拡大していくため、漁業者、水産関係団体、流通業者、各種メーカー、学校・教育機関、行政等の水産に関わるあらゆる関係者による官民協働の取組として、平成24（2012）年8月に開始されました。

　このプロジェクトの下、国は、水産物の消費拡大に資する様々な取組を行っている企業・団体を登録・公表し、魚食普及を目的に個々の活動の更なる拡大を図る「魚の国のしあわせ」

プロジェクト実証事業を行っています。優良な取組は「魚の国のしあわせ」推進会議によって魚の国のしあわせ大賞として表彰されています。

（4）水産政策の指針となる条約の締結及び法律の制定

（今日の海洋秩序の礎を成す「国連海洋法条約」を締結）

今日の国際的な海洋秩序の礎を成しているのは、昭和57（1982）年に採択され、平成6（1994）年に発効した「国連海洋法条約」です。我が国は、平成8（1996）年にこの条約を批准しました。「国連海洋法条約」は海の憲法とも呼ばれ、領海から公海、深海底に至る海洋のあらゆる領域における航行、海底資源開発、科学調査、漁業等の様々な人間活動について規定する、極めて包括的なものです。

漁業に関しても、「国連海洋法条約」が基本的なルールを提供しています。沿岸国はEEZ内の水産資源の探査、開発、保存及び管理について主権的権利を有しており、入手可能な最良の科学的証拠を考慮して、適当な保存措置及び管理措置を通じ、自国のEEZ内の資源が過度の漁獲によって危険にさらされないことを確保します。また、二つ以上の国のEEZ又はある国のEEZと公海水域にまたがって分布する資源については、関係国がその保存等のための措置について合意するよう努力することとされています。マグロ類等の高度回遊性魚類の資源については、EEZの内外を問わず、関係国が保存・利用のため国際機関等を通じて協力することとされています。公海では全ての国が漁獲の自由を享受しますが、公海における資源の保存・管理に協力すること等が条件として付されています。また、公海上の漁船に対し管轄権を行使するのは、その漁船の船籍国（旗国）です。

平成期においては、「国連海洋法条約」のルールに基づき、平成8（1996）年の「海洋生物資源の保存及び管理に関する法律[*1]」（以下「TAC法」といいます。）の制定を契機として、国内外における水産資源の管理のための取組が行われてきました。

また、「国連海洋法条約」の批准に際しては、韓国及び中国の国民による漁業等について我が国の規制が及ぶようにすることを念頭に、EEZを設定する「排他的経済水域及び大陸棚に関する法律[*2]」及びEEZ内における外国人の漁業を制限する「排他的経済水域における漁業等に関する主権的権利の行使等に関する法律[*3]」などの関連法も成立しました。

（新たな水産政策の指針として水産基本法が制定）

昭和30年代、第2次産業を中心とした発展により、我が国の経済がいわゆる高度経済成長期を迎える中、漁業部門内部の格差が甚だしく、所得と生活水準の低い多数の沿岸漁業の漁民層や経営の不安定・不振な中小漁業を抱えているという問題を踏まえ、昭和38（1963）年に「沿岸漁業等振興法[*4]」（以下「沿振法」といいます。）が制定され、水産資源の維持増大、生産性の向上と経営の近代化、水産物の流通の合理化、従事者の福祉の増進等が進められることとなりました。

沿振法制定後、漁業生産量は増大し、漁船の性能の向上や漁労技術の高度化により生産性

[*1] 平成8（1996）年法律第77号
[*2] 平成8（1996）年法律第74号
[*3] 平成8（1996）年法律第76号
[*4] 昭和38（1963）年法律第165号

は向上し、さらには漁業者の所得も向上しましたが、昭和後期から平成期にかけて、「国連海洋法条約」の発効による本格的な200海里体制への移行、我が国漁業生産の減少と水産物自給率の低下など、水産をめぐる状況は大きく変化しました。

　このような変化に対応するため、沿振法に代わる新たな水産政策の指針として、加工・流通も含めた水産業全体を包括的に対象とする「水産基本法[*1]」が平成13（2001）年に制定され、「水産物の安定供給」と「水産業の健全な発展」を基本理念として掲げました。また、水産物の安定供給の確保、水産資源の適切な保存及び管理、水産資源に関する調査及び研究などの施策を政府と漁業者とで実施していくことが定められました。

　「水産基本法」の制定に伴い、「漁業法[*2]」、TAC法、「漁港法[*3]」など、主要な水産関係法についても、「水産基本法」の理念や施策の方向に即した改正が行われました。また、「水産基本法」に基づき、水産施策の中期的指針となる「水産基本計画」が約5年ごとに策定され、策定時から10年程度を見通して必要と考えられる水産施策や水産物の自給率目標が明記されてきました。さらに、「水産基本法」に基づき、毎年、政府が国会に報告するための水産の動向、水産に関して講じた施策及び水産に関して講じようとする施策（いわゆる「水産白書」）が作成されています。

コラム　水産白書を振り返って

　水産白書は、「水産基本法」に基づいて平成13（2001）年度から作成されている水産業に関する国会への年次報告を刊行したものであり、その前身は昭和38（1963）年度から沿振法に基づいて作成された漁業白書です。

　水産白書には前年度の水産の動向、前年度に講じた施策及び当該年度に講じようとする施策がまとめられており、水産白書を読めば、毎年度の水産業の主な出来事や動きがわかるようになっています。特に平成13（2001）年度以降は特集が掲載されるようになり、水産業の歴史を振り返る重要な資料の1つとなっています。過去の特集テーマでは主に、資源管理や魚食文化、漁村の振興等について取り上げられています。

　過去の水産白書は水産庁Webサイトや国会図書館などで公開されています。

＊1　平成13（2001）年法律第89号
＊2　昭和24（1949）年法律第267号
＊3　昭和25（1950）年法律第137号

表：水産白書の過去の特集テーマ

年度	特集テーマ
平成13（2001）年度	水産資源の現状とその持続的利用に向けた課題
平成14（2002）年度	水産物の安全・安心を求めて
平成15（2003）年度	世界の水産物需給と我が国の水産物消費の変化をめぐって
平成16（2004）年度	近年の漁業経営をとりまく環境の変化と課題 漁村の現状と水産業・漁村の多面的機能
平成17（2005）年度	消費者ニーズに応える産地の挑戦
平成18（2006）年度	我が国の魚食文化を守るために
平成19（2007）年度	伝えよう魚食文化、見つめ直そう豊かな海
平成20（2008）年度	新たな取組で守る水産物の安定供給 子どもを通じて見える日本の食卓 ～子どもをはぐくむ魚食の未来～
平成21（2009）年度	これからの漁業・漁村に求められるもの
平成22（2010）年度	私たちの水産資源 ～持続的な漁業・食料供給を考える～
平成23（2011）年度	東日本大震災 ～復興に向けた取組の中に見いだす我が国水産業の将来～
平成24（2012）年度	海のめぐみを食卓に ～魚食の復権～
平成25（2013）年度	養殖業の持続的発展
平成26（2014）年度	我が国周辺水域の漁業資源の持続的な利用
平成27（2015）年度	活力ある漁村の創造と漁業経営
平成28（2016）年度	世界とつながる我が国の漁業 ～国際的な水産資源の持続的利用を考える～
平成29（2017）年度	水産業に関する技術の発展とその利用 ～科学と現場をつなぐ～
平成30（2018）年度	水産業に関する人材育成 ～人材育成を通じた水産業の発展に向けて～

（内水面漁業の振興に関する法律が制定）

　内水面漁業については、水産物の安定的な供給の機能や釣りなど自然に親しむ場の提供等の多面的機能を有しており、豊かで潤いのある国民生活に寄与しています。また、内水面は、海洋と比べ水産資源の量が少なく資源の枯渇を招きやすいことから、従来より、「漁業法」に基づき、漁業権を免許された内水面漁協には、水産資源の増殖義務が課せられており、内水面漁場の保全・管理といった役割を担っていました。

　一方、河川等における内水面水産資源の生息環境の変化、オオクチバス等の特定外来生物やカワウ等の鳥獣による水産資源の被害などにより漁獲量の減少が続き、加えて漁業従事者の減少や高齢化も進行し、内水面漁業の有する機能の発揮に支障を来すことが懸念される状況にありました。

　このような状況を踏まえ、平成26（2014）年、内水面漁業の振興に関する施策を総合的に推進し、内水面における漁業生産力を発展させ、併せて国民生活の安定向上及び自然環境の保全に寄与することを目的とした「内水面漁業の振興に関する法律」が制定されました。ま

た、同法に基づき、内水面漁業の振興の中期的指針となる「内水面漁業の振興に関する基本方針」が策定され、これに基づき施策が実施されています。

（5）　資源の持続的利用の取組

ア　栽培漁業の変遷

（大量生産・放流体制から共同生産体制へ）

　栽培漁業は、人間の管理下で種苗を生産し、これを天然の水域へ放流することで、対象とする水産動物の資源の持続的な利用を図ろうとするものです。

　昭和後期、世界的な200海里水域の設定の広がりによる遠洋漁業の衰退縮小を背景として、栽培漁業による生産量の増大が期待されるようになりました。1980年代から1990年代にかけては、国及び地方公共団体の栽培漁業センターの整備が進み、種苗の大量生産、大量放流の体制が確立したことによって、アワビ類、ウニ類、マダイ、ヒラメ、クルマエビ、サケなどの主な種苗放流の対象種の放流数がピークとなりました（表特－1－1）。その後、平成12（2000）年に策定された第4次栽培漁業基本方針においては、放流資源と天然資源を併せて管理するという考え方が導入されました。

　さらに、平成期には種苗放流の効果が検証されるようになったほか、平成18（2006）年には、栽培漁業関連の国の補助金・交付金が都道府県に税源移譲され、栽培漁業は都道府県などの裁量の下で自主的に取組を進めることになりました。一方、アワビ類やウニ類といった磯根資源の種苗放流の適地である藻場が、海水温の上昇が主要因と考えられる磯焼けの拡大によって減少し、種苗放流によって効果を得ることが困難となってきたと言われています。

　サケ（シロサケ）やマダイ等は漁業者自らの負担で放流が行われていますが、近年では、都道府県の種苗生産能力の低下等によって放流量が減少しています。このような状況を踏まえ、国としては、資源管理の取組との連携を強めるとともに、都道府県の区域を越えた広域種について、種苗放流に係る受益と費用負担の公平化に向けた取組や関係都道府県の種苗生産施設間での連携、分業等による低コストで生産能力の高い共同種苗生産体制の構築の取組等を推進しています。

表特－1－1　種苗放流の主な対象種・放流数

（単位：万尾（万個））

		昭和58年度 （1983）	63 （1988）	平成5 （1993）	10 （1998）	15 （2003）	20 （2008）	25 （2013）	29 （2017）
地先種	アワビ類	1,833	2,058	2,391	2,805	2,681	2,414	1,250	2,043
	ウニ類	1,489	2,005	7,152	8,141	7,956	6,781	5,876	6,299
	ホタテガイ	160,721	302,797	312,377	275,529	304,286	326,668	318,183	344,506
広域種	マダイ	1,562	1,738	2,061	2,285	1,976	1,402	1,012	910
	ヒラメ	328	887	1,947	2,628	2,544	2,364	1,632	1,541
	クルマエビ	30,059	32,396	30,424	22,513	15,326	10,519	12,422	7,444
サケ（シロサケ）		203,100	205,000	205,300	186,800	181,800	181,000	177,200	155,900

資料：（研）水産研究・教育機構・（公社）全国豊かな海づくり推進協議会「栽培漁業・海面養殖用種苗の生産・入手・放流実績」

イ　資源管理の進展
（漁獲可能量制度の導入）

「国連海洋法条約」では、沿岸国がEEZを設定した場合には、その沿岸国は当該水域における漁獲可能量（以下「TAC」といいます。）を定め、水産資源の適切な保存・管理措置を講ずることが義務付けられています。このため、我が国では「国連海洋法条約」の批准に際してTAC法が制定され、平成9（1997）年1月から同法に基づくTAC制度の運用が開始されました。TAC制度は、魚種別に1年間の漁獲量をTACとしてあらかじめ定め、漁業の管理主体である国及び都道府県ごとに割り当て、それぞれの管理主体が、漁業者の報告を基に割当量の範囲内に漁獲量を収めるよう漁業を管理する制度です。対象種である「特定海洋生物資源」として、採捕数量及び消費量が多く、国民生活上又は漁業上重要な魚種を中心にサンマ、スケトウダラ、マアジ、マイワシ、サバ類及びズワイガニの6魚種が指定され、平成10（1998）年にスルメイカが追加されました。当初は漁獲実績等を勘案して生物学的許容漁獲量（ABC）を超えたTACを設定していましたが、平成20（2008）年のTAC制度等の検討に係る有識者懇談会以降、ABCを超えることのないようにTACを設定することとし、平成27（2015）年にはその例外となっていたスケトウダラ日本海北部系群でも同様に設定することとするなど改善を進めました（図特－1－19）。

図特－1－19　TACとABCの推移

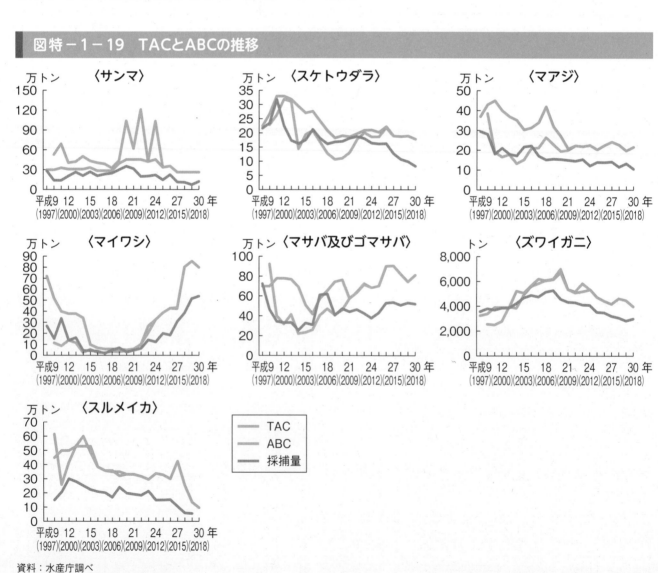

資料：水産庁調べ
注：1）TACは期中改定後の数値。
　　2）ABCはTACを期中改定した場合は再評価後の数値。

（太平洋クロマグロについてTAC制度の運用開始）

　太平洋クロマグロについては、中西部太平洋まぐろ類委員会（WCPFC）で決定された漁獲規制措置の的確な実行のため、平成30（2018）年漁期からTAC法に基づく管理措置に移行しました。太平洋クロマグロ以外のTAC魚種については、漁獲量の少ない都道府県に対しては、漁獲努力量を増加させないことを条件に、TACの配分では数量を明示しない「若干」配分とするなどの弾力的な運用が行われてきました。しかし、太平洋クロマグロについては、国際約束を遵守するため、TAC制度に基づく管理の開始に伴い、全ての沿海都道府県に数量を明示した配分を行い、個々の漁業者の漁獲数量の把握及び漁獲量の上限に達した場合の採捕停止措置を講じるなど、全ての漁業者に対して厳格な漁獲量管理を導入する初めての魚種となりました。

（漁業者等による資源管理の展開）

　我が国の水産資源管理においては、「漁業法」等による公的規制と併せ、漁業者の間で、休漁、漁獲物の体長制限、操業期間・区域の制限等の自主的な資源管理が行われてきました。平成3（1991）年度からは、資源管理型漁業推進総合対策事業の下、キンメダイ等の広域回遊資源について国や地方公共団体、漁業者組織が一体となった管理の取組が行われるようになりました。さらに、平成14（2002）年度から、国や都道府県が策定する「資源回復計画」が開始されました。「資源回復計画」は、減少傾向にある魚種について、幅広い範囲の関係漁業者、都道府県、国等が協力して、必要な対策を計画的、総合的に行い、その回復を図ろうとするもので、漁業者の自主的な取組を国や県の公的な管理枠組みの中に整合的に取り込んだものです。平成23（2011）年度からは、国及び都道府県が、水産資源に関する管理方針とこれを踏まえた具体的な管理方策をまとめた「資源管理指針」を策定し、これに沿って、関係する漁業者・団体が、管理目標とそれを達成するための公的・自主的管理措置を含む「資源管理計画」を作成・実践するという資源管理体制が導入されました。

　さらに、平成27（2015）年からは、計画の策定から5年目を迎えた「資源管理計画」に対し、科学的指標である資源評価結果や単位努力量当たり漁獲量（CPUE）を用いて、取組内容を評価・検証し、その結果を踏まえ、必要に応じ、取組内容を見直すこととしました。平成31（2019）年3月までに、2,031件[*1]の「資源管理計画」が策定されており、我が国の漁業生産量の約9割が「資源管理計画」の下で生産されています。

　平成23（2011）年度からは、これらの「資源管理計画」の取組を支援するため、資源管理措置の実施に伴う一時的な収入の減少を補てんする「資源管理・収入安定対策」（平成27（2015）年度からは「漁業収入安定対策」に名称変更）も併せて導入され、漁業者が積極的に資源管理に取り組むことができる環境が整備されています。

（国際的な資源管理の推進）

　「国連海洋法条約」では、沿岸国及び高度回遊性魚種を漁獲する国は、当該資源の保存及び利用のため、EEZの内外を問わず地域漁業管理機関を通じて協力することが規定されています。この地域漁業管理機関では、沿岸国や遠洋漁業国などの関係国・地域が参加し、資源評価や資源管理措置の遵守状況の検討を行った上で、漁獲量規制、漁獲努力量規制、技術的

[*1] 令和2（2020）年3月時点では、2,041件の「資源管理計画」が策定。

規制などの実効ある資源管理の措置に関する議論が行われます。

カツオ・マグロ類資源に関する地域漁業管理機関としては、昭和期に全米熱帯まぐろ類委員会（IATTC）及び大西洋まぐろ類保存国際委員会（ICCAT）が設立されていましたが、平成期においては、平成6（1994）年にみなみまぐろ保存委員会（CCSBT）[*1]、平成8（1996）年にインド洋まぐろ類委員会（IOTC）[*2]、平成16（2004）年に中西部太平洋まぐろ類委員会（WCPFC）[*3]が新たに設立され、これら5つの地域漁業管理機関によって世界のカツオ・マグロ類資源は全てカバーされることとなりました。

また、カツオ・マグロ類以外の底魚等の資源に関しても、平成24（2012）年に南インド洋漁業協定（SIOFA）及び南太平洋公海資源保存管理条約が発効しました。平成27（2015）年には中国、台湾等の漁船の公海での漁獲が増加してきたことを踏まえ、北太平洋公海におけるサンマ、サバ類、クサカリツボダイ等の資源管理を行う北太平洋漁業委員会（NPFC）[*4]が我が国の主導により設立されるなど、平成期には世界各地で新たな地域漁業管理機関の設立が相次ぎました。さらに、漁業活動が行われていなかった中央北極海の公海水域についても、平成30（2018）年10月に「中央北極海における規制されていない公海漁業を防止するための協定（中央北極海無規制公海漁業防止協定）」が署名され、我が国は令和元（2019）年7月に同協定を締結しました。

（周辺諸国・地域との新たな漁業協定等の締結）

周辺諸国・地域との間では、平成8（1996）年に我が国が「国連海洋法条約」を批准する際に、それまで適用除外としていた日本海西部と東シナ海にEEZを導入することとなりました。これに合わせて、平成8（1996）年から、周辺諸国との間で新たな漁業協定の交渉を累次にわたり行い、中国との間では平成9（1997）年に「漁業に関する日本国と中華人民共和国との間の協定（日中漁業協定）[*5]」、韓国との間では平成10（1998）年に「漁業に関する日本国と大韓民国との間の協定（日韓漁業協定）[*6]」を締結しました。また、台湾との間では平成25（2013）年に、我が国の公益財団法人交流協会（現在の日本台湾交流協会）と台湾の亜東関係協会（現在の台湾日本関係協会）との間で、「日台民間漁業取決め」が署名されました。

これらの協定等に基づき、日本海等において沿岸国による措置をとらない日韓暫定水域や日中暫定措置水域等が設定されています。これらの水域においては、周辺諸国等の漁船と我が国の漁船の双方が操業できることにより、操業上のトラブルが発生するほか、外国漁船の放置漁具による漁場環境や水産資源への悪影響等が懸念されています。

このような問題を含む周辺諸国等との間の漁業問題の解決に向け、政府間の協議を行うとともに、民間協議を支援してきています。

---

*1　平成6（1994）年に発効した「みなみまぐろの保存のための条約」に基づいて設置。
*2　平成8（1996）年に発効した「インド洋まぐろ類委員会の設置に関する協定」に基づいて設置。
*3　平成16（2004）年に発効した「西部及び中部太平洋における高度回遊性魚類資源の保存及び管理に関する条約（中西部太平洋まぐろ類条約）」に基づいて設置。我が国は平成17（2005）年に同条約に加入。
*4　平成27（2015）年に発効した「北太平洋における公海の漁業資源の保存及び管理に関する条約（北太平洋漁業資源保存条約）」に基づいて設置。
*5　平成12（2000）年に発効。
*6　平成11（1999）年に発効。

（IUU漁業撲滅に向けた動きが進展）

　各国や地域漁業管理機関が国際的な資源管理に努力している中で、規制措置を遵守せず無秩序な操業を行うIUU（Illegal, Unreported and Unregulated：違法、無報告及び無規制）漁業は、水産資源に悪影響を与え、適切な資源管理を阻害するおそれがあります。

　IUU漁業については、平成13（2001）年、FAOにおいてIUU漁業対策の考え方を取りまとめた「IUU漁業国際行動計画」が採択され、我が国も、同計画に基づき、国内漁船がIUU漁業に従事しないよう適切に管理するとともに、EEZ内で行われる漁業について適正な管理・検査等を着実に実施しています。また、平成15（2003）年、公海において操業する漁船に関する旗国の責任を定めた「保存及び管理のための国際的な措置の公海上の漁船による遵守を促進するための協定（フラッギング協定）」が発効し、我が国も、同協定の履行のため、「漁業法」に基づき、公海で操業する国内漁船に対して、適切に漁業許可制度を運用し、IUU漁業を排除しています。

　また、平成29（2017）年には、IUU漁業に従事した外国漁船の寄港を禁止すること等を通じてIUU漁業を防止・抑止・排除することを目的とした「違法な漁業、報告されていない漁業及び規制されていない漁業を防止し、抑止し、及び排除するための寄港国の措置に関する協定（違法漁業防止寄港国措置協定）」の効力が我が国において発生し、我が国はその履行のため、「外国人漁業の規制に関する法律[*1]」に基づいてIUU漁船リストの非掲載漁船のみに農林水産大臣の寄港許可を発出する等の措置を実施しています。

　平成27（2015）年に国連で合意された「持続可能な開発目標（SDGs）」においては、「令和2（2020）年までに、漁獲を効果的に規制し、過剰漁業やIUU漁業及び破壊的な漁業慣行を終了」することが規定されており、IUU漁業に携わる船舶に対する国際的な取締体制の整備や漁獲証明制度[*2]によるIUU漁業由来の漁獲物の国際的な流通の防止等、IUU漁業の抑制・根絶に向けた取組が国際的に進められています。

　例えば、地域漁業管理機関において、IUU漁船リストの作成、漁獲証明制度の導入等による対策の強化が進められており、我が国では、「外国為替及び外国貿易法[*3]」に基づき、日本に輸入されるマグロ類等に関して事前審査を行い、IUU漁船リストとの照合等を通じ、IUU漁獲物が輸入されないよう措置しています。さらに、我が国では、IUU漁業の懸念がある魚種の輸入に際し、漁船の所属国政府発行の漁獲証明書を確認する仕組みの創設についても、制度化に向けた検討を進めています。

---

*1　昭和42（1967）年法律第60号
*2　漁獲物の漁獲段階から流通を通じて、関連する情報を漁獲証明書に記載し、その内容を関係国の政府が証明することで、その漁獲物が地域漁業管理機関の資源管理措置を遵守して漁獲されたものであることを確認する制度。
*3　昭和24（1949）年法律第228号

コラム　持続可能な開発目標（SDGs）

　世界の人口の爆発的な増加、エネルギー・食料資源の需給の逼迫、地球温暖化など世界規模での環境悪化が懸念される中で、令和12（2030）年に向けて、全ての人々が豊かで平和に暮らし続けられる社会を目指し、平成27（2015）年9月の国連サミットで150を超える加盟国首脳の参加の下、「持続可能な開発のための2030アジェンダ」が全会一致で採択され、「持続可能な開発目標（Sustainable Development Goals）（SDGs）」が掲げられました。

　SDGsは、先進国・途上国全ての国を対象に、経済・社会・環境の3つの側面のバランスがとれた社会を目指す世界共通の目標として、17の目標とその課題ごとに設定された169のターゲット（達成基準）から構成されます。これらは、貧困や飢餓から環境問題、経済成長やジェンダーに至る広範な課題を網羅しており、豊かさを追求しながら地球環境を守り、そして「誰一人取り残さない」ことを強調し、人々が人間らしく暮らしていくための社会的基盤を令和12（2030）年までに達成することが目標とされています。漁業に関連する目標としては、「14. 持続可能な開発のために海洋・海洋資源を保全し、持続可能な形で利用する」があります。

SDGsの目標14
のアイコン

　我が国では、関係行政機関相互の緊密な連携を図り、SDGsの実施を総合的かつ効果的に推進するため、平成28（2016）年5月に「持続可能な開発目標（SDGs）推進本部」が設置され、「SDGs実施指針」が策定されました。令和元（2019）年12月の会合では、「SDGs実施指針」を改定するとともに、「SDGsアクションプラン2020」が決定されました。

表：目標14に関するターゲットと漁業に関する主な施策の例

	目標14に関するターゲットの例	漁業に関する主な施策の例
14.4	水産資源を、実現可能な最短期間で少なくとも各資源の生物学的特性によって定められる最大持続生産量のレベルまで回復させるため、2020年までに、漁獲を効果的に規制し、過剰漁業や違法・無報告・無規制（IUU）漁業及び破壊的な漁業慣行を終了し、科学的な管理計画を実施する。	〈IUU漁業撲滅に向けた取組を推進〉 　我が国周辺海域及び隣接する公海における外国漁船及びIUU漁業の操業実態把握や、途上国でのIUU漁業や海洋環境の情報を収集する技術の教授等の取組への支援を実施。
14.5	2020年までに、国内法及び国際法に則り、最大限入手可能な科学情報に基づいて、少なくとも沿岸域及び海域の10パーセントを保全する。	〈国際的な資源管理の推進〉 　地域漁業管理機関、二国間交渉等を通じ、国際的な資源管理を推進。また、国際機関等を通じ、途上国の小規模漁業者等に対し技術的助言等を実施。
14.c	「我々の求める未来」のパラ158において想起されるとおり、海洋及び海洋資源の保全及び持続可能な利用のための法的枠組みを規定する海洋法に関する国際連合条約（UNCLOS）に反映されている国際法を実施することにより、海洋及び海洋資源の保全及び持続可能な利用を強化する。	〈海洋資源の持続的利用推進〉 　漁業による偶発的な海鳥類等の混獲を回避するための技術の向上や、水産資源の持続的な利用を目的とした海洋保護区の適切な管理等を推進。 〈日本発の水産エコラベルの普及推進〉 　水産資源の持続的な利用や環境配慮への取組を証明する水産エコラベル認証を国内外に普及する取組を推進。

資料：SDGs推進本部「持続可能な開発目標（SDGs）を達成するための具体的施策」及び「SDGsアクションプラン2020」に基づき水産庁で作成

（6）　水産基盤整備の変遷

　漁港と漁場は、我が国の水産物の安定供給の基盤となるものです。漁港の整備については、昭和25（1950）年に制定された「漁港法」に、漁場の整備については、昭和49（1974）年に制定された「沿岸漁場整備開発法[*1]」に基づき、それぞれ別の計画制度の下で行われてきました。

　その後、平成8（1996）年に「国連海洋法条約」が批准され、本格的な200海里時代の到来を迎える中で、我が国周辺水域における水産資源の悪化等による漁獲量の減少等の厳しい状況に直面したことにより、当該水域における水産資源の適切な保存管理と持続的利用等が喫緊の課題となりました。これらに対応するため、水産政策の抜本的見直しの一環として、「漁港法」が漁港と漁場の整備を一体的に実施する「漁港漁場整備法」に改正されました。また、漁港と漁場の整備については、岸壁や魚礁等のストックの絶対的な不足の解消に主眼を置いた「量の確保」から、品質・衛生管理の強化やつくり育てる漁業等の推進に対応した増殖場造成等の「質の向上」が求められるようになりました。近年では、漁港施設等の長寿命化対策、自然災害への対応、輸出促進など様々なニーズへの対応を推進しています。

ア　漁港漁場整備法の成立
（平成13（2001）年に漁港法が漁港漁場整備法へと改正）

　水産政策の抜本的見直しの中で、緊急の課題となっていた水産業の健全な発展と水産物の供給の安定に的確に対応するためには、水産資源の増殖から漁獲、陸揚げ、加工流通までを一貫した水産物供給システムとして捉え、漁港と漁場の総合的な計画制度とすることが必要とされていたことから、平成13（2001）年に「漁港法」が「漁港漁場整備法」へと改正されました。この改正により、基本方針、長期計画、事業計画が体系的に位置付けられ、地方公共団体が主体的に事業展開できる制度に見直されました。

イ　排他的経済水域（EEZ）におけるフロンティア漁場整備事業の導入
（沖合域におけるフロンティア漁場整備事業の導入）

　昭和期の終わり頃から平成期の中頃にかけて沖合漁業の漁獲量が急激に減少する中、世界的な水産物需給の逼迫（ひっぱく）等を背景に沖合域の漁場整備の推進が喫緊の課題となっていました。

　このことから、平成19（2007）年度に、我が国が管轄権を有し、戦略的利用を図る必要性の高いEEZにおいて、水産資源の増大を図るため、国のフロンティア漁場整備事業が導入されました。

ウ　水産基盤に求められる役割の多様化
（漁港の衛生管理対策を推進）

　漁港は、漁船からの陸揚げ・選別・出荷等の様々な作業が集中する水産物の集荷・分荷の拠点であり、水産物へ危害が及ばないよう重点的かつ確実に管理すべき場所であることから、平成19（2007）年6月に閣議決定された「漁港漁場整備長期計画」から成果目標の1つに高度な衛生管理対策を位置付け、高度衛生管理型荷さばき所を整備するなど漁港の品質・衛生

＊1　昭和49（1974）年法律第49号

管理対策を推進しています。

（漁港施設等の長寿命化対策を推進）

漁港施設等の老朽化が進む中、平成20（2008）年度に水産基盤ストックマネジメント事業を創設し、施設の管理を体系的に捉え、その修復に計画的に取り組むことにより、更新コストの平準化・縮減を図りつつ漁港施設等の長寿命化を推進しています。

（漁港・漁村の防災・減災対策を推進）

我が国では大規模な自然災害が繰り返し発生しています。これに対し、漁港・漁村の地震・津波対策を推進するため、平成7（1995）年度に「災害に強い漁港漁村地域づくり事業」を創設し、公共・非公共事業の連携による避難路、避難地等の防災施設の総合的な整備に取り組んできました。また、災害時に救援活動、物資輸送等の拠点となる漁港の整備の基本的な考えを示すため、平成8（1996）年度に「防災拠点漁港整備指針」を策定しました。

平成25（2013）年度には、平成23（2011）年に発生した東日本大震災の教訓が活かせるよう、「平成23年東日本大震災を踏まえた漁港施設の地震・津波対策の基本的な考え方」を策定しました。現在、平成25（2013）年に成立した「強くしなやかな国民生活の実現を図るための防災・減災等に資する国土強靱化基本法[1]」に基づき、漁港・漁村の防災・減災対策を推進しています。

---

[1] 平成25（2013）年法律第95号

第2節　漁業構造の移り変わり

　この節では、平成30（2018）年に実施された最新の漁業センサスなどを活用して、平成期における漁業経営体、漁業経営、漁業者、漁船、水産物流通・加工に関する変化や地域別の特色を分析します。漁業センサスは、5年ごとに水産業を営んでいる全ての世帯や法人を対象に行う全国一斉の調査で、我が国漁業の生産構造、就業構造を明らかにするとともに、漁村、水産物流通・加工業等の実態と変化を総合的に把握することにより、「水産基本計画」に基づく水産施策の企画・立案・推進のための基礎資料を作成し、提供することを目的にしています。

コラム　漁業センサスの歴史と意義

　漁業センサスは、昭和24（1949）年に始まり、昭和38（1963）年の第3次漁業センサス以降は5年ごとに実施しており、これまでに14回実施しています。漁業センサスの開始以前の水産業に関する基本調査としては、明治25（1892）年の水産事項特別調査、昭和22（1947）年の水産業基本調査、昭和23（1948）年の漁業権調査の3調査があります。このうち、終戦の直後に実施された水産業基本調査は、後の漁業センサスにつながる先駆的な歴史的意義の大きい調査と位置付けられています。

　この漁業センサスについては、それぞれの時代の水産業をとりまく問題への対応に資するよう、具体的な目的や重点を定めて実施しています。例えば、昭和43（1968）年の第4次漁業センサスでは、経済の高度成長の下で、漁業労働力の不足が大きな問題となってきたことを踏まえ、漁船乗組員に関する雇用関係、賃金水準、社会保険加入の有無等の調査に重点をおいて実施されました。また、2013年漁業センサスでは、平成23（2011）年3月11日に発生した東日本大震災の被災地の状況把握、2018年漁業センサスでは、水産資源とそれを育む漁場環境の適切な保全管理が進められる中、資源管理による漁業の操業状況や経営状況の変化の把握が目的の1つとされました。このように、漁業センサスは、その時々の情勢に応じた適切な行政施策の推進のため、水産業の実態を総合的に把握する重要な基礎資料となっています。

（1）　漁業経営体構造の変化

（海面漁業・養殖業の経営体数は30年間で58％減少）◇◇◇◇◇◇◇◇◇◇◇◇◇◇◇◇◇◇◇◇◇◇◇◇◇

　海面漁業・養殖業の漁業経営体数は、昭和63（1988）年から平成30（2018）年までの30年間で、約19万経営体から約7万9千経営体まで、58％減少しました。漁業層[*1]別で見ると、沿岸漁業層[*2]で10万6千経営体（59％）、中小漁業層[*3]で4,812経営体（50％）、大規模漁業

＊1　漁業経営体が過去1年間に使用した動力漁船の合計トン数により区分された経営体階層。
＊2　沿岸漁業層：漁船非使用、無動力漁船、船外機付漁船、過去1年間に使用した動力漁船の合計トン数が10トン未満、定置網及び海面養殖の各階層を総称したものをいう。
＊3　中小漁業層：過去1年間に使用した動力漁船の合計トン数が10トン以上1,000トン未満の各階層を総称したものをいう。

層[*1]で166経営体（75%）減少しました（図特－2－1）。

　それぞれの層について、昭和63（1988）年に経営体数が多かった漁業種類の平成30（2018）年までの経営体数の変化を見てみると、沿岸漁業層については採貝・採藻で59%、釣漁業（かつお一本釣及びいか釣を除く）で54%、刺網漁業（さけ・ます流し網を除く）で63%、中小漁業層についてはいか釣漁業で68%、船びき網漁業で22%、小型底びき網漁業で40%、大規模漁業層については遠洋・近海まぐろはえ縄漁業で68%、大中型まき網漁業で58%、遠洋底びき網漁業で97%減少しました（図特－2－2）。

図特－2－1　海面漁業・養殖業の漁業経営体数の推移

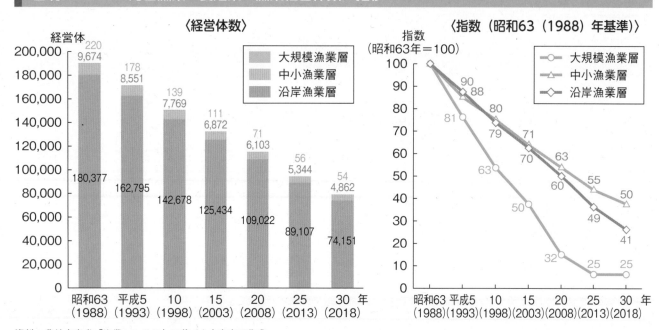

資料：農林水産省「漁業センサス」に基づき水産庁で作成

＊1　大規模漁業層：過去1年間に使用した動力漁船の合計トン数が1,000トン以上の各階層を総称したものをいう。

図特－2－2　各漁業層の漁業種類別漁業経営体数の推移

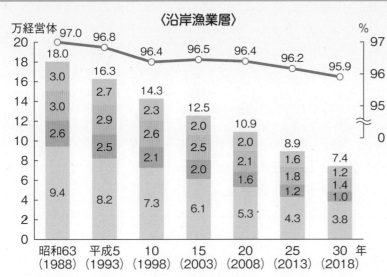

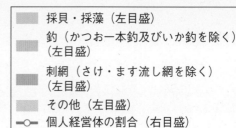

〈沿岸漁業層〉

凡例：
- 採貝・採藻（左目盛）
- 釣（かつお一本釣及びいか釣を除く）（左目盛）
- 刺網（さけ・ます流し網を除く）（左目盛）
- その他（左目盛）
- 個人経営体の割合（右目盛）

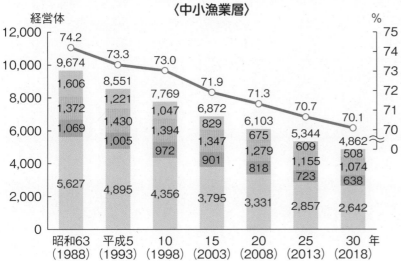

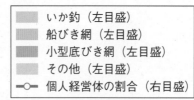

〈中小漁業層〉

凡例：
- いか釣（左目盛）
- 船びき網（左目盛）
- 小型底びき網（左目盛）
- その他（左目盛）
- 個人経営体の割合（右目盛）

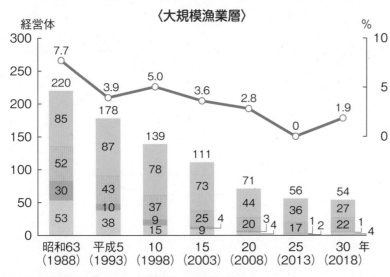

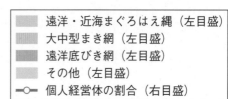

〈大規模漁業層〉

凡例：
- 遠洋・近海まぐろはえ縄（左目盛）
- 大中型まき網（左目盛）
- 遠洋底びき網（左目盛）
- その他（左目盛）
- 個人経営体の割合（右目盛）

資料：農林水産省「漁業センサス」に基づき水産庁で作成

第1部

特集

（個人経営体数は後継者不足と高齢化により減少）◇◇◇◇◇◇◇◇◇◇◇◇◇◇◇◇◇◇◇◇◇◇◇◇◇◇

　海面漁業・養殖業の漁業経営体の９割以上を占める沿岸漁業層では、96％が個人経営体[*1]です（図特－２－３）。

　個人経営体のうち、基幹的漁業従事者[*2]が65歳以上の経営体の割合は、昭和63（1988）年の17％から徐々に増加し、平成30（2018）年には53％となりました。また、ある年の漁業経営体が５年後までに休廃業に至る割合（以下「休廃業率[*3]」といいます。）を見ると、65歳未満の年齢階層では20％前後となっていましたが、65歳以上では年齢が高くなるにつれ急激に高くなる傾向が見られました（図特－２－４）。また、個人経営体については、後継者がいる割合は、全体の２割以下となっていました（図特－２－５）。これらのことは、個人経営体については高齢になっても後継者がおらず、経営を継続できず廃業に至る場合が多いことを示していると考えられます。

図特－２－３　沿岸漁業層に含まれる漁業種類における個人経営体数の割合（平成30（2018）年）

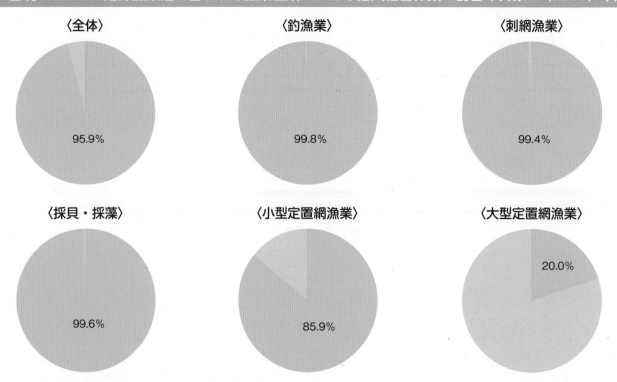

〈全体〉　　　　　　〈釣漁業〉　　　　　　〈刺網漁業〉
95.9%　　　　　　　99.8%　　　　　　　99.4%

〈採貝・採藻〉　　　〈小型定置網漁業〉　　〈大型定置網漁業〉
99.6%　　　　　　　85.9%　　　　　　　20.0%

資料：農林水産省「2018年漁業センサス」に基づき水産庁で作成

＊１　個人で漁業を自営する経営体
＊２　個人経営体の世帯員のうち、満15歳以上で自家漁業の海上作業従事日数が最も多い者。
＊３　休廃業率とは、漁業センサスの該当年の漁業経営体のうち、次回の漁業センサスの漁業経営体（継続経営体）にならなかった経営体（休廃業経営体）の割合。継続経営体とは、該当年の漁業センサスと次回の漁業センサスの海面漁業調査客体名簿を照合して、同一漁業地区内で世帯主氏名、事業所名又は代表者名が一致（世帯主氏名等が世代交代等により不一致であっても実質的に経営が継続しているものを含む。）し、かつ、経営組織が一致した経営体。なお、休廃業経営体には、操業を継続する経営体や事業を後継者に引き継いだ経営体は含まれないが、実質的に経営が継続している経営体であっても、漁業地区をまたがって転出した経営体は含まれる。

図特－2－4　基幹的漁業従事者の年齢別個人経営体数と休廃業率の推移

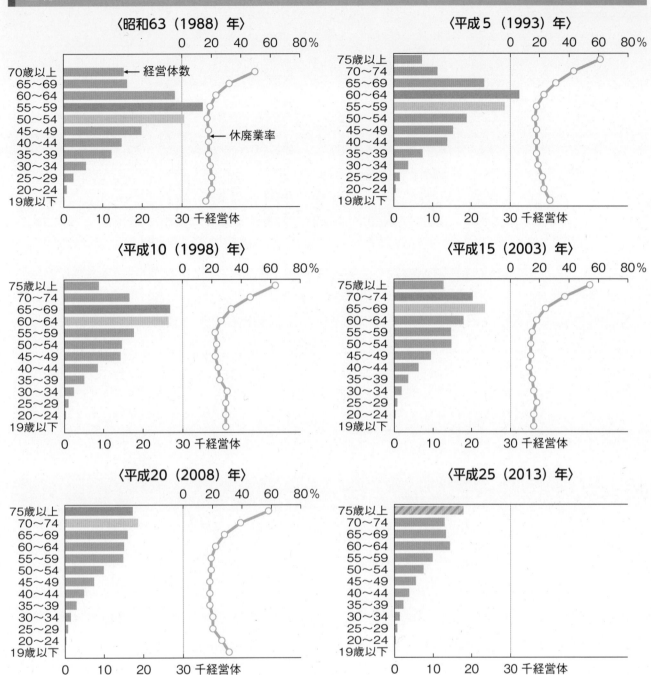

〈昭和63（1988）年〉　〈平成5（1993）年〉
〈平成10（1998）年〉　〈平成15（2003）年〉
〈平成20（2008）年〉　〈平成25（2013）年〉

資料：農林水産省「漁業センサス」に基づき水産庁で作成

第1部　特集

37

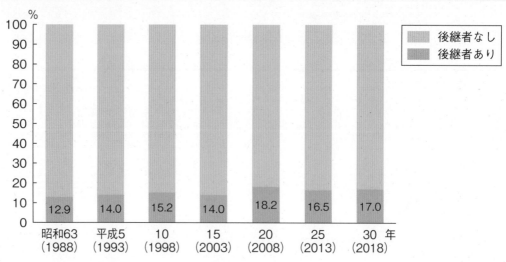

図特－2－5　個人経営体における後継者の有無の推移

資料：農林水産省「漁業センサス」に基づき水産庁で作成

（団体経営体数は規制強化や公海での資源管理措置の強化等により減少）◇◇◇◇◇◇◇◇◇◇◇

　中小・大規模漁業層の多くの漁業種類は沖合や遠洋で操業する漁業であり、団体経営体[*1]が中小漁業層では30％、大規模漁業層では98％を占めています（図特－2－6）。かつては沿岸国の200海里水域や公海での操業が活発に行われてきました。しかし、海外の沿岸国による200海里水域からの締め出し等の規制強化や、公海での資源管理措置の強化等により、減船が行われたことなどを背景に、その漁業を行う経営体も減少したものと考えられます。

図特－2－6　中小・大規模漁業層における団体経営体数の割合（平成30（2018）年）

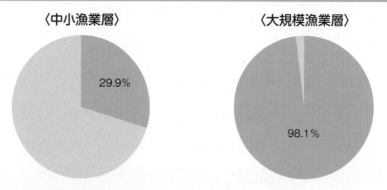

〈中小漁業層〉　　　　　　〈大規模漁業層〉

資料：農林水産省「2018年漁業センサス」に基づき水産庁で作成

（内水面漁業の経営体数は30年間で61％減少）◇◇◇◇◇◇◇◇◇◇◇◇◇◇◇◇◇◇◇◇◇◇

　内水面漁業の経営体数[*2]は、昭和63（1988）年から平成30（2018）年までの30年間で3,031経営体（61％）減少しました（図特－2－7）。経営組織別で見ると、個人経営体が全体の9割以上を占めており、30年間で2,957経営体（62％）減少しました。個人経営体以外の漁業経営体については、30年間で漁協及び共同経営の経営体数は減少していますが、会社経営体数と漁業生産組合数については、30年間で増減したものの平成30（2018）年には昭和

＊1　個人経営体以外の経営体。会社、漁協、漁業生産組合、共同経営、その他に区分されている。

＊2　年間湖上作業従事日数29日以下の個人経営体は除く。

63（1988）年と同数となり、全体に占める割合はやや増加してきています。

　主な漁獲魚種別で見ると、いずれの経営体数も減少しており、特に、食用コイを漁獲する経営体数は30年前の１割以下となっています（図特－２－８）。

図特－２－７　内水面漁業経営体数の推移

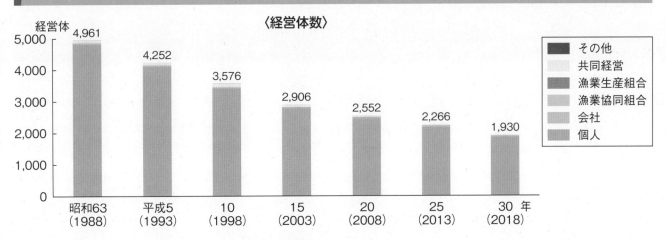

資料：農林水産省「漁業センサス」に基づき水産庁で作成
　注：ここでの経営体数は、湖沼漁業経営体の数である。

図特－２－８　内水面漁業の主な漁獲魚種別経営体数の推移

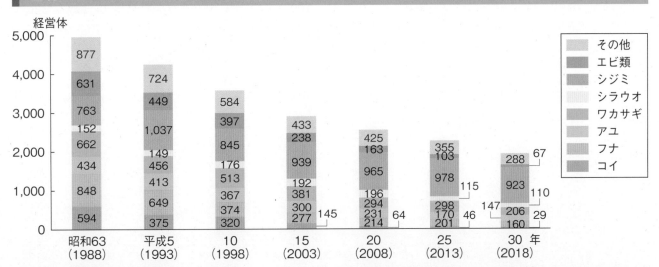

資料：農林水産省「漁業センサス」
　注：ここでの経営体数は、湖沼漁業経営体の数である。

第
１
部

特

集

39

（内水面養殖業の経営体数は30年間で70%減少）◇◇◇◇◇◇◇◇◇◇◇◇◇◇◇◇◇◇◇◇◇◇◇◇

内水面養殖業の経営体数は、昭和63（1988）年から平成30（2018）年までの30年間で6,357経営体（70%）減少しました（図特－2－9）。経営組織別で見ると、個人経営体数は、昭和63（1988）年には全体の約8割を占めていましたが、平成30（2018）年には約7割となっています。団体経営体数も30年間で減少していますが、その中で、会社経営体数は近年横ばい傾向となっています。

販売金額1位の養殖種類別で見ると、食用コイを養殖する経営体数が特に減少しています（図特－2－10）。これは、需要の減少に加え、コイヘルペスウイルス病による大量斃死が原因と考えられます。

図特－2－9　内水面養殖業経営体数の推移

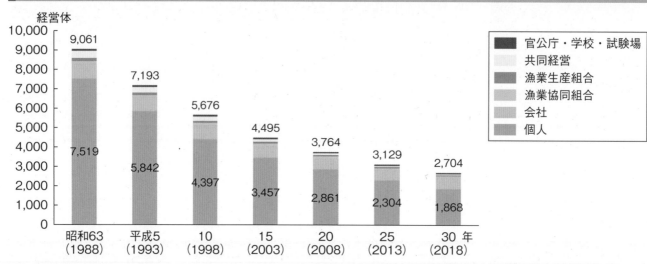

資料：農林水産省「漁業センサス」

図特－2－10　内水面養殖業の販売金額1位の養殖種類別経営体数の推移

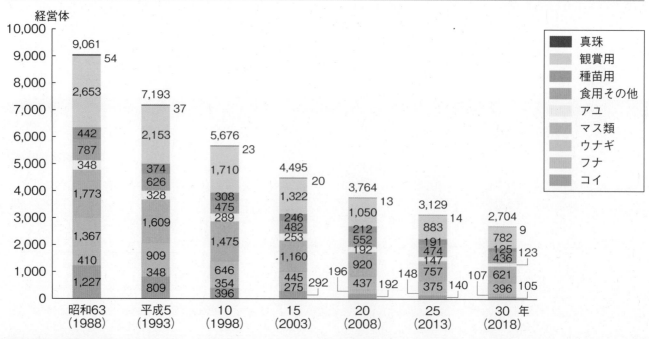

資料：農林水産省「漁業センサス」

40

（大海区ごとの漁業種類の構成）◇◇◇◇◇◇◇◇◇◇◇◇◇◇◇◇◇◇◇◇◇◇◇◇◇◇◇◇◇◇◇◇◇◇◇◇

　全国を８つの海域に分けた大海区[*1]別の漁業経営体数を主な漁業種類別に見てみると、昭和63（1988）年には、上位の採貝・採藻、小型底びき網漁業、のり養殖で全体の31％を占めており、平成30（2018）年には、同じく上位の採貝・採藻、小型底びき網漁業、のり類養殖で全体の28％とほぼ同じ割合を占めていました（図特−2−11）。

　一方で、大海区の中には、漁業種類の構成において顕著な変化があったものがあり、北海道区では、ホタテガイを対象とすると考えられる小型底びき網漁業を主とする経営体数・割合が増加しました。また、日本海北区では、ほたてがい養殖を主とする経営体は、昭和63（1988）年にはありませんでしたが、平成30（2018）年には最も多くなりました。一方で、太平洋北区のほがてがい養殖を主とする経営体の割合は減少しました。北海道区、日本海北区、日本海西区では、いか釣漁業を主とする経営体の割合が、また、太平洋中区、瀬戸内海区、東シナ海区では、のり養殖を主とする経営体の割合が減少しました。さらに、太平洋南区では、ぶり（はまち）養殖を主とする経営体の割合が減少した一方で、まだい養殖を主とする経営体の割合が増加しました。

---

*1　漁業の実態を地域別に明らかにするとともに、地域間の比較を容易にするため、海況、気象等の自然条件、水産資源の状況等を勘案して定めた区分（水域区分ではなく地域区分）。北海道区、太平洋北区、太平洋中区、太平洋南区、日本海北区、日本海西区、東シナ海区及び瀬戸内海区の８つ。北海道区は、平成14（2002）年から北海道日本海北区と北海道太平洋北区の２つに分けられたが、昭和63（1988）年と平成30（2018）年を比較するため、２区を合わせて北海道区とした。

第1部

特集

図特－2－11 主な漁業種類別経営体の割合

〈昭和63（1988）年〉

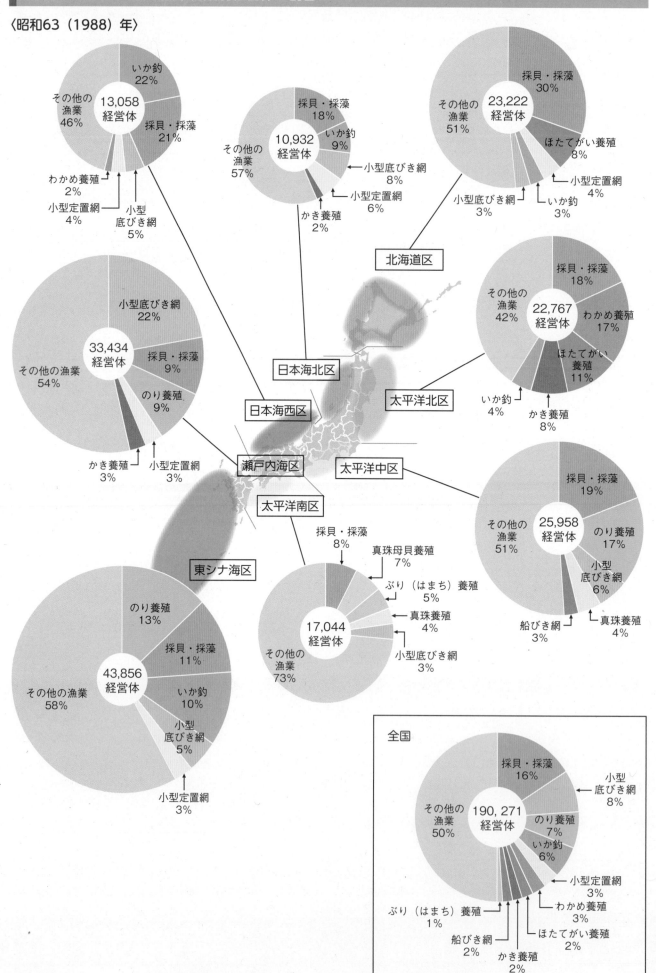

〈平成30（2018）年〉

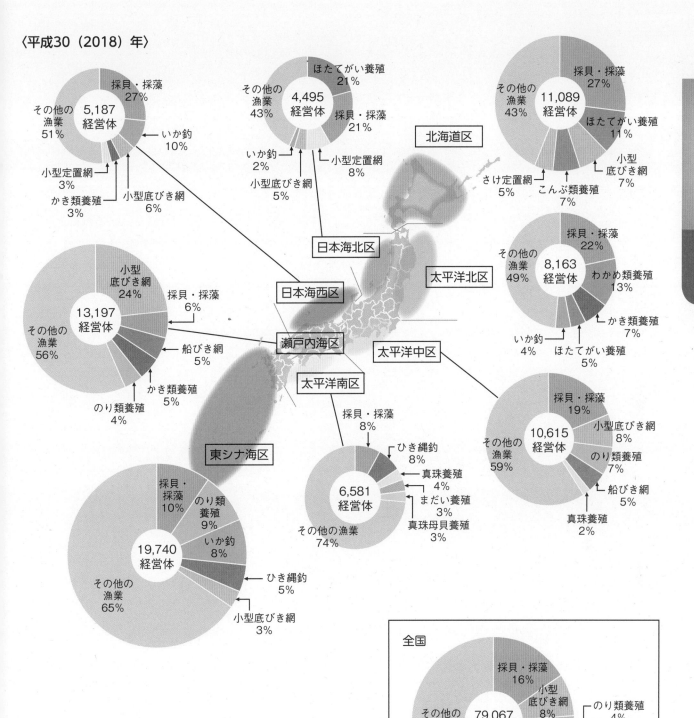

5,187経営体
- 採貝・採藻 27%
- その他の漁業 51%
- いか釣 10%
- 小型定置網 3%
- かき類養殖 3%
- 小型底びき網 6%

4,495経営体
- ほたてがい養殖 21%
- その他の漁業 43%
- 採貝・採藻 21%
- いか釣 2%
- 小型底びき網 5%
- 小型定置網 8%

北海道区

11,089経営体
- 採貝・採藻 27%
- その他の漁業 43%
- ほたてがい養殖 11%
- 小型底びき網 7%
- こんぶ類養殖 7%
- さけ定置網 5%

日本海北区

太平洋北区

日本海西区

8,163経営体
- 採貝・採藻 22%
- その他の漁業 49%
- わかめ類養殖 13%
- かき類養殖 7%
- ほたてがい養殖 5%
- いか釣 4%

13,197経営体
- 小型底びき網 24%
- 採貝・採藻 6%
- その他の漁業 56%
- 船びき網 5%
- かき類養殖 5%
- のり類養殖 4%

瀬戸内海区

太平洋南区

太平洋中区

10,615経営体
- 採貝・採藻 19%
- その他の漁業 59%
- 小型底びき網 8%
- のり類養殖 7%
- 船びき網 5%
- 真珠養殖 2%

6,581経営体
- 採貝・採藻 8%
- ひき縄釣 8%
- 真珠養殖 4%
- まだい養殖 3%
- 真珠母貝養殖 3%
- その他の漁業 74%

東シナ海区

19,740経営体
- 採貝・採藻 10%
- のり類養殖 9%
- いか釣 8%
- ひき縄釣 5%
- 小型底びき網 3%
- その他の漁業 65%

全国

79,067経営体
- 採貝・採藻 16%
- 小型底びき網 8%
- のり類養殖 4%
- いか釣 4%
- ほたてがい養殖 3%
- 小型定置網 3%
- 船びき網 3%
- かき類養殖 3%
- ひき縄釣 3%
- わかめ類養殖 2%
- こんぶ類養殖 1%
- その他の漁業 50%

資料：農林水産省「漁業センサス」に基づき水産庁で作成
注：1）主な漁業種類は、経営体ごとに、販売金額1位の漁業種類によって決定。
　　2）円グラフの面積は、大海区別の経営体数に比例する（全国を除く。）。
　　3）昭和63（1988）年から平成30（2018）年の間に大海区の一部及び漁業種類の一部（のり養殖、わかめ養殖、かき養殖等）が変更された。
　　4）「北海道区」の経営体数は、「北海道日本海北区」と「北海道太平洋北区」の経営体数を合計したもの。

第1部

特集

（2）　漁業・養殖業の経営の状況

（沿岸漁船漁業を営む個人経営体の漁労所得は、おおむね横ばい傾向）◇◇◇◇◇◇◇◇◇◇◇◇◇◇◇

　沿岸漁船漁業を営む個人経営体の経営状況を基幹的漁業従事者の年齢階層別で見ると、いずれの階層でも、漁労収入、漁労支出及び漁労所得について、年による変動があるもののおおむね横ばいで推移してきました（図特－2－12）。65歳未満の階層は、65歳以上の階層に比べて、漁労収入、漁労支出及び漁労所得のいずれも大きく上回っており、平成30（2018）年では、漁労収入が14％、漁労支出が14％、漁労所得が15％上回っています。また、水産加工等の漁労外事業所得は、65歳以上の階層は横ばい傾向にありますが、65歳未満の階層は増加傾向にあり、平成30（2018）年では36％上回っています。一方で、65歳未満の階層と65歳以上の階層の漁労所得の差は小さくなっています。沿岸漁船漁業を営む個人経営体には、様々な規模の経営体が含まれており、高齢となった沿岸漁業者の多くは縮小した経営規模の下で漁業を継続していますが、事業の縮小の時期が遅くなっている傾向があると考えられます。

図特－2－12　沿岸漁船漁業を営む個人経営体の経営状況

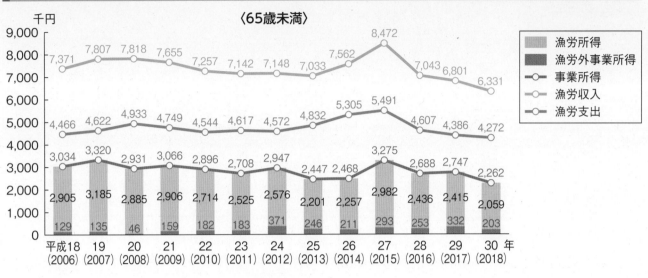

〈65歳未満〉

凡例：
- 漁労所得
- 漁労外事業所得
- 事業所得
- 漁労収入
- 漁労支出

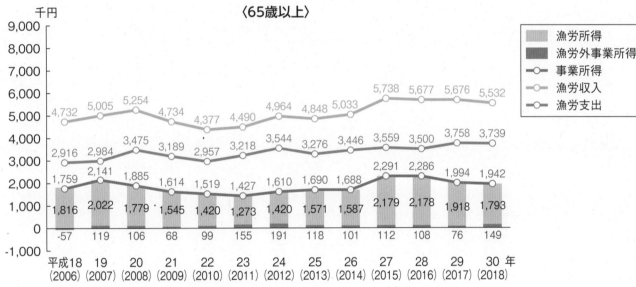

〈65歳以上〉

凡例：
- 漁労所得
- 漁労外事業所得
- 事業所得
- 漁労収入
- 漁労支出

資料：農林水産省「漁業経営統計調査」（組替集計）に基づき水産庁で作成
注：1)　「漁業経営統計調査」の個人経営体調査の漁船漁業の結果から10トン未満分を再集計し計算した。
　　2)　「漁労外事業所得」とは、漁労外事業収入から漁労外事業支出を差し引いたものである。漁労外事業収入は、漁業経営以外に経営体が兼営する水産加工業、遊漁船業、民宿及び農業等の事業によって得られた収入のほか、漁業用生産手段の一時的賃貸料のような漁業経営にとって付随的な収入を含んでおり、漁労外事業支出はこれらに係る経費である。
　　3)　平成22（2010）年及び23（2011）年調査は、岩手県、宮城県及び福島県の経営体を除く結果である。
　　4)　平成24（2012）～30（2018）年調査は、東日本大震災により漁業が行えなかったこと等から、福島県の経営体を除く結果である。
　　5)　漁家の所得には、事業所得のほか、漁業世帯構成員の事業外の給与所得や年金等の事業外所得が加わる。
　　6)　漁労収入には、補助・補償金（漁業）を含めていない。

（海面養殖業を営む個人経営体の漁労所得は、12年間で1.3倍に増加）◇◇◇◇◇◇◇◇◇◇◇◇

　海面養殖業を営む個人経営体の漁労所得は、平成18（2006）年の571万円から30（2018）年の763万円で1.3倍となりました。これは漁労支出の増加幅を上回って漁労収入が増加したためです（図特－2－13）。65歳未満の階層は、全年齢階層に比べて、平成30（2018）年では、漁労収入が22％、漁労支出が22％、漁労所得が23％上回っています。海面養殖業を営む個人経営体については、65歳未満の経営体数が全体の6割を占めており、この階層を中心に経営規模が拡大していると考えられます。

図特－2－13　海面養殖業を営む個人経営体の経営状況

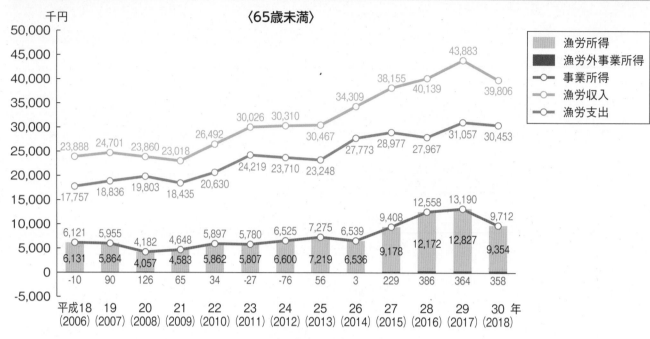

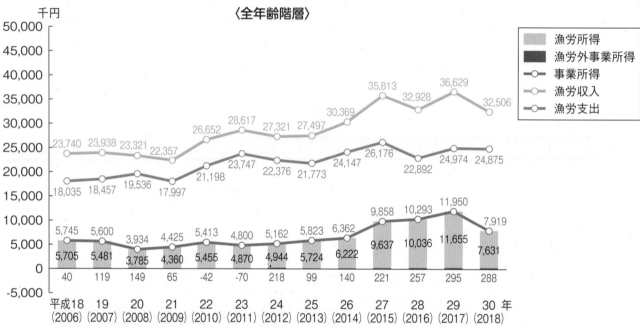

資料：農林水産省「漁業経営統計調査」（組替集計）に基づき水産庁で作成

注：1）「漁業経営統計調査」の個人経営体調査の海面養殖業（ぶり類養殖業、まだい養殖業、ほたてがい養殖業、かき類養殖業及びのり類養殖業）の結果から魚種ごとの経営体数で加重平均し作成した。

　　2）「漁労外事業所得」とは、漁労外事業収入から漁労外事業支出を差し引いたものである。漁労外事業収入は、漁業経営以外に経営体が兼営する水産加工業、遊漁船業、民宿及び農業等の事業によって得られた収入のほか、漁業用生産手段の一時的賃貸料のような漁業経営にとって付随的な収入を含んでおり、漁労外事業支出はこれらに係る経費である。

　　3）平成22（2010）年及び23（2011）年調査は、岩手県及び宮城県の経営体を除く結果である。平成24（2012）調査は、かき類養殖業を除き、岩手県及び宮城県の経営体を除く結果である。平成25（2013）年調査ののり類養殖業は、宮城県の経営体を除く結果である。

　　4）漁家の所得には、事業所得のほか、漁業世帯構成員の事業外の給与所得や年金等の事業外所得が加わる。

　　5）漁労所得には、補助・補償金（漁業）を含めていない。

（漁船漁業の会社経営体の営業利益は近年プラス）

　漁船漁業の会社経営体では、漁労収入及び漁労支出ともに近年増加傾向が続いています。漁労利益はおおむねゼロ又はわずかなマイナスの状態が続いているものの、漁労外利益は緩やかな増加傾向にあり、結果として、営業利益は近年プラスとなっています（図特－2－14）。

第1部

特集

図特－2－14　漁船漁業の会社経営体の経営状況

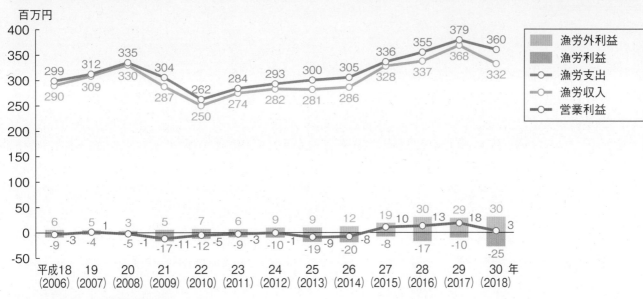

資料：農林水産省「漁業経営調査報告」

（漁業者１人当たりの漁業生産量、漁業生産額及び生産漁業所得は平成中期から増加傾向）

我が国の漁業者１人当たりの漁業生産量は、平成14（2002）年までは減少傾向で推移し、その後はおおむね増加傾向で推移しています。一方、漁業者１人当たりの漁業生産額及び生産漁業所得は、平成９（1997）年までは増加傾向で、平成15（2003）年までは停滞又は減少傾向でしたが、その後は増加傾向で推移しています（図特－２－15）。これは、漁業者１人当たりの漁業生産量が増加したことに加え、水産物の単価が上昇したことによるものと考えられます。

図特－2－15　我が国の漁業・養殖業の生産性の推移

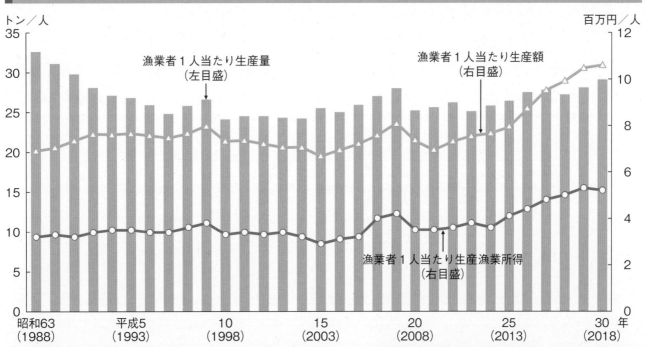

資料：農林水産省「漁業センサス」（昭和63（1988）年、平成５（1993）年、10（1998）年、15（2003）年、20（2008）年、25（2013）年及び30（2018）年、漁業就業者数）、「漁業就業動向調査」（その他の年、漁業就業者数）、「漁業・養殖業生産統計」（生産量）及び「漁業産出額」（生産額及び生産漁業所得）に基づき水産庁で作成

注：平成23（2011）年及び24（2012）年は、岩手県、宮城県及び福島県を除く（内水面漁業・養殖業産出額は、魚種ごとの全国平均価格から推計。）。

（漁船当たり又は漁業経営体当たりの漁獲量の推移）◇◇◇◇◇◇◇◇◇◇◇◇◇◇◇◇◇◇◇◇◇◇◇

　沖合底びき網漁業は、平成前期は、漁獲量が横ばい傾向の一方、漁船隻数が減少し続けたため、漁船１隻当たりの漁獲量が増加傾向にありました（図特－２－16）。しかし、平成中期から漁獲量の６割以上を占めていたスケトウダラやホッケの漁獲量が減少し、漁船１隻当たりの漁獲量は横ばい傾向となり、平成後期においてはスケトウダラやホッケのほか、スルメイカなどの漁獲量の減少が続き、漁船１隻当たりの漁獲量も減少傾向となっています。

　また、小型定置網漁業については、漁獲量は減少傾向にあるものの、漁業経営体数が大幅に減少しているため、１経営体当たりの漁獲量は増加傾向にあります（図特－２－17）。

図特－２－16　沖合底びき網漁業の許可漁船１隻当たりの漁獲量の推移

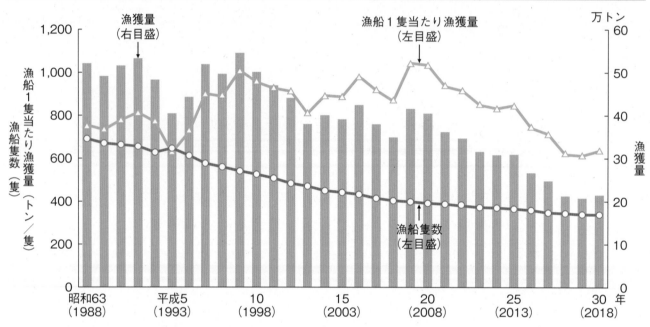

資料：農林水産省「漁業・養殖業生産統計」に基づき水産庁で作成
　注：漁船隻数は沖合底びき網漁業の許可隻数（水産庁調べ）を用いた。

図特－２－17　小型定置網漁業の１経営体当たりの漁獲量の推移（５年平均）

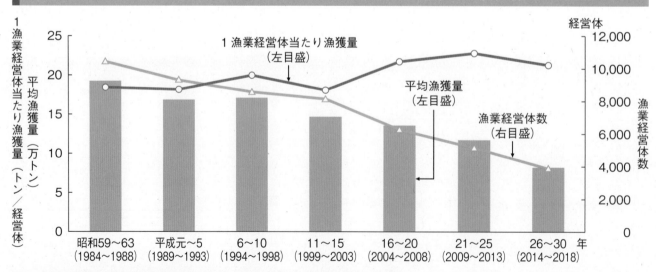

資料：農林水産省「漁業・養殖業生産統計」及び「漁業センサス」に基づき水産庁で作成
　注：1）経営体数は、「漁業センサス」の調査年の営んだ漁業種類別経営体数を用いた。
　　　2）漁獲量は5年間の漁獲量の平均値を用いた。

（法人企業の労働生産性は漁業が他産業を上回る）◇◇◇◇◇◇◇◇◇◇◇◇◇◇◇◇◇◇◇◇◇◇◇

　法人企業の従業員１人当たり付加価値額（労働生産性）を産業別に比較すると、漁業は、平成期においておおむね増加傾向にあり、常に農林水産業全体を上回っていました（図特－２－18）。また、平成中期頃までは製造業及び非製造業と同等かこれらを下回っていましたが、平成後期までに製造業及び非製造業を上回りました。

　従業員１人当たり付加価値額の増加には、主に、従業員給与及び賞与、役員給与及び賞与、福利厚生費並びに営業利益の増加が寄与しています（図特－２－19）。

第1部

特集

図特－２－18　産業別の法人企業の従業員１人当たり付加価値額（労働生産性）（５年平均）

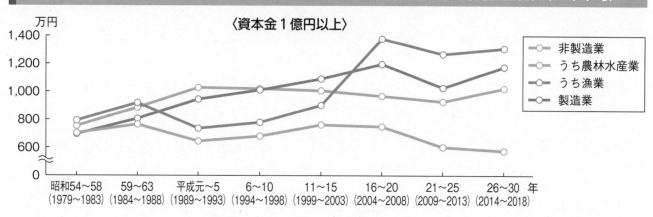

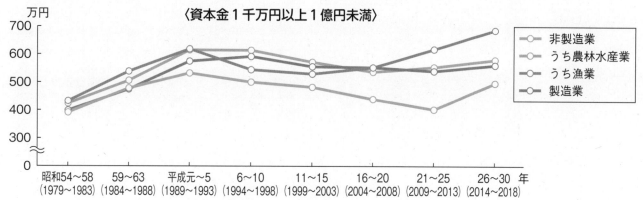

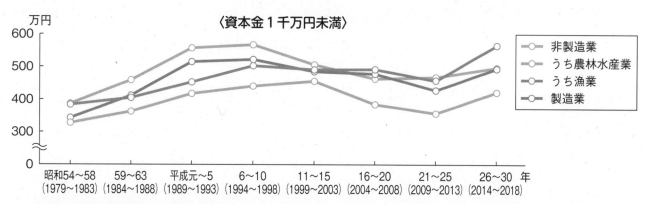

資料：財務省「法人企業統計調査」に基づき水産庁で作成
注：1）　「法人企業統計調査」における用語の定義上、平成18（2006）年度以前は付加価値額＝営業純益（営業利益－支払利息等）＋役員給与＋従業員給与＋福利厚生費＋支払利息等＋動産・不動産賃借料＋租税公課とし、平成19（2007）年度調査以降はこれに役員賞与及び従業員賞与を加えたもの。
　　　2）　「法人企業統計調査」における「漁業」は海面漁業、内水面漁業、海面養殖業及び内水面養殖業を含む。

図特－2－19　漁業の法人企業の従業員1人当たり付加価値額の内訳（5年平均）

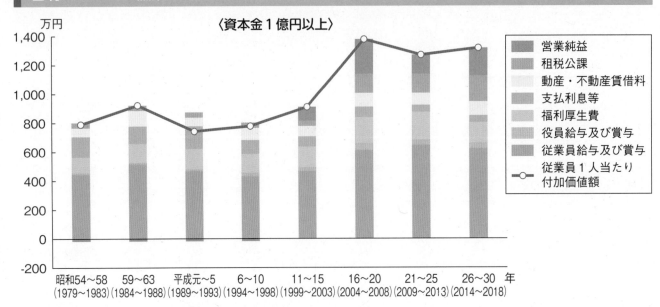

〈資本金1億円以上〉

凡例：
- 営業純益
- 租税公課
- 動産・不動産賃借料
- 支払利息等
- 福利厚生費
- 役員給与及び賞与
- 従業員給与及び賞与
- 従業員1人当たり付加価値額

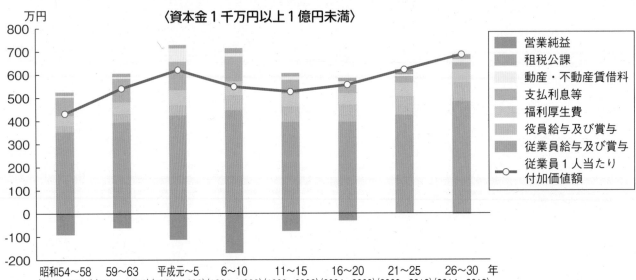

〈資本金1千万円以上1億円未満〉

凡例：
- 営業純益
- 租税公課
- 動産・不動産賃借料
- 支払利息等
- 福利厚生費
- 役員給与及び賞与
- 従業員給与及び賞与
- 従業員1人当たり付加価値額

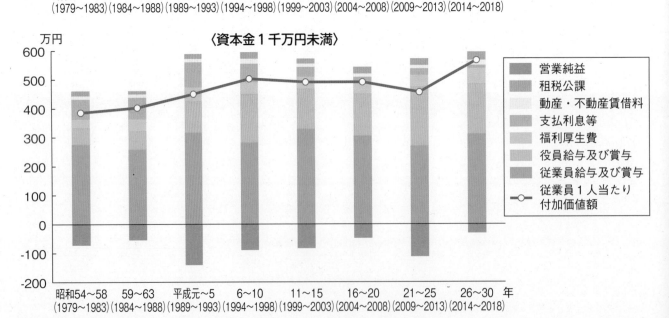

〈資本金1千万円未満〉

凡例：
- 営業純益
- 租税公課
- 動産・不動産賃借料
- 支払利息等
- 福利厚生費
- 役員給与及び賞与
- 従業員給与及び賞与
- 従業員1人当たり付加価値額

資料：財務省「法人企業統計調査」に基づき水産庁で作成
注：「法人企業統計調査」における用語の定義上、平成18（2006）年度以前は付加価値額＝営業純益（営業利益－支払利息等）＋役員給与＋従業員給与＋福利厚生費＋支払利息等＋動産・不動産賃借料＋租税公課とし、平成19（2007）年度調査以降はこれに役員賞与及び従業員賞与を加えたもの。

（3）　漁業就業構造等の変化

（漁業就業者は減少傾向だが、39歳以下の割合は近年増加傾向）◇◇◇◇◇◇◇◇◇◇◇◇◇◇◇

　我が国の漁業就業者は、平成期を通して一貫して減少傾向にあり、昭和63（1988）年から平成30（2018）年までの30年間で61％減少して15万1,701人となっています（図特－2－20）。漁業就業者全体に占める39歳以下の割合は、平成期前半には減少傾向でしたが、後半には緩やかな増加傾向となりました。一方で、65歳以上の割合は、平成期を通して一貫して増加傾向となりました。漁業就業者の総数が減少する中で、平成21（2009）年以降全国の新規漁業就業者数はおおむね2千人程度で推移しています（図特－2－21）。新規漁業就業者のうち39歳以下がおおむね7割程度を占めています。

図特－2－20　漁業就業者数の推移

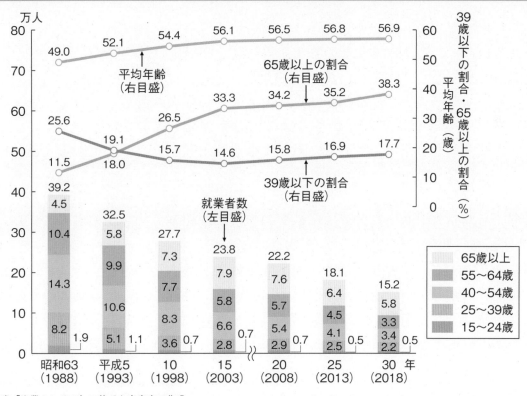

資料：農林水産省「漁業センサス」に基づき水産庁で作成
　注：1）「漁業就業者」とは、満15歳以上で過去1年間に漁業の海上作業に30日以上従事した者。
　　　2）　平成20（2008）年以降は、雇い主である漁業経営体の側から調査を行ったため、これまでは含まれなかった非沿海市町村に居住している者を含んでおり、平成15（2003）年とは連続しない。
　　　3）　平均年齢は、漁業センサスより各階層の中位数（昭和63（1988）年の65歳以上の階層については70を、平成5（1993）年以降の75歳以上の階層については80を使用。）を用いた推計値。

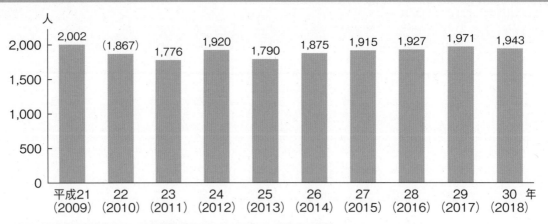

図特－2－21　新規漁業就業者数の推移

（人）

年	人数
平成21（2009）	2,002
22（2010）	(1,867)
23（2011）	1,776
24（2012）	1,920
25（2013）	1,790
26（2014）	1,875
27（2015）	1,915
28（2016）	1,927
29（2017）	1,971
30（2018）	1,943

資料：都道府県が実施している新規就業者に関する調査から水産庁で推計
注：平成22（2010）年は、東日本大震災により、岩手県、宮城県及び福島県の調査が実施できなかったため、平成21（2009）年の新規就業者数を基に、3県分除いた全国のすう勢から推測した値を用いた。

　自家漁業のみ[*1]の漁業就業者数の推移を見ると、平成前期から中期にかけて、50歳代から60歳代が最も多くなっていましたが、平成中期から後期にかけて、ピークの階層の年齢が徐々に高くなり、平成25（2013）年以降は75歳以上の年齢階層が最も多くなっています（図特－2－22）。自家漁業の漁業就業者の多くは沿岸漁船漁業を営んでおり、高齢になっても操業を続ける漁業就業者が多いことや若い世代の漁業就業者が少ないことから、高齢の階層に偏った就業構造になっていると考えられます。

　一方、漁業雇われ[*2]の漁業就業者数を見ると、中間の年齢階層の就業者数が多くなっています。平成前期から中期にかけては、就業者数は40歳代から50歳代が最も多くなっていましたが、中期から後期にかけてピークの階層の年齢が高くなっています（図特－2－22）。また、平成期を通じて60～64歳の階層以降の漁業就業者数が減少しています。これは、漁業雇われの漁業就業者の割合が多い遠洋・沖合漁業において、年齢が高くなるほどそれまでと同様の漁業労働を続けることが肉体的に困難になってくることや、年金の受給資格を得て退職することが多いためと考えられます。

[*1]　漁業就業者のうち、自家漁業のみに従事し、共同経営の漁業及び雇われての漁業には従事していない人をいう（漁業以外の仕事に従事したか否かは問わない。）。
[*2]　漁業就業者のうち、「自家漁業のみ」以外の人をいう（漁業以外の仕事に従事したか否かは問わない。）。

第1部　特集

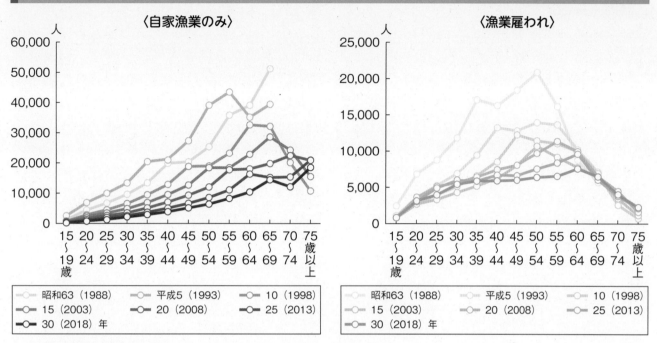

図特－2－22 自家漁業のみ・漁業雇われ別の漁業就業者数の推移

〈自家漁業のみ〉 〈漁業雇われ〉

凡例：
昭和63（1988） 平成5（1993） 10（1998）
15（2003） 20（2008） 25（2013）
30（2018）年

資料：農林水産省「漁業センサス」
注：1）昭和63（1988）年及び平成5（1993）年の「65～69歳」は「65歳以上」。
　　2）平成30（2018）年調査において、「漁業雇われ」から「漁業従事役員」を分離して新たに調査項目として設定しているが、平成25
　　　（2013）年以前の値と比較するため、「漁業雇われ」に「漁業従事役員」を含んで算出した。

（水産業での外国人労働者の受入れが進む）◇◇◇◇◇◇◇◇◇◇◇◇◇◇◇◇◇◇◇◇◇◇◇◇◇◇◇◇◇◇

　漁業就業者が減少する中、漁船労働力の不足を補うため、外国人労働者の受入れが進められてきました。遠洋かつお・まぐろ漁業等海外基地式漁業においては、外国の港を基地として操業していること、外国200海里周辺水域で操業する場合に沿岸国から自国民の雇用を要求される場合があること等の課題に対応するために、平成2（1990）年から、外国で乗下船させるなど一定の制限の下に外国人漁船員の受入れが行われてきました。その後、漁船漁業経営の改善等の観点から、我が国の漁船を外国企業に貸し出し、外国人漁船員を乗船させて用船する、いわゆる「マルシップ方式」が、平成10（1998）年から導入され、遠洋まぐろはえ縄漁船や大型いか釣り漁船などで実施されてきました。

　また、生産性向上や国内人材の確保のための取組を行ってもなお人材を確保することが困難な状況にある産業上の分野について、新たに一定の専門性・技能を有し即戦力となる外国人の受入れを可能とする特定技能制度の創設等を含む「出入国管理及び難民認定法及び法務省設置法の一部を改正する法律[*1]」が平成30（2018）年12月に成立し、在留資格「特定技能」の漁業分野（漁業、養殖業）及び飲食料品製造業分野（水産加工業を含む。）においても、平成31（2019）年4月以降、一定の基準[*2]を満たした外国人の受入れが始まりました。

[*1]　平成30（2018）年法律第102号
[*2]　各分野の技能測定試験及び日本語試験への合格又は各分野と関連のある職種において技能実習2号を良好に修了
　　していること等。

（技能実習制度が導入）

　外国人技能実習制度は、1960年代後半頃から海外の現地法人などの社員教育として行われていた研修制度を原型として、外国人の技能実習生が、日本において企業や個人事業主等の実習実施者と雇用関係を結び、出身国において修得が困難な技能等の修得・習熟・熟達を図ることを目的として、平成5（1993）年に制度化されたものです。水産業においては、漁業・養殖業における9種の作業[*1]及び水産加工業における8種の作業[*2]について技能実習が実施されています。その人数は年々増加しており、水産業の現場を支えています（図特－2－23）。

　平成29（2017）年11月1日、人材育成を通じた開発途上地域等への技術等の移転による国際協力の推進を目的とした「外国人の技能実習の適正な実施及び技能実習生の保護に関する法律[*3]」が施行され、技能実習の適正な実施及び技能実習生の保護が一層図られることとなりました。

図特－2－23　漁業・養殖業分野における技能実習生を中心とした外国人の雇用状況の推移

資料：厚生労働省「外国人雇用状況の届出状況」（各年10月末日現在）

（4）　漁船の構造の変化

（漁船の減少・高船齢化が進む）

　我が国の漁業で使用される漁船の隻数は、無動力船から動力船への切替えに伴い、昭和40年代から50年代にかけて増加しましたが、平成期においては、いずれの規模でも減少しました（図特－2－24）。特に沖合・遠洋漁業で使用される20トン以上の漁船の減少の割合が顕著であり、平成の30年間で約2割になりました。

　遠洋漁業や一部の沖合漁業で使用される200トン以上の漁船の減少については、昭和後期から平成前期における外国200海里水域や公海の漁場からの撤退による影響や、平成中期の

---

*1　かつお一本釣り漁業、延縄漁業（はえなわ）、いか釣り漁業、まき網漁業、ひき網漁業、刺し網漁業、定置網漁業、かに・えびかご漁業及びほたてがい・まがき養殖作業

*2　節類製造、加熱乾製品製造、調味加工品製造、くん製品製造、塩蔵品製造、乾製品製造、発酵食品製造及びかまぼこ製品製造作業

*3　平成28（2016）年法律第89号

大臣管理漁業における資源管理のための減船や国際的な資源管理のための減船が行われたこと等によって隻数が減少したものと考えられます。また、主に沖合漁業で使用される20〜199トンの漁船の減少については、大臣管理漁業における資源管理のための減船や漁業不振による漁船の廃棄があったこと、また、一部の例外を除き、資源量に対して漁船の数が多いとの判断により、漁船を廃棄した場合には新たな許可を出さない運用を一貫して続けたことなどが要因と考えられます。さらに、沖合漁業や沿岸漁業に使用される10〜19トンの漁船は、平成の30年間で約8割となった一方で、主に沿岸漁業に使用される10トン未満の漁船は、平成の30年間で約4割に減少しました。これは主に沿岸漁業を営む個人経営体の減少によるものと考えられます。

第1部 特集

図特−2−24　漁船の隻数の推移

〈200トン以上〉

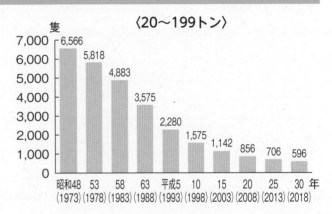

〈20〜199トン〉

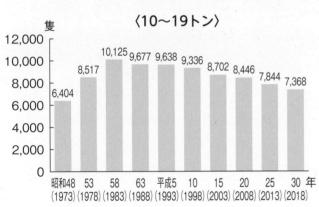

〈10〜19トン〉

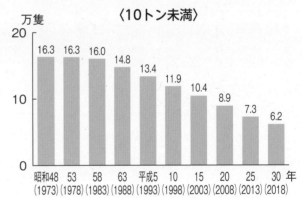

〈10トン未満〉

資料：農林水産省「漁業センサス」

　平成期を通して漁船の高船齢化が進んできました（図特−2−25）。船齢20年以上の漁船の割合は、5〜9トンの漁船では昭和63（1988）年の4％から平成30（2018）年の83％に増加し、10〜19トンの漁船では昭和63（1988）年の5％から平成30（2018）年の72％に増加しました。これは、高齢化や後継者の不在、経営不振を背景として、多くの経営体において漁船の代船が進んでいないためと考えられます。20〜199トン及び200トン以上の漁船においても船齢20年以上の漁船の割合は、平成の30年間でそれぞれ4％から55％、2％から55％と増加しましたが、船齢10年未満の漁船の割合が平成後期から増加傾向となりました。これは、大型の漁船を使用する沖合・遠洋漁業を営む経営体のうち経営継続の意欲がある経営体によって、新船の建造が進められているためと考えられます。

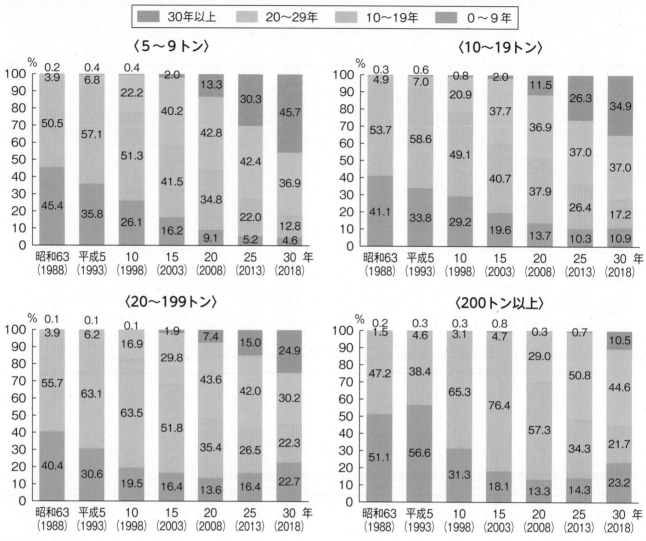

図特－2－25　漁船の船齢の割合

凡例：■ 30年以上　■ 20～29年　■ 10～19年　■ 0～9年

〈5～9トン〉

	昭和63(1988)	平成5(1993)	10(1998)	15(2003)	20(2008)	25(2013)	30年(2018)
30年以上	0.2	0.4	0.4	2.0	13.3	30.3	45.7
20～29年	3.9	6.8	22.2	40.2	42.8	42.4	36.9
10～19年	50.5	57.1	51.3	41.5	34.8	22.0	12.8
0～9年	45.4	35.8	26.1	16.2	9.1	5.2	4.6

〈10～19トン〉

	昭和63(1988)	平成5(1993)	10(1998)	15(2003)	20(2008)	25(2013)	30年(2018)
30年以上	0.3	0.6	0.8	2.0	11.5	26.3	34.9
20～29年	4.9	7.0	20.9	37.7	36.9	37.0	37.0
10～19年	53.7	58.6	49.1	40.7	37.9	26.4	17.2
0～9年	41.1	33.8	29.2	19.6	13.7	10.3	10.9

〈20～199トン〉

	昭和63(1988)	平成5(1993)	10(1998)	15(2003)	20(2008)	25(2013)	30年(2018)
30年以上	0.1	0.1	0.1	1.9	7.4	15.0	24.9
20～29年	3.9	6.2	16.9	29.8	43.6	42.0	30.2
10～19年	55.7	63.1	63.5	51.8	35.4	26.5	22.3
0～9年	40.4	30.6	19.5	16.4	13.6	16.4	22.7

〈200トン以上〉

	昭和63(1988)	平成5(1993)	10(1998)	15(2003)	20(2008)	25(2013)	30年(2018)
30年以上	0.2	0.3	0.3	0.8	0.3	0.7	10.5
20～29年	1.5	4.6	3.1	4.7	29.0	50.8	44.6
10～19年	47.2	38.4	65.3	76.4	57.3	34.3	21.7
0～9年	51.1	56.6	31.3	18.1	13.3	14.3	23.2

資料：水産庁調べ

（5）　漁業における兼業の実態

（動力漁船の約2割が複数の漁業種類の操業を行っている）◇◇◇◇◇◇◇◇◇◇◇◇◇◇◇

　我が国の沿岸漁場においては、水産資源の来遊する時期が限定されていたり、資源管理上の理由や漁業調整上の理由により対象魚種の操業時期が決まっているため、地域や漁業種類ごとに操業できる時期は異なっています。そのため、漁船によっては、1年を通して複数の漁業種類の操業を行って、経営を成り立たせている場合があります。こうした操業実態を把握するため、平成30（2018）年に実施された漁業センサスにおいては、動力漁船ごとに、販売金額1位の漁業種類に加え、新たに販売金額2位及び3位の漁業種類の調査が行われました。その結果を見ると、平成30（2018）年には、動力漁船全体のうち約2割の漁船が複数の漁業種類の操業を行っていました（図特－2－26）。これは主に、20トン未満の刺し網漁業や沿岸いか釣り漁業等の沿岸漁業の漁船と、さんま棒受網漁船を中心に行われており、例えば、沿岸いか釣り漁船又は沿岸かつお一本釣り漁業を主とする漁船はひき縄釣り漁業やその他釣り漁業等の操業を、小型底びき網漁船又は中・小型まき網漁業を主とする漁船は船びき網漁業やその他刺し網漁業等の操業を行っていました（図特－2－27）。

図特－2－26　動力漁船の操業内容の内訳

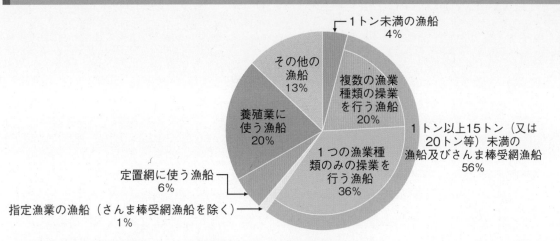

資料：農林水産省「2018年漁業センサス」（組替集計）に基づき水産庁で作成
注：1）　1トン未満の漁船には、「その他網」、「潜水器」、「採貝・採藻」、「かにかご、たこつぼ等」の1トン未満の漁船を含み、定置網、養殖業に使う1トン未満の漁船を除く。
　　2）　1トン以上15トン（又は20トン等）未満の漁船及びさんま棒受網漁船に含まれる漁業種類は、その他刺し網（1～15トン未満）、その他釣り（1～15トン未満）、沿岸いか釣り（1～20トン未満）、小型底びき網（1～15トン未満）、船びき網（1～20トン未満）、ひき縄釣り（1～15トン未満）、その他はえ縄（1～20トン未満）、沿岸まぐろはえ縄（1～20トン未満）、沿岸かつお一本釣り（1～20トン未満）、中・小型まき網（1～20トン未満）、さんま棒受網（5～10トン未満、15～30トン未満、100トン以上）、かじき等流し網（10～20トン未満）及び小型さけ・ます流し網（5～20トン未満）の13種類の漁業種類。

図特－2－27　販売金額1位の漁業種類の漁船における販売金額2位、3位の漁業種類

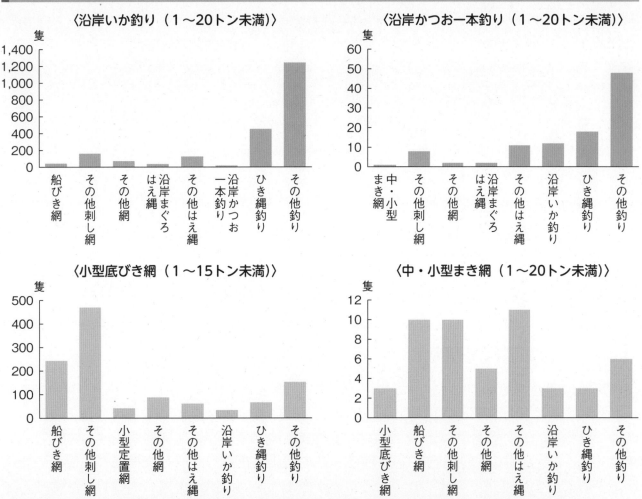

資料：農林水産省「2018年漁業センサス」（組替集計）に基づき水産庁で作成
注：その他刺し網はさけ・ます流し網、かじき等流し網以外の刺網、その他釣りは沿岸いか釣り、沿岸かつお一本釣り、ひき縄釣り以外の釣り、その他網は、さんま棒受網以外の敷網等、その他はえ縄は沿岸まぐろはえ縄以外のはえ縄のこと。

（海面漁業経営体の約２割が漁業以外の兼業を行っている）

　海面漁業経営体の兼業の状況について見てみると、水産加工業や漁家レストラン、農業など漁業以外の兼業を行っている経営体は全体の約２割で、具体的な兼業先は、個人経営体では農業、遊漁船業が多く、団体経営体では水産物の加工や小売業が多くなっていました（図特－２－28）。

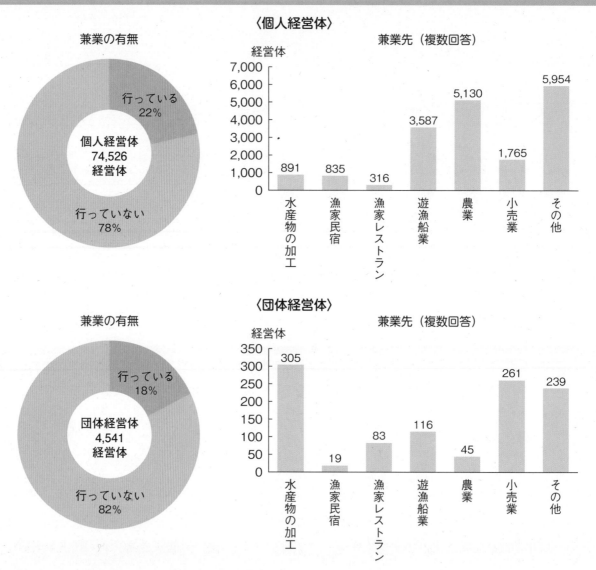

図特－２－28　漁業経営体の兼業の有無及び兼業先

〈個人経営体〉

兼業の有無

行っている 22%
個人経営体 74,526 経営体
行っていない 78%

兼業先（複数回答）

水産物の加工	漁家民宿	漁家レストラン	遊漁船業	農業	小売業	その他
891	835	316	3,587	5,130	1,765	5,954

〈団体経営体〉

兼業の有無

行っている 18%
団体経営体 4,541 経営体
行っていない 82%

兼業先（複数回答）

水産物の加工	漁家民宿	漁家レストラン	遊漁船業	農業	小売業	その他
305	19	83	116	45	261	239

資料：農林水産省「2018年漁業センサス」に基づき水産庁で作成

（6）　流通加工構造の変化

（市場外流通が増加）

　一般的に、水揚げされた水産物は、まず水揚港に隣接する産地市場で集荷され、魚種、サイズ、品質等により仕分された後、産地出荷業者や加工業者等に販売されます。全国各地の水産物は、そのまま又は加工等を経て消費地卸売市場に出荷され、仲卸業者、小売業者等を経て消費者の手元に届けられるのが、従来の水産物の流通です。実際に漁業経営体のうち７割は市場又は荷さばき所を主な出荷先としています。水産物は水揚量が変動し、多様な魚種を短時間で処理する必要があるため、水揚げが集中したときでも目利き・値決めをし、荷さ

ばきをし、代金決済を行うという市場の機能が、消費者への安定供給を図る上で不可欠なものとなっています。しかし、平成期においては、漁業経営体数の減少に伴って、漁協の市場又は荷さばき所や漁協以外の卸売市場に出荷する漁業経営体数も減少してきました（図特－2－29）。

　一方、近年は、漁業者による直販や、漁業者と小売店又は外食チェーン等との直接取引が増加しており、これには流通コストの縮減、流通時間の短縮、従来の流通ルートに乗らなかった未利用魚の販売といったメリットが考えられます（図特－2－30）。このため、従来の市場流通に加え、多様な流通ルートを構築することにより、一層バラエティーに富んだ水産物を消費者に届けることが可能になると考えられます。直売所に出荷する漁業経営体数の近年の増加傾向は、このような観点から漁業者及び漁業者団体による直売の取組が活発化してきているためと考えられます。

図特－2－29　漁業経営体の出荷先の推移

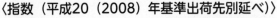

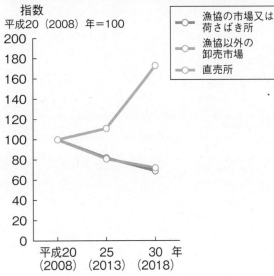

資料：農林水産省「漁業センサス」に基づき水産庁で作成
　注：経営体数は主な出荷先別経営体数、指数は出荷先別延べ経営体数を使用した。

図特－2－30 水産物の価格構造

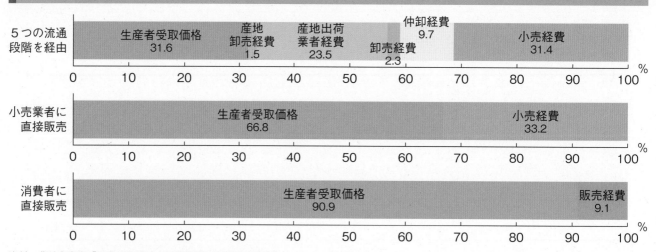

資料：農林水産省「平成29年度食品流通段階別価格形成調査」
注：1) 漁業者の出荷先別の受取価格は、必ずしも同一の規格・品質の商品を販売したものとはなっていない。
　　2) 「生産者受取価格」には、漁業者が行う選別・荷造労働費や包装・荷造材料費、商品を直売所や小売業者へ搬送する運送費や労働費等の経費が一部含まれている場合がある。

　平成期においては、水産物消費の減少を背景として国内の水産物流通量が減少し、消費地市場を経由して流通された水産物の量は、平成元（1989）年の652万トンから平成28（2016）年の294万トンに減少しました（図特－2－31）。また、水産物の消費地卸売市場経由率は、平成元（1989）年の75％から平成28（2016）年の52％へと低下しました。

図特－2－31 水産物の消費地市場経由量と経由率の推移

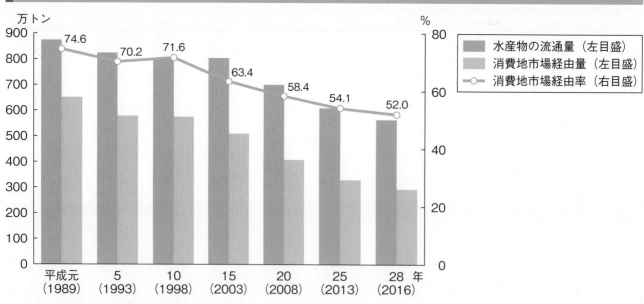

資料：農林水産省「卸売市場データ集」

| 事例 | ICTを活用した水産物流通 |

1．飲食店向け鮮魚卸売Eコマース「魚ポチ」〜株式会社フーディソン（東京都）〜

　株式会社フーディソンは、ITを活用した水産流通プラットフォームとして、飲食店向け鮮魚仕入れオンラインサービス「魚ポチ」を平成26（2014）年から運営しています。現在は、関東1都6県を中心に15,000店舗以上の飲食店等の利用者登録があり、取扱い水産物1,800種類以上、月間15,000件以上の取引が行われるまでに事業が拡大しています。「魚ポチ」は、開店準備中や閉店後など都合の良い時間にパソコンやスマートフォンで注文すれば、翌日の仕込みに間に合うように鮮魚などの水産物が配達されるサービスです。卸売市場との距離や取引の規模などにかかわらず、誰でも手軽に小ロットからの取引が可能になります。さらに、買える魚をまとめて検索できる機能や購買履歴からおすすめを表示する機能があり、仕入れの効率化と新しい商品の発見を手助けしています。

　また、販売される水産物については、仲卸業者との仲介だけではなく、産地からの直接仕入れや大田市場（東京都内に11か所ある東京都中央卸売市場の1つ）にある子会社仲卸からの仕入れによる魅力ある商品の充実が図られているとともに、これら商品の詳細な情報を提供する等、利便性や信頼性の確保にも努めています。加えて、自社ドライバーによる配送エリアを拡大するとともに、複数あった出荷拠点を統合し自社出荷センター化する等、物流の効率化にも力を入れています。このほか、生産者団体とタイアップした販売促進にも取り組んでおり、昨年は、「東京諸島フェア」や「ふくしま常磐ものフェア」などを実施し、飲食店や消費者への認知度向上や販売拡大に協力しています。

　「魚ポチ」を始めとするITを活用した新たな水産流通プラットフォームの構築により、様々な取組が展開され水産業界が活性化されることが期待されています。

魚ポチのUI　　　　トラックとセールスドライバー　　　ふくしま常磐ものフェアの様子

（資料及び写真提供：株式会社フーディソン）

2．産直通販サイト「JFおさかなマルシェ ギョギョいち」開設

　全国漁業協同組合連合会（JF全漁連）は、令和2（2020）年2月に産直通販サイト「JFおさかなマルシェ ギョギョいち」を開設しました。消費者の魚離れを食い止めようと、全国各地の漁師が薦める旬の海の幸を浜の情報とともに消費者に届ける産直方式は、生産者団体ならではの取組です。直接的・間接的に生産者と消費者の距離を縮めることで、国産水産物の消費拡大と魚食普及を図ります。また、現状のバリューチェーンの改善を図り、直接販売することで漁業者の所得改善につなげることも狙いの1つです。

　「ギョギョいち」では、漁師自慢の魚介類「プライドフィッシュ」などを中心に厳選した商品を掲載し、また、食材の魅力や浜の旬の情報、おいしい食べ方などを動画でも紹介しています。

　また、これと並行して、株式会社京急ストア もとまちユニオン元町店で実店舗販売を実施し、「ギョギョいち」で扱う商品の店頭テスト販売による消費者ニーズの把握や、O2O（「Online To Offline」の略）プロモーションによる相乗効果の創出など、さらなる魚食拡大につなげる取組を進めています。

今後、「ギョギョいち」の参加県域と取扱商品を順次増やし、将来的には、JFグループのネット販売プラットフォームとしていく構想です。

プライドフィッシュ海鮮丼
金目鯛煮炙り丼

明石だこのやわらか煮・
いかなごくぎ煮セット

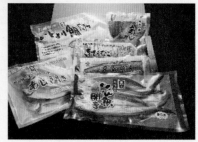

長崎俵物干物セット

「ギョギョいち」で扱っている商品の例
（資料及び写真提供：JF全漁連）

（市場の二極化、魚の高付加価値化が進む）

　魚市場の数は、平成期を通して減少傾向にあり、30年間で約7割まで減少しました（図特－2－32）。一方で、年間取扱金額が5,000万円未満の市場は増加傾向、10億円以上の市場は近年横ばい傾向にあり、市場の二極化が進んでいると考えられます。また、年間取扱数量も減少傾向にありますが、活魚の取扱量は近年増加傾向にあります（図特－2－33）。これは、魚の高付加価値化の取組が進められてきたことによるものと考えられます。

図特－2－32　年間取扱金額規模別魚市場数の推移

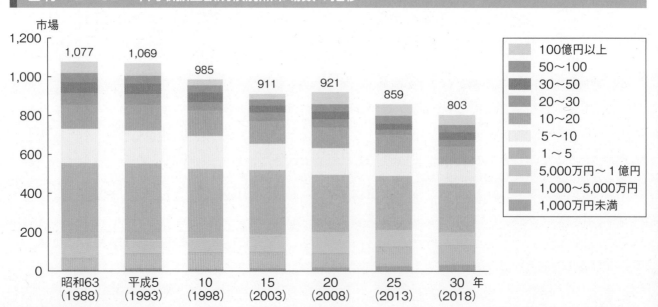

市場

凡例：
- 100億円以上
- 50～100
- 30～50
- 20～30
- 10～20
- 5～10
- 1～5
- 5,000万円～1億円
- 1,000～5,000万円
- 1,000万円未満

昭和63（1988）：1,077
平成5（1993）：1,069
10（1998）：985
15（2003）：911
20（2008）：921
25（2013）：859
30（2018）：803

資料：農林水産省「漁業センサス」
注：1）平成15（2003）年以前は沿海市区町村に所在する魚市場を調査対象としたが、平成20（2008）年以降は非沿海市町村に所在する市場でも魚市場の定義を満たすものは調査対象とした。
　　2）平成10（1998）年及び15（2003）年は中央卸売市場を含まない。

図特－2－33　魚市場の年間取扱数量の推移

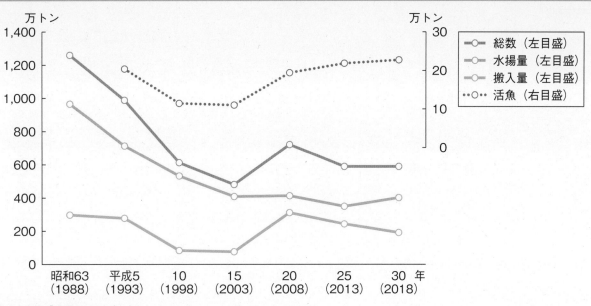

資料：農林水産省「漁業センサス」
注：1）　平成15（2003）年以前は沿海市区町村に所在する魚市場を調査対象としたが、平成20（2008）年以降は非沿海市町村に所在する市場
　　　でも魚市場の定義を満たすものは調査対象とした。
　　2）　平成10（1998）年及び15（2003）年は中央卸売市場を含まない。
　　　「ギョギョいち」Web サイト

（冷凍・冷蔵工場において大型化・集約化が進む）◇◇◇◇◇◇◇◇◇◇◇◇◇◇◇◇◇◇◇◇◇◇◇◇◇◇◇◇◇◇

　冷凍・冷蔵工場の数は、平成期において減少傾向にありましたが、平成後期には冷蔵能力は下げ止まりの傾向にあり、1日当たり凍結能力は増加傾向になりました（図特－2－34）。これは、冷凍・冷蔵技術の発達や魚市場の集約等に伴い、冷凍・冷蔵工場において大型化・集約化が進んでいるためと考えられます。また、冷凍・冷蔵工場の従業者は約5割を女性が占めており、近年は外国人労働者が増加しています（図特－2－35）。

図特－2－34　沿海地区の冷凍・冷蔵工場数及び能力の推移

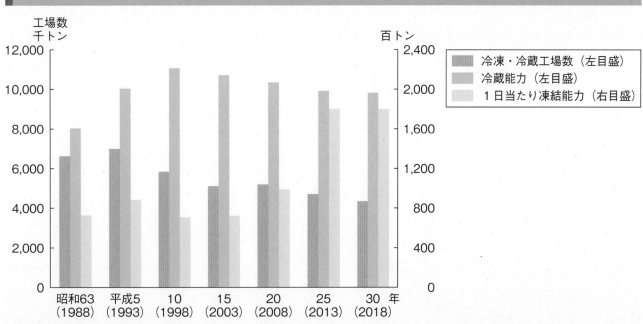

資料：農林水産省「漁業センサス」
注：平成10（1998）年から主機10馬力以上の冷凍・冷蔵工場を調査対象とした。

図特－2－35　冷凍・冷蔵工場の従業者数の推移

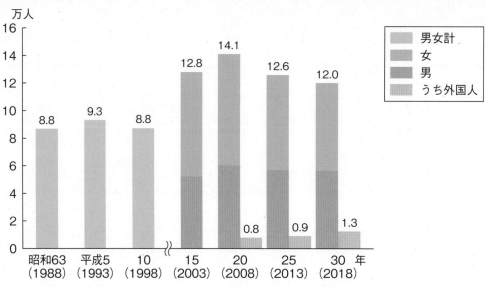

資料：農林水産省「漁業センサス」
注：1)　沿海地区の冷凍・冷蔵工場のみを対象とした。
　　2)　平成10（1998）年から主機10馬力以上の冷凍・冷蔵工場を調査対象とした。
　　3)　平成15（2003）年以降の調査は、調査の統合が行われ、一部の水産加工場の従業者数も含まれることとなったため、平成10（1998）年以前とは連続しない。

（減少していた練り製品や冷凍食品の生産量は近年横ばい傾向）◇◇◇◇◇◇◇◇◇◇◇◇◇◇◇◇◇◇◇◇

　水産食用加工品の生産量は、平成期においては、総じて減少傾向にありましたが、練り製品や冷凍食品の生産量については、平成20（2008）年頃から横ばい傾向となっています（図特－2－36）。

　また、生鮮の水産物を丸魚のまま、又はカットしたりすり身にしただけで凍結した生鮮冷凍水産物の生産量は、平成前期には水産食用加工品の生産量を上回っていましたが、平成7（1995）年以降は水産食用加工品の生産量の方が上回っており、練り製品や冷凍食品など多様な商品に加工されています。

　水産加工業の出荷額は、平成14（2002）年から29（2017）年の間には、約3兆円から約3兆5千億円の間で推移しました（図特－2－37）。

図特－2－36　水産食用加工品生産量の推移

〈水産食用加工品及び生鮮冷凍水産物〉

千トン

凡例：
○ 水産食用加工品
● 生鮮冷凍水産物

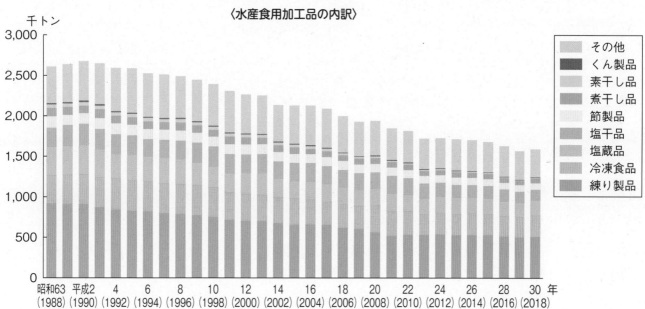

〈水産食用加工品の内訳〉

千トン

凡例：
その他
くん製品
素干し品
煮干し品
節製品
塩干品
塩蔵品
冷凍食品
練り製品

資料：農林水産省「水産物流通統計年報」（平成21（2009）年以前）、「漁業センサス」（平成25（2013）年及び30（2018）年）及び「水産加工統計調査」（その他の年）
　注：水産食用加工品とは、水産動植物を主原料（原料割合50%以上）として製造されたものをいう。焼・味付のり、缶詰・びん詰、寒天及び油脂は除く。

図特－2－37 水産加工業の出荷額の推移

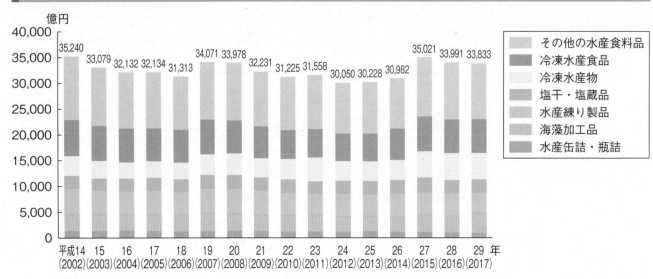

資料：経済産業省「工業統計」（平成23（2011）年及び27（2015）年以外の年）及び総務省・経済産業省「経済センサス―活動調査」（平成23（2011）年及び27（2015）年）
注：従業員数３人以下の事業所を除く。

（冷凍食品を主とする加工工場は近年増加）

　水産加工場の数は、平成期には総じて減少傾向にあり、30年間で約半分まで減少し、特に、素干し品を主とする加工工場の数は30年間で約３割まで減少しました（図特－2－38）。一方で、冷凍食品を主とする加工工場の数は、平成中期から増加傾向となりました。

　水産加工場の従業者規模別の工場数について見てみると、従業員が９人以下の工場は、平成初期は60％近くを占めていましたが、平成末期には50％弱にシェアを落としています（図特－2－39）。一方で、従業員が10人以上の工場は減少率が小さく、全体に占める割合は増加しています。

　また、水産加工場の従業者のうち約６割は女性が占めていますが、近年は女性の従業者数が減少する一方、外国人労働者が増加しています（図特－2－40）。

図特－2－38　主とする加工種類別水産加工場数の推移

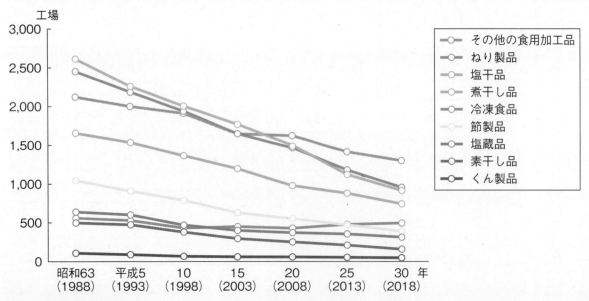

資料：農林水産省「漁業センサス」
注：沿海地区の水産加工場のみを対象とした。

図特－2－39　従業員規模別水産加工場数の推移

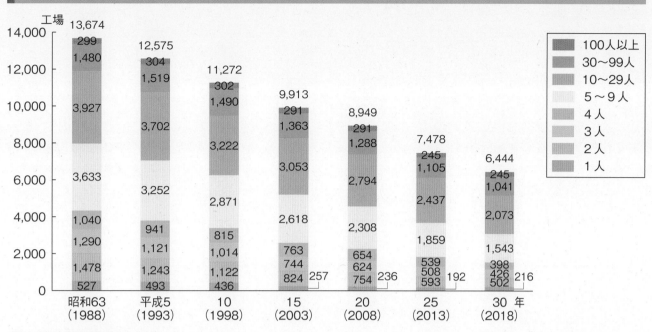

資料：農林水産省「漁業センサス」
注：沿海地区の水産加工場のみを対象とした。

図特－2－40　水産加工場の従業者数の推移

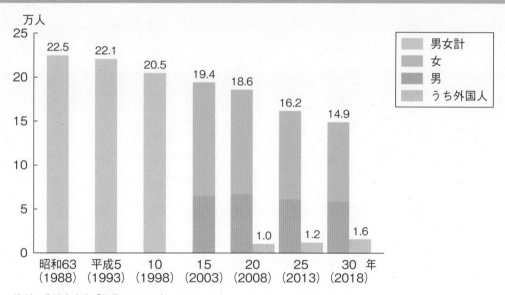

資料：農林水産省「漁業センサス」
注：沿海地区の水産加工場のみを対象とした。

（流通加工分野での鮮度保持や衛生管理の技術導入・取組が進んできた）◇◇◇◇◇◇◇◇◇◇◇◇◇

　戦後から昭和後期にかけて、コールドチェーンやスーパーチルド（氷温冷凍技術）の発達や無菌充填等包装技術の開発など、冷凍・冷蔵能力や加工技術が発達し、水産物を始めとした生鮮物の長期保存や遠隔地への輸送が可能となってきました。その後、平成にかけて、共働き家庭の増加など人々のライフスタイルの変化に伴い、時間をかけず簡単に食べられる加工・冷凍食品へのニーズが高まってきました。一方で、冷凍食品への異物混入事件や産地偽装など食に関する信頼を揺るがす事案が発生し、鮮度等の品質や安全性に対する消費者の関心が高まってきました。そのような中、卸売市場での冷凍・冷蔵施設の整備が進められ、特に、水産物の集出荷拠点となる漁港においては、高度な衛生管理に対応した荷さばき所等

が順次整備されています。

　また、流通加工分野では、平成10（1998）年に「食品の製造過程の管理の高度化に関する臨時措置法[*1]」が制定される等、HACCP[*2]を始めとする衛生管理の取組が進展し、平成30（2018）年には「食品衛生法[*3]」が改正され、令和3（2021）年6月までに原則として全ての食品等事業者に対しHACCP対応が義務化されることとなっています。

　このほか、水産流通加工分野では、従業員の不足及び高齢化が大きな課題となっています。大きさ、形状が不揃いのものを扱う水産加工分野では、製造業の他分野に比べ自動化、ロボット化の導入が遅れていますが、画像認識等の技術を応用し、自動化、ロボット化の取組が出てきています（図特－2－41）。水産加工分野の省力化・効率化等のためには、ICT[*4]・IoT[*5]・AI[*6]などを活用した技術開発を推進するとともに、水産加工業への普及が重要です。

＊1　平成10（1998）年法律第59号
＊2　Hazard Analysis and Critical Control Point：原材料の受入れから最終製品に至るまでの工程ごとに、微生物による汚染や金属の混入等の食品の製造工程で発生するおそれのある危害要因をあらかじめ分析（HA）し、危害の防止につながる特に重要な工程を重要管理点（CCP）として継続的に監視・記録する工程管理システム。FAOと世界保健機関（WHO）の合同機関である食品規格（コーデックス）委員会がガイドラインを策定して各国にその採用を推奨している。
＊3　昭和22（1947）年法律第233号
＊4　Information and Communication Technology：情報通信技術、情報伝達技術
＊5　Internet of Things：モノのインターネットといわれる。自動車、家電、ロボット、施設などあらゆるモノがインターネットにつながり、情報のやり取りをすることで、モノのデータ化やそれに基づく自動化等が進展し、新たな付加価値を生み出す。
＊6　Artificial Intelligence：人工知能。機械学習ともいわれる。

図特－2－41　水産加工業の省力化・効率化等の技術

● ホタテ貝の選別・投入・加工処理ロボットシステム

製品のグレードアップ

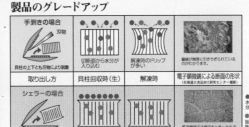

- 貝柱を取り出す作業には多数の熟練作業員を必要とするものの、年々作業員の担い手確保が難しくなっており、加工生産機能を維持できなくなる地域が増加

- ホタテの生剥きに係る全ての作業工程を自動化した、ホタテ貝自動生剥きロボット「オートシェラー」を中核とする加工システム（※）を開発

※ホタテ貝の整列、貝に付着した異物除去、貝柱の剥離、上貝の開口、内臓の吸引排出、貝柱自動切断等

- 1台当たり作業員10名以上に相当する高い処理能力を有する加工機械の開発により、人手不足の解決と地域産業の活性化に貢献

第8回ロボット大賞　中小・ベンチャー企業賞（中小企業庁長官賞）
株式会社ニッコー

● AI・ICT等を活用した魚介類の選別・加工技術、流通システム〔開発中〕

取 組 例　〈イメージ〉

選　別

品質評価、多様な流通

加　工

- 多様な魚介類の選別・加工の省力化や多様な流通ルートの構築のため、AI・ICT等を活用し、魚介類の選別・加工技術や、鮮度等取引情報の数値化により評価・伝達する品質評価技術を開発

農林水産省平成29年度補正予算生産性革命に向けた革新的技術開発事業
事業期間：平成30年～令和2年

第1部　特集

コラム　漁業者・水産加工業者から見た平成期における水産業の変化

　平成の30年間で漁獲量の減少や国際情勢の変化、技術の発展など、漁業や水産加工業を取り巻く環境は大きく変化してきました。実際に漁業や水産加工業に従事している人々は、平成期の水産業の変化をどのように感じているのでしょうか。

　農林水産省は、令和元（2019）年12月〜2（2020）年1月、漁業や水産加工業に従事する人等を対象とした「食料・農業及び水産業に関する意識・意向調査」を実施しました。

　このうち、漁業者を対象とした調査においては、「平成期における水産業の振興に最も良い影響を与えたもの」として「資源管理の取組の強化」が最も回答が多く、次いで「産地での付加価値向上の取組」、「漁業者の経営意識の向上」となっています（図1）。これは、平成期において水産業界と行政が一体となって取り組んできた資源管理の取組、付加価値向上の取組、収益性を重視した操業の重要性と成果を、多くの漁業者が実感していることを表していると考えられます。一方で、「平成期における水産業の振興に最も悪い影響を与えたもの」については、「気候変動等による海洋環境の変化（温暖化や酸性化等世界的な変化）」と「漁場環境の悪化（藻場や干潟の減少等地域的な変化）」の上位2つの回答で全体の約6割を占めており、多くの漁業者が地球規模又は地域的な自然環境の悪化を実感又は懸念していることがうかがえます。

図1：平成期における水産業の変化

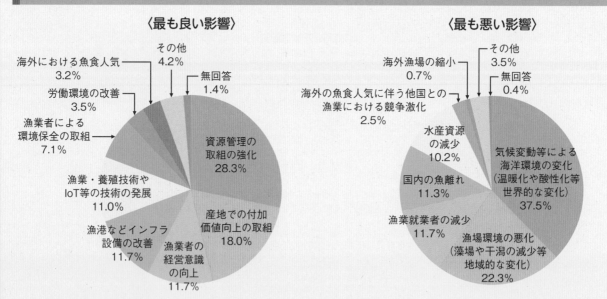

資料：農林水産省「食料・農業及び水産業に関する意識・意向調査」（令和元（2019）年12月〜2（2020）年1月実施、漁業者モニター349人が対象（回収率81.1%））

　また、平成期にはICT・IoT・AIなどを始め様々な技術が発展しましたが、漁業者で技術や設備が発展したと回答した人は合計で約6割であったものの、他分野に比べて遅れている又は発展していないと回答した人は7割以上となっており、より多くの漁業者の実感につながる技術の一層の発展が望まれています（図2）。労働環境においても「とても向上した」又は「やや向上した」と回答した人は約4割となる一方、「とても悪化した」又は「やや悪化している」と回答した人は約1割であり、平成期における水産業の労働環境は全体的には向上したと考えられます。

図2：平成期における漁業の技術・労働環境の変化

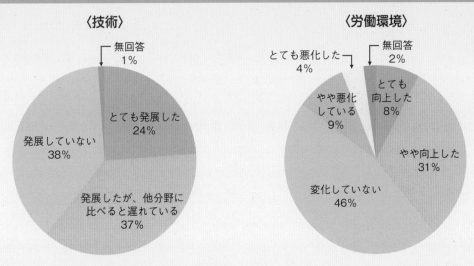

〈技術〉

- 無回答 1%
- とても発展した 24%
- 発展していない 38%
- 発展したが、他分野に比べると遅れている 37%

〈労働環境〉

- とても悪化した 4%
- 無回答 2%
- やや悪化している 9%
- とても向上した 8%
- やや向上した 31%
- 変化していない 46%

資料：農林水産省「食料・農業及び水産業に関する意識・意向調査」（令和元（2019）年12月～2（2020）年1月実施、漁業者モニター349人が対象（回収率81.1%））

　水産加工業の従事者を対象とした調査においては、「平成期における水産物の流通加工業に最も良い影響を与えたもの」としては、「冷蔵・流通における技術の発展」が約5割を占めており、かつ、「水産物の流通加工業における技術や設備の変化」が品質向上と生産性向上の両面で大きく発展してきたと考える流通加工業者が過半数を占めています（図3、図4）。また、「平成期における水産物の流通加工業に最も良い影響を与えたもの」の2番目に回答が多かったのは「食の安全性への注目」であり、「平成期の30年間での食に対する消費者ニーズの変化」においても、「安全指向が強くなった」と回答した人が約8割となっています（図5）。「水産物の流通加工業における衛生水準の変化」についても、9割以上が「とても向上した」又は「やや向上した」と回答しており、消費者の食の安全性への関心の高まりを受けて水産流通加工業の衛生水準の向上が進められてきたと考えられます。

　一方で、「平成期における水産物の流通加工業に最も悪い影響を与えたもの」としては、「加工原材料確保の困難化」や「国内の魚離れ」の回答が多く、漁獲量の減少や消費者の食の志向の変化は、水産加工業に仕入れと販売の両面で大きな影響を与えていることがうかがえます。

図3：平成期における水産加工業の変化

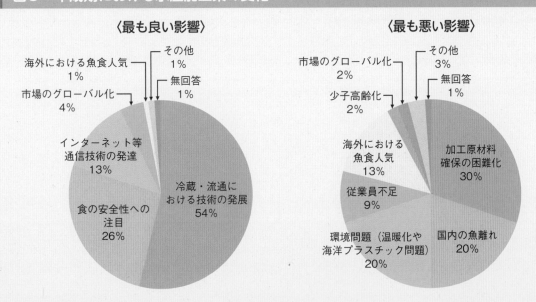

〈最も良い影響〉

- 海外における魚食人気 1%
- 市場のグローバル化 4%
- その他 1%
- 無回答 1%
- インターネット等通信技術の発達 13%
- 食の安全性への注目 26%
- 冷蔵・流通における技術の発展 54%

〈最も悪い影響〉

- 市場のグローバル化 2%
- その他 3%
- 少子高齢化 2%
- 無回答 1%
- 海外における魚食人気 13%
- 従業員不足 9%
- 環境問題（温暖化や海洋プラスチック問題）20%
- 加工原材料確保の困難化 30%
- 国内の魚離れ 20%

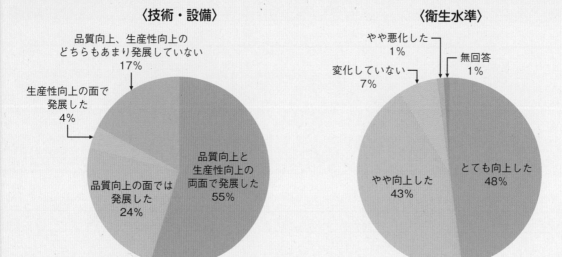

図４：平成期における水産加工業の技術・設備や衛生水準の変化

〈技術・設備〉

品質向上、生産性向上の
どちらもあまり発展していない
17%

生産性向上の面で
発展した
4%

品質向上の面では
発展した
24%

品質向上と
生産性向上の
両面で発展した
55%

〈衛生水準〉

やや悪化した
1%

無回答
1%

変化していない
7%

やや向上した
43%

とても向上した
48%

資料：農林水産省「食料・農業及び水産業に関する意識・意向調査」（令和元（2019）年12月～2（2020）年1月実施、流通加工業者モニター（木材関係除く。）705人が対象（回収率66.4%））

図５：平成期における食に対する消費者ニーズの変化

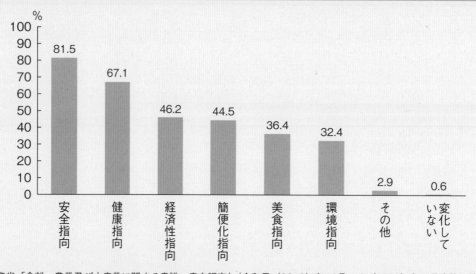

	%
安全指向	81.5
健康指向	67.1
経済性指向	46.2
簡便化指向	44.5
美食指向	36.4
環境指向	32.4
その他	2.9
変化していない	0.6

資料：農林水産省「食料・農業及び水産業に関する意識・意向調査」（令和元（2019）年12月～2（2020）年1月実施、流通加工業者モニター（木材関係除く。）705人が対象（回収率66.4%））

第3節　令和の時代に向けた改革の推進

（1）「水産政策の改革」の策定と漁業法等の改正

（平成期の水産業の評価と政策改革の必要性）

　第1節及び第2節で見たとおり、平成期を通じて我が国の漁業は大きく変化してきました。30年の間に漁業生産量は約6割、漁業生産額も約4割減少し、また、経営体数は約6割、漁業就業者数も約6割減少するとともに、漁業就業者の高齢化が進んでいます。水産物の消費に目を転じると、世界全体では1人当たりの水産物の消費量が過去半世紀で約2倍に増加した一方、我が国では平成期の前半は横ばい傾向であった1人当たりの消費量が後半では減少傾向に転じています。

　これらの大きな要因としては、200海里時代の到来など国際的な海洋秩序の変化に加え、気候変動等により海洋環境が大きく変化したこと、少子高齢化が進行する中で我が国が本格的な人口減少社会に入ったこと、さらに、消費者の食の簡便化志向が強まり調理食品や中食・外食に比重が移っていることなど消費者のニーズが変化していること等我が国漁業を取り巻く環境の変化も挙げられます。他方で、政策面に着目しても、例えば、資源量が減少した水産資源について適切な資源管理を講じていれば減少を防止・緩和できたのではないか、漁業の生産性向上や漁場の有効活用の取組のための環境整備が十分であったのか、あるいは、水産物の供給の取組について、国内外の需要に着目したマーケットインの発想に基づく取組の推進が不十分だったのではないか、といった見方もあるところです。

　一方、平成期の後半から漁業者1人当たりの生産額が増加傾向にあり、漁業生産額全体も近年では増加傾向にあることや、新規就業者数も直近10年間では2千人程度の水準を維持するなどの兆しも見られています。また、近年、直売所に出荷する経営体が増加するなど漁業者の所得向上や浜の活性化のための漁業者主体の様々な取組が生まれていることや、ICT・AIなどの新技術による漁業生産や水産物流通の技術革新が始まり、海外における水産物需要が増加するなど我が国水産業の発展・転換につながる明るい話題も出ています。

　このように、平成期は、我が国水産業を巡る情勢や環境が大きく変化する中で、我が国水産業の将来の発展につながる新しい動きも見出されるようになった時代であり、「転換点」として、これまでの政策や制度の枠組みの見直しが求められていると言えます。

（「水産政策の改革」を策定）

　こうした状況を踏まえ、水産資源の適切な管理と水産業の成長産業化を両立させ、漁業者の所得向上と年齢のバランスのとれた漁業就業構造を確立することを目指すものとして、平成30（2018）年6月に「農林水産業・地域の活力創造プラン」（農林水産業・地域の活力創造本部決定）が改訂され、「水産政策の改革」が盛り込まれました。

　「水産政策の改革」には、次の内容が示されています。

1）国際的に見て遜色のない科学的・効果的な評価方法及び管理方法を取り入れた資源管理システムの構築

2）輸出を視野に入れた品質面・コスト面等で競争力ある流通構造の確立

3）遠洋・沖合漁業における生産性の向上に資する漁業許可制度の見直し及び沿岸漁業・養

殖業の発展に資する海面利用制度の見直し

4）水産政策の改革の方向性に合わせた漁協制度の見直し

5）漁村の活性化と国境監視機能を始めとする多面的機能の発揮

（漁業法等の改正法が成立）◇◇◇◇◇◇◇◇◇◇◇◇◇◇◇◇◇◇◇◇◇◇◇◇◇◇◇◇◇◇◇◇◇◇◇◇◇◇

「水産政策の改革」の第1弾として平成30（2018）年の第197回国会で「漁業法等の一部を改正する等の法律[*1]」が成立し、同年12月14日に公布されました。本法律は、公布の日から2年以内に施行されることとなっています。

本法律の主な内容は、次のとおりです。

1）「漁業法」の目的において、「水産資源の持続的な利用を確保するとともに、水面の総合的な利用を図り、もって漁業生産力を発展させること」を明記

2）資源評価に基づき、現在の環境下において持続的に採捕可能な最大の漁獲量（最大持続生産量（MSY））の達成を目標として資源を管理することとし、管理手法はTACを基本とする新たな資源管理システムを構築

3）TACの管理については、船舶等ごとに数量を割り当てる漁獲割当て（IQ）が基本

4）従来の一斉更新から随時に新規許可を可能とすること、IQの導入が進んだ漁業については船舶の規模に関する制限を定めないこと等により、生産性の向上に資するよう許可制度を見直し

5）漁場を適切かつ有効に活用している既存の漁業者の漁場利用を確保するとともに、利用されなくなった漁場については協業化や地域内外からの新規参入を含めた水面の総合利用が図られるよう、海面利用制度を見直し

6）悪質な密漁が行われている水産資源を対象に、許可を得ずに採捕した者等への罰則を強化

7）漁協の販売事業の強化に資するため理事のうち1人以上は水産物の販売等に関し実践的能力を有する者を登用する等の漁協制度の見直し

令和の時代を迎える中、我が国の漁業・水産業が、我が国周辺の豊かな水産資源を持続可能な形で最大限に活用することによって、国民に対して水産物を安定的に供給するとともに、その成長産業化を通じて漁村地域の経済社会の発展に貢献し、その多面的機能を発揮していくためには、「漁業法等の一部を改正する等の法律」による改正後の「漁業法」（以下「新漁業法」といいます。）の実施を始めとする各般の「水産政策の改革」を着実に推進していくことが必要です。そのためにも、漁業者、漁業団体が改革の実践に主体的に取り組むとともに、国及び地方公共団体がそれぞれの役割分担の下、効果的な施策を講じることによって、漁業者等の取組を支援していくことが求められています。

[*1]　平成30（2018）年法律第95号

（2）水産政策の改革の具体的な方向

ア　新たな資源管理システムの推進
（国際的に見て遜色のない資源管理システムを導入）

　漁業の成長産業化のためには、基礎となる資源を維持・回復し、適切に管理することが重要です。このため、資源調査に基づいて、資源評価を行い、漁獲量がMSYを達成することを目標として資源を管理する、国際的に見て遜色のない科学的・効果的な評価方法及び管理方法を導入することとしています（図特−3−1）。

図特−3−1　資源管理の流れ

【資源調査】
（行政機関／研究機関／漁業者）

○漁獲・水揚げ情報の収集
・漁獲情報（漁獲量、努力量等）
・漁獲物の測定（体長・体重組成等）

○調査船による調査
・海洋観測（水温・塩分・海流等）
・仔稚魚調査（資源の発生状況等）等

○海洋環境と資源変動の関係解明
・最新の技術を活用した、生産力の基礎となるプランクトンの発生状況把握
・海洋環境と資源変動の因果関係解明に向けた解析

○操業・漁場環境情報の収集強化
・操業場所・時期
・魚群反応、水温、塩分等

【資源評価】
（研究機関）

行政機関から独立して実施

○資源評価結果（毎年）
・資源量
・漁獲の強さ
・神戸チャート（※）　など
※　資源水準と漁獲圧力について、最大持続生産量を達成する水準と比較した形で過去から現在までの推移を表示したもの

○資源管理目標等の検討材料（設定・更新時）
1. 資源管理目標の案
2. 目標とする資源水準までの達成期間、毎年の資源量や漁獲量等の推移（複数の漁獲シナリオ案を提示）

【資源管理目標】
（行政機関）

関係者に説明

1. ①最大持続生産量を達成する資源水準の値（目標管理基準値）
②乱かくを未然に防止するための値（限界管理基準値）
2. その他の目標となる値（1.を定めることができないとき）

【漁獲管理規則（漁獲シナリオ）】
（行政機関）

関係者の意見を聴く

【TAC・IQ】
（行政機関）

関係者の意見を聴く

・TACは資源量と漁獲シナリオから研究機関が算定したABCの範囲内で設定
・TACによる管理は、準備が整った区分からIQにより実施

【操業（データ収集）】
（漁業者）

○TAC管理の下での操業
・漁船からのリアルタイム情報収集
・魚群探知情報を活用した資源量把握

○水揚げ
・市場水揚げ情報の迅速な収集体制の整備

（資源評価の高度化を図り、対象を拡大）

　資源評価を行うためには、必要なデータを収集する資源調査が重要です。

　このため、資源ごとに、1）資源の発生状況等に関する情報、2）年齢ごとの資源尾数、自然の減耗率、漁獲による死亡率等の推定に加え、3）近年の海洋環境の変化が自然の減耗率等に与える影響の把握を行うこととし、これに必要な情報を収集するために調査体制を強化することとしています。

　資源評価については、資源ごとに、1）MSYを達成するために必要な「資源量」と「漁獲の強さ」を算出し、2）これらと比較した形で過去から現在までの推移を神戸チャート[*1]により示し、3）行政機関がMSYを達成するための管理方法の検討を行う材料を提供することとしています。

---

*1　96ページ参照。

また、資源調査・評価を行う国立研究開発法人水産研究・教育機構の中に新たに「水産資源研究センター」を設置し、独立性が高く、透明性・客観性のある世界水準の資源評価を実施していきます（図特－3－2）。

　資源評価対象魚種については、令和5（2023）年度までに200魚種程度に拡大することを目指し、それ以降もデータの蓄積と資源評価精度の向上を図っていくこととしています。

図特－3－2　水産資源研究センター構想

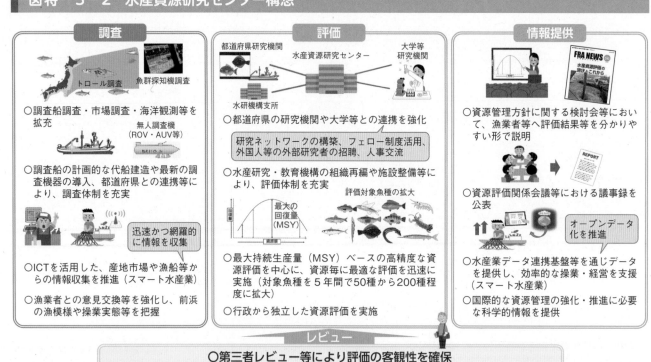

（産出量規制を推進）

　現行のTAC魚種に加え、TAC対象ではない魚種についても、漁獲量が多いものを中心に順次、資源評価の公表と検討会の開催を進め、令和5（2023）年度までに漁獲量ベースで8割をTAC管理とすることを目指しています。このほか、地域漁業管理機関（RFMO）で国際的な資源管理が行われている資源のうち我が国が漁獲しているもの（ミナミマグロ等）については、当該機関で定められた保存管理措置を踏まえ、TAC魚種としていく方針です。

　また、IQについては、TAC魚種を主な漁獲対象とする大臣許可漁業において、準備が整ったものから順次、新漁業法に基づくIQによる管理を行うこととしています。

（資源管理協定による自主的な資源管理の取組を促進）

　TAC対象とならない魚種についても、漁業生産力を発展させるため、資源管理を行うことで資源を回復させ適切な水準を維持していくことが重要です。新漁業法では、1）非TAC魚種についても、報告された漁業関連データや都道府県の水産試験場などが行う資源調査を含む利用可能な最善の科学情報を用い、資源管理目標を設定する、2）資源管理目標の達成に向け、関係漁業者が新漁業法に基づく「資源管理協定」を策定し、資源の保存及び管理に効果的な取組を実践していく、3）資源管理の状況の評価・検証を定期的に行い、より効果的な取組へのバージョンアップを促進するとともに、検証結果を公表し、透明性の確

保を図っていくこととしています。

（漁獲情報の収集体制を強化）

　漁獲情報の収集は、資源状況と漁獲状況の把握、環境変動が資源に与える影響の把握、資源管理の取組状況のモニタリングなど、資源評価と資源管理双方にとって重要です。このため、新漁業法では、新たに知事許可漁業に対し、漁獲実績報告を義務付けるとともに、漁業権漁業についても資源管理や漁場の活用の状況の報告を義務付けています。これらの漁獲情報については、電子的な手段で報告・収集することにより、漁業者の負担を軽減しつつ、資源評価に活用するとともに、分析結果を漁業者等に情報提供することも可能となることから、スマート水産業の取組として位置付けて推進しています。例えば、大臣許可漁業においては、電子的な漁獲成績の報告を推進していきます。また、資源評価を高度化するため、全国の主要な漁協や産地市場から水揚情報を電子的に収集する体制や、沿岸漁船の標本船からICT機器を活用して、操業・漁場環境情報を収集する体制を構築することとしています。

（漁業収入安定対策の見直し）

　漁業収入安定対策事業は、計画的に資源管理等を行う漁業者の経営を支えるため、漁獲変動等による減収を補てんしています。新たな資源管理システムの下で、IQの導入や新漁業法に基づく「資源管理協定」の策定等を踏まえて、漁業収入安定対策の見直しを行い、新たな資源管理に取り組む漁業者の経営を支えることとしています。

イ　漁業の生産基盤の強化と構造改革の推進
（浜の活力再生プランや漁場の総合的な利用を通じた漁村地域の活性化の取組）

　沿岸漁業においては、少量でも多種多様な水産物が水揚げされており、それぞれの地域ごとの実情に即して漁業者の所得向上のために課題解決に取り組んでいくことが重要です。このため、地域の漁業者自らが解決策を考えて合意形成を図っていくことが必要であり、地方公共団体との連携の下でのこうした取組を後押しするものとして、「浜の活力再生プラン」を推進することとしています。例えば、漁協が直売所の運営を開始し、地域の漁獲物の品質向上等によって付加価値を高め、漁業者の所得向上につなげようとする取組などを支援していくことなどが挙げられます。

　地域の漁業の活力を維持していくためには、漁業者が漁場を適切かつ有効に活用していくことが求められており、利用されなくなったり利用度が低下した漁場については、協業化や地区内外からの新規参入を進めるなど、その総合的な利用を図っていくことが重要です。新漁業法においては、漁業権設定のマスタープランである海区漁場計画を都道府県が作成するに当たって、当該地区で漁業を営む者だけでなく新規参入を含めた漁場を利用しようとする者の意見を幅広く聞くこととするなど、透明性の高いプロセスの下で水面の総合的な利用を推進する仕組みが導入されています。

<table>
<tr><td>事例</td><td>消費者ニーズを捉えて収入向上へ
〜直売所「JF糸島　志摩の四季」〜</td></tr>
</table>

　福岡県糸島市にある「志摩の四季」は、糸島漁業協同組合が糸島市観光協会と協力し、平成19（2007）年に開設した直売所です。かつては、糸島市で水揚げされた魚介類のほとんどが隣接する福岡市にある福岡市中央卸売市場に卸され、福岡都市圏を始め、全国各地へ供給されていましたが、もっと地域の人に糸島で水揚げされる魚介類を届けたいという漁業者・漁協関係者の思いから、この直売所の開設に至りました。

　ここでは、丸ごとの魚のほか、家庭ですぐに調理できる形態まで、消費者のニーズに合わせて漁業者自身が、毎朝、一次加工[*1]しパック詰めした新鮮で安価な魚介類がたくさん並びます。また、家庭ではなかなか調理することができない丸ごとの魚も、3パックまで無料で三枚おろしまで調理してもらえるため、安心して購入することができます。さらに、店内にはカメラが設置され、棚の様子がWebサイトで生配信されているため、いつでもどこでも誰でも商品の品揃えや売行きを見ることができます。一方で、漁業者自身もこの映像を確認することで、商品の追加や値下げのタイミングを計ることができます。

　直売所ができたことにより、漁業者の販路が広がり、サイズが不揃いなものなど、これまで市場では値が付かなかった魚介類であっても、漁業者自身が価格を設定し、販売できることから、収入の向上につながっています。

　さらに、地元の直売所で糸島産水産物の魅力をPRすることにより、糸島の知名度が向上し、地元のみならず他の地域からの来客が増え、糸島地域の活性化にもつながっています。

漁業者自身が一次加工・パック詰めした商品

店内の加工コーナー
（写真提供：福岡県）

（漁船漁業の収益性の高い操業・生産体制への転換を推進）

　漁船漁業では、漁船の高船齢化や漁場環境の変化など、漁業者は厳しい状況に直面しています。また、船員等の人手不足も今後更に深刻化していくことが懸念されます。さらに、公海等で操業する漁船については、外国漁船との競争に勝てる能力を持つことも必要となっています。このため、漁業者の生産性の向上に資する収益性の高い操業・生産体制への転換を通じた構造改革を推進していくことが重要です。

---

*1　原料を大きく変えずに、物理的あるいは微生物的な処理や、加工を行うこと。魚介類においては主に、下処理をし、開きや切り身、フィレー、むき身などに加工すること。

また、漁獲物の品質・単価の向上、効率的な漁獲等を図るとともに、操業コストの削減、操業の効率化による従業者の確保又は労働時間の削減を促進していくことも必要となっています。新漁業法においては、資源管理の進展等によりIQの導入が進んだ漁業について、トン数制限など漁船の大型化を阻害する規制を定めないこととする等により、コスト削減や漁船の居住性・安全性の向上に資する許可の仕組みが整備されています。今後は、沖合・遠洋漁業において、資源管理に取り組みつつ、より厳しい経営環境の下でも操業を継続できるよう、高性能漁船の導入等により収益性の高い操業・生産体制への転換を推進していきます。併せて、漁船の居住性・安全性・作業性の向上や洋上でのインターネット環境整備などにより、漁業の労働環境の改善を促進することとしています。

事例　沖合・遠洋漁船における労働環境の改善の取組

　沖合・遠洋漁業では、長い航海中、船内で過ごすこととなります。しかし、海上では、陸上と異なり、船員の居住スペースが限られ、また、航海中に気軽に家族や友人等とのコミュニケーションをとるための情報通信インフラの整備が遅れています。このような漁業の労働環境も、若者が就職しづらく感じる一因だと考えられます。

　そこで、近年、漁業の労働環境を改善するために、船を大型化し、漁船の居住性・安全性・作業性を向上させる取組が行われています。例えば、海外まき網漁業では、ドライミスト噴霧装置設置による暑熱対策やWi-Fiインターネット環境整備を行うことで船員が過ごしやすい環境を整えたり、ヘリコプターを搭載することで魚群探索の効率を飛躍的に向上させたりしています。また、沖合底びき網漁業では、居住空間を拡大するとともに、全て上甲板に配置して、より安全性を高める取組が広まっています。

　このように漁船の居住性・安全性・作業性を向上させることで、船員がより良い環境で働けるようになるだけでなく、若者にとって魅力的な職場になることが期待されます。

図：漁船の居住性・安全性・作業性の向上の事例

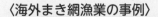
〈海外まき網漁業の事例〉

従来船

改革船

労働・居住環境改善型漁船

搭載ヘリコプター

Wi-Fi
インターネット
環境

（新規就業を支援するとともに、ICTの活用等により人材の確保・育成を図る）

　漁業を将来にわたって維持・拡大していくためには、新規漁業就業者を継続的に確保・育成し、年齢のバランスのとれた漁業就業構造を構築することが重要です。

　このため、新規に漁業に就業しようとする者が漁業経験ゼロからでも就業・定着できるよう、就業に当たって必要な漁船・漁具の取扱いを始めとする漁業に関する知識・技術の習得について支援していくとともに、1）海技士の資格取得の促進、2）ICTも活用した匠の技の伝承、3）地域外からの就業者を受け入れていく浜の意識改革を推進することとしています。

| 事例 | 労働条件の改善により若い人材を確保（小田原市漁業協同組合<ruby>小田原<rt>お だ わら</rt></ruby>） |

　全国的に漁業就業者の高齢化が深刻な問題となっていますが、労働条件を改善し、より魅力的なものとすることにより、就業者の大幅な「若返り」を実現したケースもあります。

　神奈川県の小田原市漁業協同組合では、漁協自営の定置網2か統を運営しています。昭和30年代まではブリの大漁により潤っていましたが、その後は、漁獲の低迷により経営が悪化するとともに、漁船員の高齢化が深刻な状況となっていました。

　平成10（1998）年、漁具の更新によって漁獲効率が向上したことを機に、雇用形態についても見直しを行い、給与の歩合制を廃止して、一般企業と同様の月給制（固定給）を導入しました。また、年に2回の賞与のほか、水揚状況に応じた加算金も支給することにしました。

　それ以降、求人広告や知り合いの紹介により、10代から30代の若い人材が相次いで就業するようになり、見直し前は50代から70代が主体だった漁船員は、令和2（2020）年には、20代、30代が中心で、平均約35歳と大きく若返りました。新規就業者は、新卒者や他業種からの転職など、漁業以外からの就業が多くを占めており、現在の漁労長も23歳のときにアパレル業界から転職してきたそうです。

　若い就業者が増えたことにより、体力を要する仕事を機敏に行える貴重な労働力の確保という大きなメリットのほか、様々な効果がもたらされています。例えば、若い就業者は神経締めなどの新たな技術の導入に意欲的で、付加価値向上のための取組に寄与しています。また、若い組合員が増えたことにより、漁協の青年部の活動が活発化し、農業残渣<rt>ざんし</rt>を利用したウニの蓄養試験などの取組を通じて漁協内に一体感が生まれています。さらに、小田原漁港で毎年開催される「小田原みなとまつり」などのイベントにも積極的に参加しており、浜全体の活性化にもつながっています。

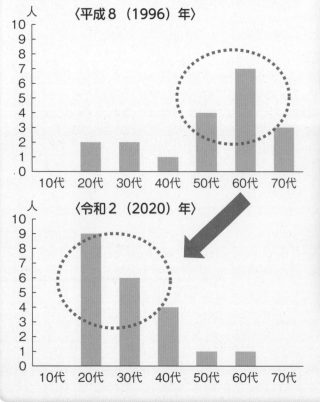

図：小田原市漁業協同組合定置部の年齢構成の推移

〈平成8（1996）年〉

〈令和2（2020）年〉

定置網漁業の作業の様子

作業する若手漁業就業者
（写真提供：小田原市）

（資料提供：小田原市漁業協同組合）

（ICT・AI等新技術の積極的な導入等による「スマート水産業」の推進）

　漁業就業者の高齢化・減少といった我が国水産業の厳しい現状を踏まえると、生産性や所得の向上を通じた水産業の成長産業化を実現するためには、近年著しい技術革新が図られているICT・IoT・AIといった技術やドローン・ロボット技術を積極的に活用することが求められています。

　このため、水産庁では、令和5（2023）年度までに10日先までの漁場予測情報を1,000隻以上の漁船に提供するという目標を掲げて、その開発・普及を推進することとしています。また、2～3年以内に10か所以上の海域で、ICTやAIを搭載した自動給餌機や浮沈式生け簀を導入し、養殖業の高度化を目指していきます。さらに、自動かつお釣り機の開発等により、船上での省人・省力化を推進しています（図特－3－3）。

　これらの取組や資源評価で得られるデータなど、生産から流通にわたる多様な場面で得られるデータの連携・共有・活用を可能とする「水産業データ連携基盤」を令和2（2020）年中に構築し、データのフル活用による効率的・先進的な「スマート水産業」を推進することとしています（図特－3－4）。

図特－3－3　運用段階にあるICT・AI技術の例

自動給餌機
スマートフォンで養殖魚の給餌状況を確認しながら、遠隔給餌が可能
（写真提供：ウミトロン株式会社）

エビスくん
人工衛星が観測する海面水温画像や漁船や調査船が観測した現場水温を組み合わせて広域の水温情報や気象情報を漁船に提供
（写真提供：漁業情報サービスセンター）

養殖管理クラウドシステム
養殖管理に係る餌の量等のデータをタブレット端末で入力、クラウド上で管理することでリアルタイムにデータを一元化
（写真提供：東町漁協・株式会社南日本情報処理センター）

図特－3－4　スマート水産業が目指す2027年の将来像

**2027年にスマート水産業により
水産資源の持続的利用と水産業の成長産業化を両立した次世代の水産業の実現を目指す**

電子データに基づく
MSYベースの資源評価が実現

▶ 200種程度の水産資源を対象に、電子データに基づき資源評価を実施
▶ そのうち、TAC魚種については、原則MSYベースで資源評価を実施
▶ 生産者・民間企業で取得データの活用が進み、操業・経営の効率化や新規ビジネスの創出が実現

産地市場や漁協からデータを効率的に収集・蓄積

全国の主要産地や意欲ある産地の生産と加工・
流通業者が連携して、水産バリューチェーンを構築し、
作業の自動化や商品の高付加価値化を実現

▶ AIやICT、ロボット技術等により、荷さばき・加工現場を自動化するとともに、電子商取引を推進するなど情報流を強化して、ムリ・ムダ・ムラを省き、生産性を向上
　▶ ICTの活用により、刺身品質の水産物の遠方での消費を可能とする高鮮度急速冷凍技術の導入や、鮮度情報の消費者へのPRを図る情報流の強化を図ることで、高付加価値化を実現

画像センシング技術を用いた自動選別

資源評価　加工流通

データ連携を推進し
データをフル活用した水産業を実現

漁業・養殖業

水産新技術を用い生産性・所得の向上、
担い手の維持を実現

〈沿岸漁業〉

沿岸漁場予測技術

▶ 漁場の海流や水温分布などの詳細な漁場環境データをスマートフォンから入手し、漁場選定や出漁の可否に利用し、効率的な操業を実現
▶ 蓄積したデータに基づき、後継者を指導・育成

〈養殖業〉

▶ 赤潮情報や環境データ等の情報を速やかにスマートフォンで入手し、迅速な赤潮防御対策を実施
▶ ICTにより養殖魚の成長データや給餌量、餌コスト等のデータ化により、効率的・安定的な養殖業を実現

ブイデータの共通化

〈技術普及〉

情報共有・人材育成

〈沖合・遠洋漁業〉

漁場形成予測システム　自動かつお釣り機

▶ 衛星データやAI技術を利用した漁場形成・漁海況予測システムを活用し、効率的な漁場選択や省エネ航路の選択を実現
▶ 自動かつお釣り機等により漁労作業を省人・省力化

事例

IoT・AIの技術を養殖現場で活用

　近年、IoT・AI等の最新技術を養殖業の現場で活用する取組が、民間企業において積極的に取り組まれています。例えば、IoT・AI技術を装備し、インターネットに接続された自動給餌機が開発され、愛媛県愛南町（あいなん）で実証実験が行われています。

　この給餌システムは、水中のカメラを通して魚が餌を食べる様子をリアルタイムで確認しながら給餌調整ができるとともに、生け簀内の映像から魚の食べ方をAIにより解析し、食欲低下時にはスマートフォンやパソコンにアラームで知らせる仕組みとなっているため、餌の削減や生育改善につながります。また、海上の生け簀に行かなくても遠隔での給餌操作が可能であることから、作業負担が軽減されます。

　この給餌機を利用している養殖業者からは、「今まで気がつかなかった無駄な給餌に気がつくことができた」などの声が上がっています。

アプリ操作画面

養殖場の生け簀で使用されている自動給餌機

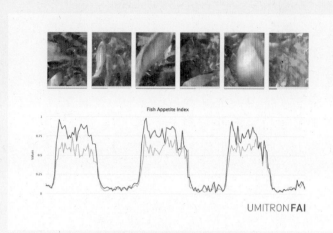

AIが魚の食欲解析結果を表示
（各動画下のインジケータが緑から赤になるに連れ、食欲が落ちていると判断）

（資料及び写真提供：ウミトロン株式会社）

ウ　漁業者の所得向上に資する流通構造の改革
（マーケットインの発想により、品質・コスト両面で競争力のある流通構造を確立）

　近年、我が国の水産物の流通量が減少している一方で、直接取引やインターネットを通じた生産者の直売等による市場外流通が増えています。

　こうした情勢変化を踏まえ、水産物流通についても、マーケットインの発想に基づき、生産者と加工業者・流通業者が連携した低コスト化・高付加価値化等による物流の効率化や、スマート水産業の推進の一環としての取引の電子化、ICT・AIを活用した選別・加工技術の導入、新たな鮮度保持技術の導入、水産加工施設のHACCP対応等による品質・衛生管理の強化、国内外の需要に対応した生産などを推進し、輸出を視野に入れて、品質面・コスト面等で競争力ある流通構造の確立を目指しています。

　また、産地市場の機能強化を図るため産地市場の統合・重点化を推進するとともに、産地施設の近代化による品質・衛生管理体制を強化し、消費者ニーズに応えた水産物の供給を進めることとしています。

　さらに、資源管理の徹底とIUU漁業の撲滅等を推進する観点から、漁獲証明制度の検討も含め、水産トレーサビリティの取組を推進することとしています。

（戦略的な輸出拡大の取組を促進）

　国内の水産物市場が縮小する一方で、世界の水産物市場はアジアを中心に拡大しており、世界市場に向けて我が国の高品質で安全な水産物を輸出していくことは、販路拡大や漁業者等の所得向上を図っていく上でも重要となっています。

　このような中、令和元（2019）年11月に公布された「農林水産物及び食品の輸出の促進に関する法律[*1]」に基づき、令和2（2020）年4月に、輸出促進を担う司令塔として、「農林水産物・食品輸出本部」が農林水産省に創設されることとなりました。この本部においては、輸出を戦略的かつ効率的に促進するための基本方針や実行計画（工程表）を策定し、進捗管理を行うとともに、東京電力福島第一原子力発電所の事故に伴う放射性物質に関する輸入規

---

*1　令和元（2019）年法律第57号

制の緩和・撤廃を始めとした輸出先国との協議の加速化、輸出向けの施設整備と施設認定の迅速化、輸出手続の迅速化、輸出証明書発行等の申請・相談窓口の一元化・利便性向上、輸出に取り組む事業者の支援等を推進することとしています。

令和2（2020）年3月31日に閣議決定された「食料・農業・農村基本計画」においては、令和12（2030）年までに農林水産物・食品の輸出額を5兆円とする新たな目標（うち、水産物の輸出額は1.2兆円）が位置付けられました。

水産物の輸出の大幅な拡大を図り、世界の食市場を獲得していくため、輸出先国の条件に合う生産海域の拡大や水産加工施設等の改修・機器整備、バリューチェーン関係者が連携した国際マーケットに通用するモデル的な商法・物流の構築、水産エコラベル認証の活用、EU-HACCP認定が可能な高度衛生管理型荷さばき所の整備、冷凍・冷蔵施設等との一体的整備による集出荷機能の強化、養殖水産物の生産機能の強化等を推進することとしています。

（我が国水産物の販路の多様化につながる水産エコラベルの活用を推進）

エコラベルは、資源の持続的利用や環境に配慮して生産されたものであることを消費者に情報提供するためのラベルの総称です。水産業界においても欧米を中心に、資源の持続性や生態系に配慮して生産された水産物を認証することで、商品に「水産エコラベル」を表示し、活用する動きが始まり、今や世界的に広がりつつあります。

我が国で、主に活用されている水産エコラベル認証には、MEL（マリン・エコラベル・ジャパン）、AEL（養殖エコラベル）、MSC（海洋管理協議会）、ASC（水産養殖管理協議会）がありますが、漁業者や農林水産行政に関心のある消費者における認知度[1]は10％前後と低く、流通加工事業者においても、24.3％となっています。このような中、我が国水産業の実態に即した水産エコラベル認証スキームであるMELは、令和元（2019）年12月に、GSSI（Global Sustainable Seafood Initiative：世界水産物持続可能性イニシアチブ[2]）から承認を受けました[3]。これにより、国際的に通用する規格・認証スキームとして、我が国水産物が持続可能な漁業・養殖業由来であることを世界にPRしていくことが期待されます。

今後、水産エコラベルの認証取得の促進を図り、これが表示された水産物が店頭に置かれ、消費者の目に触れる機会を増やすとともに、東京オリンピック・パラリンピック競技大会の水産物調達基準を満たすものとして、水産エコラベルの認知度の向上を図り、さらなる認証取得につながる取組を促進し、その普及を図ることとしています。

---

[1]　農林水産省「食料・農業及び水産業に関する意識・意向調査」（令和2（2020）年3月31日公表）

[2]　ドイツ国際協力公社（GIZ）や国際的な水産関係企業及びNPO法人らにより、持続可能な水産物の普及を目的として、水産エコラベル認証スキームの信頼性確保と普及改善などを行うために平成25（2013）年に設置されたもので、現在、MSC、ASCを始めとする9つの認証制度が承認を受けている（令和2（2020）年3月末現在）。

[3]　承認の対象は、漁業Ver2.0、養殖Ver1.0、流通加工Ver2.0。

事例　海とともに生きるまち、愛南町　～愛南のエコフィッシュ～

　愛媛県最南端に位置する愛南町は、温暖な気候やリアス海岸など自然に囲まれた地であり、全国有数の養殖生産量と環境に配慮した養殖生産を両立している町です。愛南漁業協同組合では、平成29（2017）年3月にAEL認証を取得し、令和2（2020）年2月にはMELの養殖認証（対象魚種：マダイ）を取得しました。

　水産エコラベルの養殖認証は、1）生産活動の社会的責任、2）対象水産動物の健康と福祉、3）食品安全の確保、4）環境保全への配慮の4要素から構成されています。愛南漁業協同組合では、生け簀台数・養殖日数・飼育密度のマニュアルに沿った徹底管理、大学・町と連携した環境モニタリング、養殖魚の健康診断や魚病検査による健康管理といった取組が評価されました。

　また、首都圏の百貨店におけるフェアの開催などの機会を通じて、商品や生産者の紹介とともに、水産エコラベルの意義や持続的な養殖生産の重要性の啓発活動を地元の宇和島水産高校と連携して行っています（写真）。

　さらに、水産エコラベル認証を取得したことにより、これまでは単発的であった輸出に対しても、水産エコラベル付きの商品を求める海外のバイヤーとの商談に応じることができるようになり、商談会等を通じて、海外の新たな顧客を獲得するための取組が加速しており、今後の活動の広がりが期待されます。

MEL 認証マーク

商品プロモーションの様子

宇和島水産高校の生徒による
水産エコラベルの説明

（写真提供：愛南漁業協同組合）

エ　養殖業の成長産業化及び内水面漁業の振興
（マーケットイン型の養殖業により、国内・海外の市場における競争力を強化）

　我が国で生産された養殖魚は、消費者からの評価も向上しており、今後も商材として一定の需要が見込めると考えられていますが、国内の水産物市場は、人口減少により縮小傾向で推移すると見込まれています。一方で海外における需要は今後も拡大していくと見られており、今後伸びていく需要を取り込んでいくための課題を解決する必要があります。

　このため、国は、国内外の需要を見据えて戦略的養殖品目を設定し、生産から販売・輸出に至る総合戦略を立てた上で、養殖業の振興に本格的に取り組むこととし、「養殖業成長産業化総合戦略」を策定することとしました。

　同戦略では、国内市場向けと海外市場向けに分けて成長産業化に取り組むとともに、いずれの場合も、養殖業の定質・定量・定時・定価格な生産物を提供できる特性を活かし、需要に応じた養殖品目や利用形態の質・量の情報を能動的に入手し、需要と生産サイクルに応じ

た計画的な生産を図りながら、プロダクト・アウト型から、「マーケットイン型養殖業」へ転換していくこととしています。マーケットイン型養殖業を実現していくためには、生産技術や生産サイクルを土台にし、餌・種苗等、加工、流通、販売、物流等の各段階が連携・連結しながら、それぞれの強みや弱みを補い合って、養殖のバリューチェーンの付加価値を向上させていくことが重要であり、現場の取組実例を参考に、5つの基本的な経営体の例が示されています（図特－3－5）。

1）生産者協業

　複数の比較的小規模な養殖業者の連携

2）産地事業者協業

　養殖業者と漁協や産地の餌供給・加工・流通業者との連携

3）生産者型企業

　養殖業者からの事業承継や新規漁場の使用等により規模を拡大する地元養殖企業

4）一社統合企業

　養殖バリューチェーンの全部又は大部分を1社で行う企業

5）流通型企業

　養殖業者の参画を得るなどし、養殖から販売まで行う流通や販売を本業とする企業

図特－3－5　将来の養殖業のイメージ

（内水面における資源の増殖と水産生物の生息環境の再生・保全を推進）

　河川・湖沼などの内水面は、一般的に海面と比べて生産力が低い一方で、遊漁者等漁業者以外の利用者も多いことや、森林や陸域から適切な量の土砂や有機物、栄養塩類を海域に安定的に流下させることにより、干潟や砂浜を形成し、海域における豊かな生態系を維持する役割も担っていることから、資源の維持・増大や水産生物の生育環境の再生と保全が重要となっています。

　これらを踏まえ、漁場を管理する漁協による種苗放流や産卵場の整備等による資源の増殖

のための取組を促進するとともに、自然との共生や環境との調和に配慮した多自然川づくりを進めることとしています。この多自然川づくりは、全ての川づくりの基本であり、災害復旧を含む河川管理における全ての行為を対象とし、魚道の設置や改良、産卵場となる砂礫底（されき）や植生の保全・造成、様々な水生生物の生息場所となる石倉増殖礁（石を積み上げて網で囲った構造物）の設置等を推進することとしています。

また、河川・湖沼の環境保全は、その役割を広く一般国民に知ってもらうことが重要であることから、内水面漁業者等が行う普及・啓発活動や自然体験活動を推進します。

オ　漁業・漁村が有する多面的機能の発揮
（漁業・漁村の多面的機能の発揮のための取組を促進）

漁業及び漁村は、漁業生産活動を通じて国民に魚介類を供給する役割だけでなく、自然環境を保全する機能、国民の生命・財産を保全する機能、地域社会を形成・維持する機能等の多面的機能を有しています。

平成30（2018）年5月に閣議決定された第3期「海洋基本計画」においては、水産業の振興を図ることが漁業者等を中心とした国境監視機能の強化につながることが位置付けられるなど、漁業・漁村の多面的機能の重要性は更に高まっており、これらについての国民の理解を広く促していくことが求められています。

こうしたことから、新漁業法においては、国及び都道府県は、漁業・漁村が多面的機能を有していることに鑑み、漁業者等の活動が健全に行われ、漁村が活性化するよう十分配慮することが規定されるとともに、漁協等による沿岸水域における赤潮監視や漁場清掃等の漁場保全活動を漁業者以外の者を含む幅広い受益者の協力を得て推進するための仕組みとして、沿岸漁場管理制度が導入されています。

事例　**多面的機能に対する国民の理解の増進**

水産多面的機能を効率的・効果的に発揮するためには、地域住民や非営利団体等と連携して活動組織の維持・拡大を図り、積極的な情報発信等を通じて一層の国民の理解の増進を図りながら進めることが重要です。水産庁では、専門Webサイト（「ひとうみ. JP」）やSNS（Facebook「水産庁suisan」）の活用、各種イベントでのパンフレット配布等を通じて水産多面的機能の意義や概要の普及啓発に取り組んでいます。また、これまで関係者を対象にしていた事業報告会を公開のシンポジウム形式に衣替えし、水産多面的機能に対する国民的な関心の喚起にも取り組んでいます。

平成31（2019）年2月に開催したシンポジウム「里海保全の最前線」では、水産多面的機能発揮対策と小中学校との連携を念頭に、海や川を題材とした環境教育事例の紹介や、学校が外部連携する際のメリットとデメリット（学校側の不安）などについて意見交換を行いました。このほか、第三国不審船漂着の現場での取組など全国に存在する漁村と漁業者による巨大な海の監視ネットワークの実情が紹介され、漁業や漁村が有する国境・水域監視機能の力強さを改めて認識する機会となりました。

水産庁では、水産多面的機能の発揮に資する各地の活動が地元の活動として根付くよう、関係者に対して創意工夫を促しつつ支援していくこととしています。

平成30年度水産多面的機能発揮対策報告会
シンポジウム「里海保全の最前線」（東京大学安田講堂）
の様子

カ　漁業協同組合制度の見直し
（漁協の事業・経営基盤の強化）

　漁協は、漁業者の協同組織として、組合員のために漁獲物の販売等の事業を実施し、漁業者の経営の安定・発展に寄与するとともに、漁業権の管理等の公的な役割も担っています。組合員の減少が進む中、漁協の事業・経営基盤の強化を図ることが重要です。

　平成30（2018）年12月に成立した「漁業法等の一部を改正する等の法律」により改正される「水産業協同組合法[*1]」では、適切な資源管理の実施等により漁業者の所得向上に取り組む上で、漁協がその役割をより一層発揮できるようにするため、漁協が事業を行うに当たっては、水産資源の持続的な利用の確保及び漁業生産力の発展を図りつつ、漁業所得の増大に最大限の配慮をしなければならないことが明記されています。また、漁協の中心的な事業であり、漁業者の収入に直結する販売事業を強化するため、組合の理事に販売の専門能力を有する者を登用することが義務付けられています。水産庁においても、全国の漁協における販売事業の優良事例を収集、紹介し、各漁協における地域の実情に応じた付加価値向上や販路拡大の取組を促進することとしています。

　また、漁協系統の信用事業の健全性の確保を図るため、他の金融機関と同様に、組合員等の預貯金の受入れや貸付けなどを行う信用漁業協同組合連合会及び一定規模以上の漁協に公認会計士監査を導入することとなりました。水産庁では、公認会計士監査への移行に際し、十分な移行期間をとるとともに、漁協等に公認会計士を派遣する事業を措置するなど、漁協系統と連携して円滑な移行に向けた準備を進めることとしています。

---

*1　昭和23（1948）年法律第242号

事例 地域観光業の新たな拠点となる漁協直営事業 ～「JF 南郷 港の駅 めいつ」～

　宮崎県日南市南郷町にある「港の駅 めいつ」は、南郷漁業協同組合が平成17（2005）年度に漁協直営による水産物の販売拠点の構築のために開設した物産館及びレストランです。開設当初から年間売上高は１億５千万円を超え、漁協の新たな収入源となりました。

　その後、更なる来客数の増加を目指し、平成26（2014）年度に施設規模（延べ床面積）を2.3倍に拡大しました。

　また、「水産物の販売拠点」から「地域の観光拠点」へと機能を強化するため、日南商工会議所と連携し、名産であるカツオを用いた新たなご当地料理（カツオ炙り重）やお土産品の開発を行うとともに、観光定置網漁業のモニターツアー等のイベントを新たに企画・開催しました。その結果、平成27（2015）年には年間売上高はおよそ３億円、年間来場者数は38万人に達しました。

　さらに、新たな観光資源の創出のため、地元定置網で漁獲され、時期や鮮度管理の厳しい基準で選別した旬のアジを「めいつ美々鯵」として平成29（2017）年にブランド化しました。これにより、kg当たりの平均単価は一般のアジと比較して平成29（2017）年に10％、平成30（2018）年には28％上昇し、漁業者の所得向上につながりました。

新たなご当地料理「カツオ炙り重」
（写真提供：港の駅めいつ）

開発したお土産品

地元定置網で漁獲されるブランドアジ「めいつ美々鯵」
（写真提供：めいつの魚ブランド化推進協議会）

図：「港の駅 めいつ」の売上高及び来場者数の推移

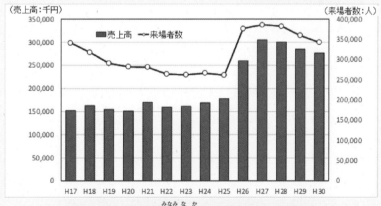

（資料提供：宮崎県 南那珂農林振興局及び日南市）

第1部 特集

コラム　新型コロナウイルス感染症への対応

　令和2（2020）年1月以降、国内外において新型コロナウイルスの感染が拡大し、大きな問題となっています。水産業においては、ホタテガイ、ブリ類、タイなどの水産物の需要減少による国内価格の下落、輸出の減少、入国規制による外国人材の不足等が発生し、漁業者・水産加工業者の経営が大きな影響を受けています。

　このような状況を受けて、農林水産省は、令和2（2020）年3月以降、漁業関係団体に対して新型コロナウイルス感染症の拡大防止の呼びかけや事業継続のための対策等に関する情報提供に努めてきました。また、新型コロナウイルス感染症の影響を受けた漁業者の資金繰りを支援するため、金融機関に対して、適時・適切な貸出しや既往債務の返済猶予等の条件変更への対応を要請するとともに、農林漁業セーフティネット資金などの運転資金や既往債務の借換資金の実質無利子化・無担保化、保証料助成を行うこととしています。さらに、漁業者の収入減少を補てんする漁業収入安定対策の基金への積み増しを行うとともに、需要減少の影響を受けている水産物について、過剰供給分を一時的に保管するための支援や、学校給食への提供など新たな販路への販売促進の支援等を実施することとしています。

表：新型コロナウイルス感染症に関する水産業関連の対策

漁業者の事業継続・雇用維持

- ➤ 漁業経営の維持・再建に必要な資金の実質無利子化、実質無担保・無保証人化、保証料免除についての措置
- ➤ 魚価の下落等により収入が下落した漁業者の収入減少を補てんする積立ぷらすの基金への積み増しや積立ぷらすの漁業者の自己積立金の仮払い及び契約時の積立猶予の措置
- ➤ 漁業者団体等が新型コロナウイルス感染症の影響を受ける魚種の過剰供給分を相場価格で買取・冷凍保管する際の買取代金等の金利、保管料、運搬料等の助成
- ➤ 人手不足となった漁業・水産加工業で作業経験者等の人材を雇用する場合の掛かり増し経費や外国人船員の継続雇用のための経費等についての助成

水産物の販売促進

- ➤ 産直ネット販売、学校給食への食材提供、商談会、PR活動などの水産物の販売促進の支援

輸出力の維持・強化

- ➤ 輸出力の維持・強化を図るための物流に対する支援、食品製造設備等の整備・導入支援、新規・有望市場の維持・開拓に必要な商談・プロモーションの支援

　農林水産省では、今後も水産業における新型コロナウイルス感染症の影響を注視し、適切に対応していくこととしています。

平成30年度以降の我が国水産動向

※本文中に記載のある、（特集第〇節（〇））等の表記は、特集の対応箇所を示しています。

第1章

水産資源及び漁場環境をめぐる動き

（1） 我が国周辺の水産資源

ア　我が国の漁業の特徴

（我が国周辺水域が含まれる太平洋北西部海域は、世界で最も生産量が多い海域）

　我が国周辺水域が含まれる太平洋北西部海域は、世界で最も生産量が多い海域であり、平成30（2018）年には、世界の漁業生産量の21％に当たる2,033万トンの生産量があります（図1-1）。

　この海域に位置する我が国は、広大な領海及び排他的経済水域（EEZ）[*1]を有しており、南北に長い我が国の沿岸には多くの暖流・寒流が流れ、海岸線も多様であることから、その周辺水域には、世界127種の海生ほ乳類のうちの50種、世界約1万5千種の海水魚のうちの約3,700種（うち日本固有種は約1,900種）[*2]が生息しており、世界的に見ても極めて生物多様性の高い海域となっています。

　このような豊かな海に囲まれているため、沿岸域から沖合・遠洋にかけて多くの漁業者が多様な漁法で様々な魚種を漁獲しています。

　また、我が国は、国土の7割を占める森林の水源涵養機能や、世界平均の約2倍に達する降水量等により豊かな水にも恵まれており、内水面においても地域ごとに特色のある漁業が営まれています。

図1-1　世界の主な漁場と漁獲量

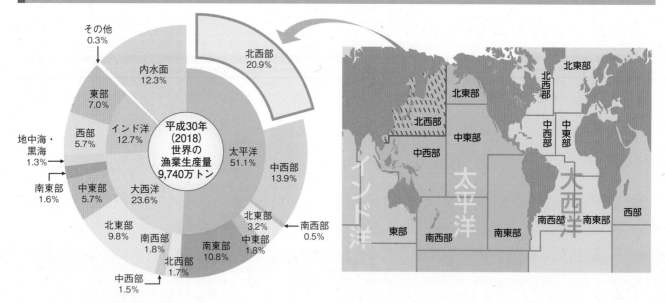

資料：FAO「Fishstat（Capture Production）」

イ　資源評価の実施

（特集第3節（2）ア）

（資源評価対象魚種を50魚種から67魚種に拡大）

　水産資源は再生可能な資源であり、適切に管理すれば永続的な利用が可能です。水産資源

[*1]　海上保安庁Webサイト（https://www1.kaiho.mlit.go.jp/JODC/ryokai/ryokai_setsuzoku.html）によると、日本の領海とEEZを合わせた面積は447万㎢とされている。なお、この中には、我が国の主権的権利を十全に行使できていない北方四島周辺水域、日韓暫定水域、日中暫定措置水域等の水域が含まれる。

[*2]　生物多様性国家戦略2012‐2020（平成24（2012）年9月閣議決定）による。

の管理には、資源評価により資源量や漁獲の強さの水準と動向を推定し、結果に基づいて適切な管理措置をとることが不可欠です。我が国では、国立研究開発法人水産研究・教育機構を中心に、市場での漁獲物の調査、調査船による海洋観測及び漁獲調査等を通じて必要なデータを収集するとともに、漁業によるデータも活用して、我が国周辺水域の主要な水産資源について資源評価を実施しています。

　近年では、気候変動等の環境変動が資源に与える影響の把握や、外国漁船の漁獲の増加による資源への影響の推定も、我が国の資源評価の課題となっています。このような状況を踏まえ、今後とも、継続的な調査を通じてデータを蓄積するとともに、情報収集体制を強化し、資源評価の精度の向上を図っていくことが必要です。

　このため、平成30（2018）年12月に成立した「漁業法等の一部を改正する等の法律[*1]」による改正後の「漁業法[*2]」（以下「新漁業法」といいます。）では、農林水産大臣は、資源評価を行うために必要な情報を収集するための資源調査を行うこととし、その結果に基づき、最新の科学的知見を踏まえて、全ての有用水産資源について資源評価を行うよう努めるものとすることが規定されました。また、国と都道府県の連携を図り、より多くの水産資源に対して効率的に精度の高い資源評価を行うため、都道府県知事は農林水産大臣に対して資源評価の要請ができるとともに、その際、都道府県知事は農林水産大臣の求めに応じて資源調査に協力することが規定されました。

　これらを受け、令和元（2019）年度については、資源評価対象魚種を50魚種から67魚種に拡大しました。

　また、マサバ太平洋系群等4魚種7系群については、新たな資源管理の実施に向け、過去の推移に基づく資源の水準と動向の評価から、最大持続生産量（MSY）[*3]を達成するために必要な「資源量」と「漁獲の強さ」を算出し、これらと比較した形で過去から現在までの推移を神戸チャートにより示しました。

＊1　平成30（2018）年法律第95号
＊2　昭和24（1949）年法律第267号
＊3　現在の環境下において持続的に採捕可能な最大の漁獲量

コラム	「神戸チャート」とは？

　「神戸チャート」は、資源量（横軸）と漁獲の強さ（縦軸）をMSYを達成する水準（MSY水準）と比較した形で過去から現在までの推移を示したものです。資源が右下の緑の部分に分布するときは、資源量も漁獲の強さも望ましい状態にあることを示し、資源が左上の赤の部分に分布するときは、資源量はMSY水準よりも少なく、漁獲の強さも過剰であることを示します。

　なお、このチャートの名称は、平成19（2007）年に神戸で開催された第1回まぐろ類地域漁業管理機関合同会合に由来しています。

図：神戸チャート

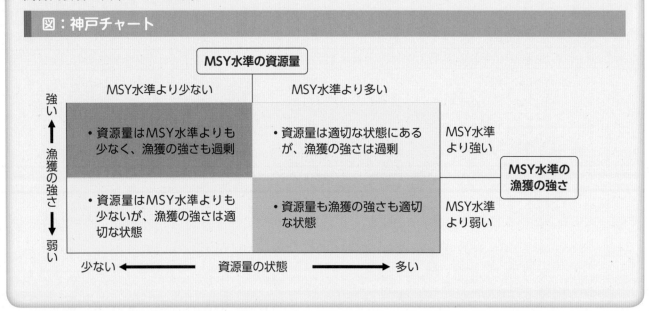

ウ　我が国周辺水域の水産資源の状況
（48魚種80系群のうち、資源水準が高・中位にあるものが56%）

　令和元（2019）年度の我が国周辺水域の資源評価結果によれば、資源の水準と動向を評価した48魚種80系群[*1]のうち、資源水準が高位にあるものが19系群（24%）、中位にあるものが26系群（32%）、低位にあるものが35系群（44%）と評価されました（図1-2）。魚種・系群別に見ると、マイワシ太平洋系群やマアジ対馬暖流系群については資源量に増加の傾向が見られる一方で、スルメイカ冬季発生系群やカタクチイワシ太平洋系群については資源量に減少の傾向が見られています。

---

*1　1つの魚種の中で、産卵場、産卵期、回遊経路等の生活史が同じ集団。資源変動の基本単位。

図1−2　我が国周辺の資源水準の状況と推移（資源評価対象魚種）

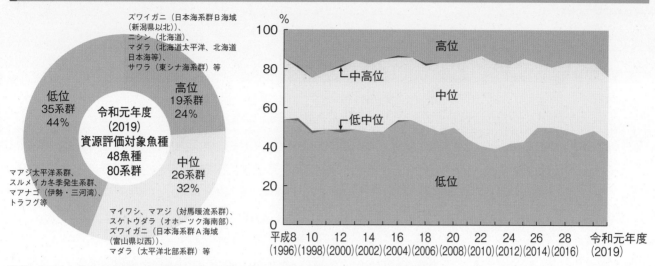

資料：水産庁・（研）水産研究・教育機構「我が国周辺水域の漁業資源評価」に基づき水産庁で作成

　また、資源の水準と動向を評価した魚種のうち、我が国の漁業や国民生活の上で特に主要な魚種[*1]の13魚種33系群について見てみると、令和元（2019）年度には、資源水準が高位にあるものが9系群（27％）、中位にあるものが14系群（43％）、低位にあるものが10系群（30％）となりました（図1−3）。近年、主要魚種の資源水準は7割が中位又は高位にあります。

図1−3　我が国周辺の資源水準の状況と推移（主要魚種）

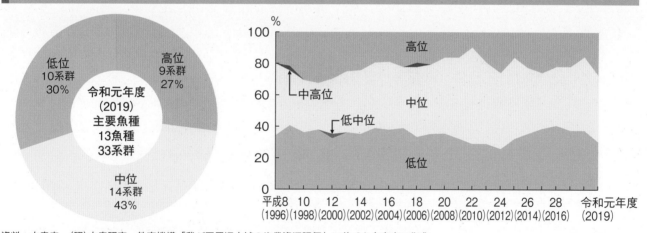

資料：水産庁・（研）水産研究・教育機構「我が国周辺水域の漁業資源評価」に基づき水産庁で作成

　なお、新たな資源管理の実施に向け、マサバ2系群（太平洋系群、対馬暖流系群）、ゴマサバ2系群（太平洋系群、東シナ海系群）、スケトウダラ2系群（日本海北部系群、太平洋系群）、ホッケ道北系群の4魚種7系群については、MSYをベースとした資源評価が行われるとともに、資源管理目標案と漁獲シナリオ案等が公表されました（図1−4）。

---

*1　1）漁獲可能量（TAC）制度対象魚種（国際機関により資源評価が行われているクロマグロ及びサンマを除く。）、2）漁獲量が1万トン以上で生産額が100億円以上の魚種、又は3）生産額が10億円以上で国の資源管理指針に記載されている魚種のいずれかに該当する魚種。

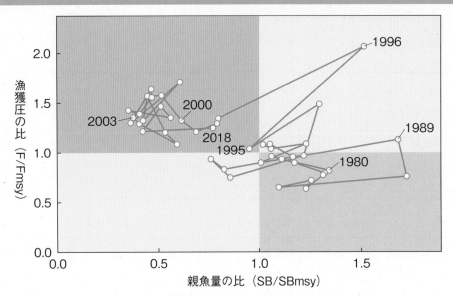

図1−4　マサバ対馬暖流系群の神戸チャート

資料：水産庁・（研）水産研究・教育機構「我が国周辺水域の漁業資源評価」

（2）　我が国の資源管理

ア　我が国の資源管理制度

（特集第3節（2）ア）

（持続的な水産資源の利用確保のため、水産資源の保存及び管理が重要）

　資源管理の手法は、1）漁船の隻数や規模、漁獲日数等を制限することによって漁獲圧力を入り口で制限する投入量規制（インプットコントロール）、2）漁船設備や漁具の仕様を規制すること等により若齢魚の保護等特定の管理効果を発揮する技術的規制（テクニカルコントロール）、3）漁獲可能量（TAC：Total Allowable Catch）の設定等により漁獲量を制限し、漁獲圧力を出口で制限する産出量規制（アウトプットコントロール）の3つに大別されます（図1−5）。我が国では、各漁業の特性や関係する漁業者の数、対象となる資源の状況等により、これらの管理手法を使い分け、組み合わせながら資源管理を行ってきました。

　一方で、我が国においては、漁業生産量が長期的に減少傾向にあるという課題に直面しています。その要因は、海洋環境の変化や、周辺水域における外国漁船の操業活発化等、様々な要因が考えられますが、より適切に資源管理を行っていれば減少を防止・緩和できた水産資源も多いと考えています。このような状況の中、将来にわたって持続的な水産資源の利用を確保するため、新漁業法においては、水産資源の保存及び管理を適切に行うことを国及び都道府県の責務とするとともに、漁獲量がMSYを達成することを目標として、資源を管理し、管理手法はTACを基本とすることとされました。目標を設定することにより、関係者が、いつまで、どれだけ我慢すれば、資源状況はどうなるのか、それに伴い漁獲がどれだけ増大するかが明確に示されます。これにより、漁業者は、ただ単に将来の資源の増加と安定的な漁獲が確保されるだけでなく、長期的な展望を持って計画的に経営を組み立てることができるようになります。この資源管理目標を設定する際には、漁獲シナリオや管理手法について、実践者となる漁業者を始めとした関係者間での丁寧な意見交換を踏まえて決定していくこととしています。

なお、TACによる管理に加え、これまで行われていた漁業時期、漁具の制限等のTAC以外の手法による管理についても、実態を踏まえて組み合わせ、水産資源の保存及び管理を適切に行うこととしています。

図1-5　資源管理手法の相関図

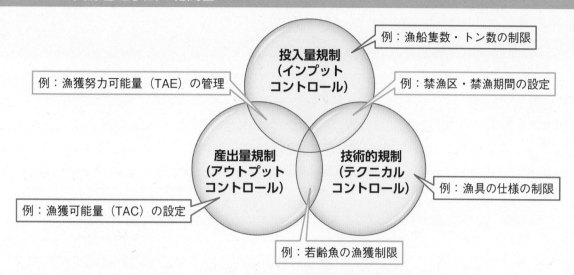

（沿岸の漁業は漁業権制度、沖合・遠洋漁業は漁業許可制度で管理）

　沿岸の定着性の高い資源を対象とした採貝・採藻等の漁業、一定の海面を占有して営まれる定置網漁業や養殖業、内水面漁業等については、都道府県知事が漁業協同組合（以下「漁協」といいます。）やその他の法人等に漁業権を免許します。例えば、共同漁業権を免許された漁協は、漁業を営む者の資格の制限（投入量規制）、漁具・漁法の制限や操業期間の制限（技術的規制）等、地域ごとの実情に即した資源管理措置を含む漁業権行使規則を策定し、これに沿って漁業が営まれます。漁業権漁業が営まれる水面（漁場）は、時期に応じて立体的・重複的に利用されています（図1-6）。

　一方、より漁船規模が大きく、広い海域を漁場とする沖合・遠洋漁業については、資源に与える影響が大きく、他の地域や他の漁業種類との調整が必要な場合もあることから、農林水産大臣又は都道府県知事による許可制度が設けられています。許可に際して漁船隻数や総トン数の制限（投入量規制）を行い、さらに、必要に応じて操業期間・区域、漁法等の制限又は条件（技術的規制）を付すことによって資源管理を行っています。

図1−6　漁業権制度及び漁業許可制度の概念図

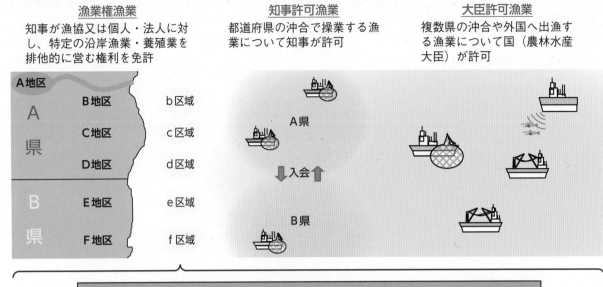

<u>漁業権漁業</u>
知事が漁協又は個人・法人に対し、特定の沿岸漁業・養殖業を排他的に営む権利を免許

<u>知事許可漁業</u>
都道府県の沖合で操業する漁業について知事が許可

<u>大臣許可漁業</u>
複数県の沖合や外国へ出漁する漁業について国（農林水産大臣）が許可

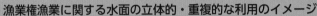

漁業権漁業に関する水面の立体的・重複的な利用のイメージ

操業（6月）イメージ

共同漁業権（採貝・採藻）（3〜6月）
共同漁業権（たこつぼ）（周年）
定置漁業権（3〜11月）
共同漁業権（刺し網）（周年）
特定区画漁業権（ぶり）（通年）

操業（12月）イメージ

共同漁業権（たこつぼ）（周年）
共同漁業権（刺し網）（周年）
特定区画漁業権（のり）（10〜3月）
特定区画漁業権（ぶり）（通年）

（漁獲量の8割がTAC魚種となることを目指す）

　現在のTAC制度は、1）漁獲量及び消費量が多く国民生活上又は漁業上重要な魚種、2）資源状態が悪く緊急に管理を行うべき魚種、又は3）我が国周辺で外国漁船により漁獲されている魚種のいずれかであって、かつ、TACを設定するための十分な科学的知見がある8魚種[*1]を対象に、「海洋生物資源の保存及び管理に関する法律[*2]」（以下「TAC法」といいます。）に基づいて実施されています。

　TAC魚種においては、安定した加入が見込める最低限の親魚資源量（Blimit）への維持・

[*1]　クロマグロ、サンマ、スケトウダラ、マアジ、マイワシ、サバ類（マサバ及びゴマサバ）、スルメイカ及びズワイガニ

[*2]　平成8（1996）年法律第77号

回復を目指して、毎年、資源評価の結果等に基づいてTAC数量が決定されるとともに、国が管理する漁業（指定漁業等）と都道府県ごとに配分されます。配分された数量は、更に漁業者による自主的な協定等に基づいて海域ごと・時期ごとに細分されるなど、操業を調整しながら安定的な漁獲が行われる仕組みがとられています。

　今般の漁業法の改正により、TAC制度は新漁業法に基づいて実施されることになりました。新しいTAC制度では、TACによる管理を行う資源は、農林水産大臣が定める資源管理基本方針において、「特定水産資源」として定められます。特定水産資源については、それぞれ、資源評価に基づき、MSYを達成する資源水準の値（目標管理基準値）や、乱かくを未然に防止するための値（限界管理基準値）などの資源管理の目標を設定し、その目標を達成するようあらかじめ定めておく漁獲シナリオに則してTACを決定するとともに、限界管理基準値を下回った場合には目標管理基準値まで回復させるための計画を定めて実行することとなりました。

　現在、TAC魚種は漁獲量の6割を占めていますが、新漁業法の下では、魚種を順次拡大し、漁獲量の8割がTAC魚種となることを目指すこととしています。

（大臣許可漁業からIQ方式を順次導入）

　TACを個々の漁業者又は漁船ごとに割り当て、割当量を超える漁獲を禁止することによりTACの管理を行う漁獲割当て（IQ）方式は、産出量規制の1つの方式です。我が国は、ミナミマグロ及び大西洋クロマグロを対象とする遠洋まぐろはえ縄漁業とベニズワイガニを漁獲する日本海べにずわいがに漁業に対して国によるIQ方式を導入しています。

　一方で、これまでの我が国EEZ内のTAC制度の下での漁獲量の管理は、漁業者の漁獲を総量管理しているため、漁業者間の過剰な漁獲競争が生ずることや、他人が多く漁獲することによって自らの漁獲が制限されるおそれがあることといった課題が指摘されてきました。そこで、新漁業法では、TACの管理については、船舶等ごとに数量を割り当てるIQを基本とすることとされました。

　なお、これまで、北部太平洋で操業する大中型まき網漁業を対象に、サバ類についてIQ方式による管理が試験的に実施されてきましたが、IQ方式の導入によって漁業者の責任が明確化されることにより、より確実な数量管理が可能となるとともに、割り当てられた漁獲量を漁業者の裁量で計画的に消化することで効率的な操業と経営の安定が期待されます。

　IQ方式を導入するには、個別の船舶等の漁獲量を正確かつ迅速に把握する必要があります。このため、対象の船舶や水揚港、水揚げの頻度が限られ、漁獲量の管理が比較的容易な大臣許可漁業から順次導入していくことを想定しており、準備の整っていない管理区分における漁獲量管理は、漁獲量の合計による管理を行うこととしています。特に、多種多様な魚種を漁獲対象とする沿岸漁業については、IQ方式導入に当たっての課題の解消状況を漁業・地域ごとに見極めつつ、準備が整ったものから導入の可能性を検討していくこととしています。

　また、IQの移転については、船舶の譲渡等一定の場合に限定するとともに、大臣等の認可を必要とすることとしました。

　さらに、漁船漁業の目指すべき将来像として、漁獲対象魚種の相当部分がIQ管理の対象となった船舶については、トン数制限など船舶の規模に関する制限を定めないこととしています。これにより、生産コストの削減、漁船の居住性・安全性・作業性の向上、漁獲物の鮮

度保持による高付加価値化等が図られ、若者に魅力ある漁船の建造が行われると考えられます。なお、このような船舶については、他の漁業者の経営に悪影響を生じさせないため、国が責任をもって関係漁業者間の調整を行い、操業期間や区域、体長制限等の資源管理措置を講ずることにより、資源管理の実施や紛争の防止が確保されていることを確認することとしています。

イ　資源管理計画に基づく共同管理の取組

（特集第１節（５）イ、第３節（２）ア）

（資源管理計画は、新漁業法に基づく「資源管理協定」へと順次移行）

　我が国の資源管理においては、法制度に基づく公的な規制に加えて、休漁、体長制限、操業期間・区域の制限等の漁業者自身による自主的な取組が行われています。このような自主的な取組は、資源や漁業の実態に即した実施可能な管理手法となりやすく、また、資源を利用する当事者同士の合意に基づいていることから、相互監視が効果的に行われ、ルールが遵守されやすいという長所があります。公的機関と漁業者が資源の管理責任を共同で担い、公的規制と自主的取組の両方を組み合わせて資源管理を実施することを共同管理（Co-management）といい、特に小規模漁業において重要性が増しつつあると国際連合食糧農業機関（FAO）で紹介されています。

　平成23（2011）年度からは、「資源管理指針」を国及び都道府県が策定し、これに沿って、「資源管理計画」を関係する漁業者団体が作成・実践する資源管理体制を実施しています。また、計画的な資源管理の取組を「漁業収入安定対策[*1]」により支援しています（図１−７）。

　さらに、漁業者自身による自主的な資源管理をより効果的なものとすることを目指して、これまで行われてきた「資源管理指針」に基づく「資源管理計画」は、新漁業法に基づく「資源管理協定」へと順次移行していくこととなります（図１−８）。

図１−７　漁業収入安定対策の概要

資源管理への取組

- 国・都道府県が作成する「資源管理指針」に基づき、漁業者（団体）が休漁、漁獲量制限、漁具制限等の自ら取り組む資源管理措置について記載した資源管理計画を作成し、これを確実に実施。
- 養殖の場合、漁場改善の観点から、持続的養殖生産確保法に基づき、漁業協同組合等が作成する漁場改善計画において定める適正養殖可能数量を遵守。

漁業収入安定対策事業の実施

漁業共済・積立ぷらすを活用して、資源管理等の取組に対する支援を実施。

- ✓ 基準収入（注）から一定以上の減収が生じた場合、「漁業共済」（原則８割まで）、「積立ぷらす」（原則９割まで）により減収を補てん
- ✓ 漁業共済の掛金の一部を補助
- ※ 補助額は、積立ぷらすの積立金（漁業者１：国３）の国庫負担分、共済掛金の30％（平均）に相当

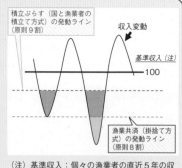

（注）基準収入：個々の漁業者の直近５年の収入のうち、最大値と最小値を除いた中庸３か年（５中３）の平均値

---

*1　平成23（2011）〜26（2014）年度は「資源管理・収入安定対策」という名称

図1-8　資源管理計画から資源管理協定への移行のイメージ

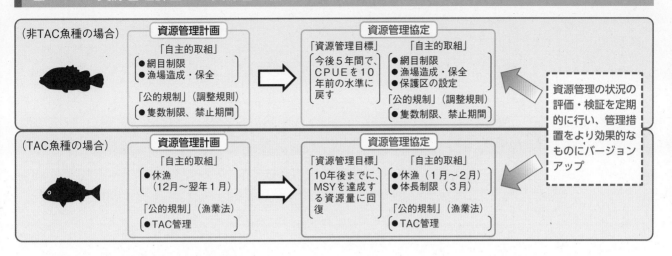

ウ　太平洋クロマグロの資源管理

（特集第1節（5）イ）

（太平洋クロマグロは、TAC法に基づく管理措置を実施）

　太平洋クロマグロについては、中西部太平洋まぐろ類委員会（WCPFC）[*1]の合意を受け、平成23（2011）年から大中型まき網漁業による小型魚（30kg未満）の管理を行ってきました。平成26（2014）年12月のWCPFCの決定事項に従い、平成27（2015）年1月からは小型魚の漁獲を基準年（平成14（2002）～16（2004）年）の水準から半減させる厳しい措置と、大型魚（30kg以上）の漁獲を基準年の水準から増加させない措置を導入し、大中型まき網漁業に加えて、近海かつお・まぐろ漁業等の大臣管理漁業や、定置漁業等の知事管理漁業においても漁獲管理を開始しました。

　平成30（2018）年漁期[*2]からは、TAC法に基づく管理措置に移行しましたが、その年の最終的な漁獲実績は、小型魚は漁獲上限3,367トンに対して2,278トン、大型魚は漁獲上限4,646トンに対して3,815トンとなり、漁獲上限を下回りました。

　また、令和元（2019）年漁期[*3]の開始に当たっては、数量配分の透明性を確保するため、農林水産大臣の諮問機関である水産政策審議会の資源管理分科会にくろまぐろ部会を設置し、沿岸・沖合・養殖の各漁業者の意見を踏まえ令和元（2019）年漁期以降の配分の考え方を取りまとめました。令和元（2019）年漁期以降は、くろまぐろ部会の配分の考え方に基づき基本計画を策定しています。

　また、太平洋クロマグロの来遊状況により配分量の消化状況が異なることから、やむを得ず漁獲した場合に放流する地域がある一方で、配分量を残して漁期を終了する地域も発生していることを踏まえ、くろまぐろ部会で都道府県や漁業種類の間で漁獲枠を融通するルールを作り、漁獲枠の有効活用を図っています。

　令和2（2020）年3月現在において、小型魚の漁獲実績は漁獲上限3,757トンに対して2,731トン、大型魚の漁獲実績は漁獲上限5,132トンに対して4,501トン（いずれも令和2

---

*1　WCPFCについては、161ページ参照。

*2　平成30（2018）年漁期（第4管理期間）の大臣管理漁業の管理期間は1～12月、知事管理漁業の管理期間は7～翌3月。

*3　令和元（2019）年漁期（第5管理期間）の大臣管理漁業の管理期間は1～12月、知事管理漁業の管理期間は4～翌3月。

（2020）年3月19日時点速報値）となっています。

コラム クロマグロ資源管理に関する遊漁の取組について

　太平洋クロマグロについては、WCPFCの決定を受け、漁業者に対しては、TAC法に基づき、TACによる管理が行われています。

　一方、遊漁に対しては、同様の管理措置がないため、漁業関係者より早急な対応が要望されています。水産庁は都道府県や遊漁団体等と協力して、遊漁者及び遊漁船業者に対して、漁業者の取組について周知を図り、資源管理に対する協力を求めています。

　具体的には、各都道府県のクロマグロの管理状況を水産庁ホームページに掲載し、報道機関や遊漁団体に対しても情報を共有するとともに、クロマグロを対象にした釣りの自粛や30kg未満のクロマグロのリリースなどの協力を要請しています。

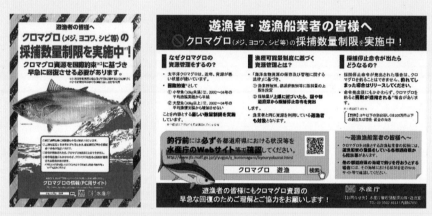

遊漁者へ協力を呼びかけるポスター及びリーフレット

　なお、遊漁者による採捕数量は都道府県の配分量の中で管理することとしており、TAC法に基づくクロマグロの採捕停止命令が出された際は、当該都道府県の水面で遊漁をする者も対象となります。

　遊漁は地域活性化策としても期待される一方で、資源管理の重要性が高まる中で、遊漁における資源管理の取組を図ることが必要となってきています。このため、水産庁では、遊漁と漁業の共存及び資源管理に関する検討を令和元（2019）年度より開始したところであり、今後もこれを進めていきます。

（3）　実効ある資源管理のための取組

ア　我が国の沿岸等における密漁防止・漁業取締り
（漁業者以外による密漁の増加を受け、大幅な罰則強化）

　水産庁が各都道府県を通じて取りまとめた調査結果によると、平成30（2018）年の全国の海上保安部、都道府県警察及び都道府県における漁業関係法令違反の検挙件数は、1,569件（うち海面1,484件、内水面85件）となりました。近年では、漁業者による違反操業が減少している一方、漁業者以外による密漁が増加し、反社会的勢力等による密漁は悪質化・巧妙化しています（図1-9）。

　アワビ、サザエ等のいわゆる磯根資源は、多くの地域で共同漁業権の対象となっており、関係漁業者は、種苗放流、禁漁期間・区域の設定、漁獲サイズの制限等、資源の保全と管理

のために多大な努力を払っています。一方、こうした磯根資源は、容易に採捕できることから密漁の対象とされやすく、反社会的勢力による資金獲得を目的とした組織的な密漁も横行しています。また、資源管理のルールを十分に認識していない一般市民による個人的な消費を目的とした密漁も各地で発生しています。このため、一般市民に対するルールの普及啓発を通じ密漁の防止を図るとともに、関係機関が緊密に連携して取締りを強化していくことが重要です。

　我が国では、海上保安官及び警察官とともに、水産庁等の職員から任命される漁業監督官や都道府県職員から任命される漁業監督吏員が取締任務に当たるとともに、各地の漁業者も、漁協を中心として、資源管理のルールの啓発、夜間や休漁中の漁場の監視や通報等の密漁防止活動に取り組んでいます。

　さらに、密漁の抑止や密漁品の流通の防止のため、多くの都道府県において体長制限等の資源管理のルールに従わずに採捕されたアワビやナマコ等の所持・販売が禁止されており、一部の都道府県では、漁業者と流通業者が連携し、漁協等が発行した証明書のないものは市場で取り扱わないとするなどの流通対策も行われています。

　以上のような背景を踏まえ、新漁業法では、犯罪者に対して効果的に不利益を与え、密漁の抑止を図るため、特定の水産動植物を採捕する者への罰則を新設するなど、大幅な罰則強化が図られました。新設された採捕禁止違反の罪、密漁品譲受等の罪に科される3千万円という罰金額は個人に対する罰金としては最高額であり、密漁の抑止に大きな効果が期待されます（表1-1）。

図1-9　我が国の海面における漁業関係法令違反の検挙件数の推移

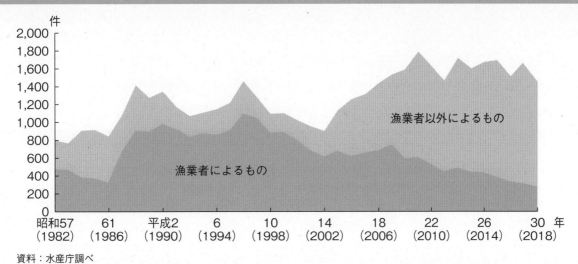

資料：水産庁調べ

表1-1　新漁業法に基づく罰則強化の概要

	採捕禁止違反の罪 密漁品譲受等の罪	無許可漁業等の罪	漁業権侵害の罪
現　　行	（なし）	3年以下の懲役 200万円以下の罰金	20万円以下の罰金
	↓	↓	↓
新漁業法	3年以下の懲役 3,000万円以下の罰金	3年以下の懲役 300万円以下の罰金	100万円以下の罰金

イ 外国漁船の監視・取締り
（我が国の漁業秩序を脅かす外国漁船の違反操業に厳正に対応）

　我が国の周辺水域においては、二国間の漁業協定等に基づき、外国漁船がEEZにて操業するほか、EEZ境界線の外側付近においても多数の外国漁船が操業しており、水産庁は、これら外国漁船が違反操業を行うことのないよう、漁業取締りを実施しています。水産庁による令和元（2019）年の外国漁船への取締実績は、立入検査8件、拿捕1件、我が国EEZで発見された外国漁船によるものとみられる違法設置漁具の押収37件でした（図1－10）。また、サンマやサバなどを管理する北太平洋漁業委員会（NPFC）において、外国漁船に対する公海乗船検査ができることになったことから、NPFCの資源管理措置の遵守を確認するため、3件の乗船検査を実施しました。

　日本海大和堆周辺の我が国EEZでの北朝鮮及び中国漁船による操業については、違法であるのみならず、我が国漁業者の安全操業の妨げにもなっており、極めて問題となっています。このため、我が国漁業者が安全に操業できる状況を確保することを第一に、水産庁は、多数の北朝鮮漁船等の操業を防止するためには、放水等の厳しい措置により我が国EEZから退去させることが最も効果的であると考え、漁業取締船を同水域に重点的に配備するとともに、海上保安庁とも連携し、対応しています。令和元（2019）年の水産庁による退去警告隻数は延べ5,122隻でした。そのような中で、令和元（2019）年10月7日、大和堆周辺の我が国EEZにおいて漁業取締船が退去警告を行っていたところ、北朝鮮籍とみられる漁船と接触し、当該漁船が沈没したため乗組員を救助する事案が発生しました。

　我が国としては、周辺水域における外国漁船の違法操業に対応するため、平成30（2018）年1月に「漁業取締本部」を設置したところであり、さらに、令和元（2019）年度には55年ぶりに新造した1隻と、既存の取締船を大型化して更新した1隻の合わせて2隻の新型漁業取締船を新潟及び 境 港 に配備するなど、漁業取締体制の強化を図っているところです。

　水産庁では、引き続き、違反操業が多発する水域・時期において重点的かつ効果的な取締りを実施することによって、我が国の漁業秩序を脅かす外国漁船の違反操業に厳正に対応することとしています。

図1－10　水産庁による外国漁船の拿捕・立入検査等の件数の推移

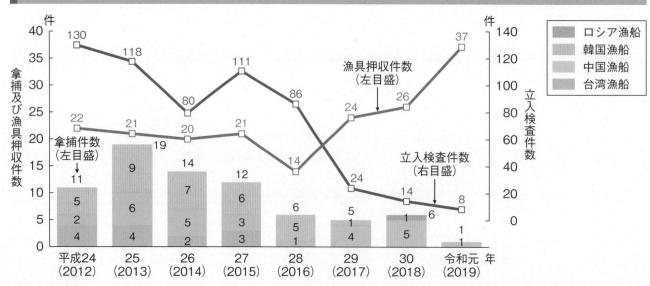

資料：水産庁調べ

日本海大和堆周辺水域において中国漁船に対し放水する漁業取締船

北太平洋公海において乗船検査のため移乗する漁業監督官

（4） 資源を積極的に増やすための取組

ア　種苗放流の取組

（特集第1節（5）ア）

（全国で約70種を対象とした水産動物の種苗放流を実施）

　多くの水産動物は、産卵やふ化の後に捕食されるなどして、成魚まで育つものはごくわずかです。このため、一定の大きさになるまで人工的に育成し、ある程度成長してから放流することによって資源を積極的に増やしていく種苗放流の取組が各地で行われています。

　現在、都道府県の栽培漁業センター等を中心として、ヒラメ、マダイ、ウニ類、アワビ類等、全国で約70種を対象とした水産動物の種苗放流が実施されています（表1−2）。

　なお、国では、放流された種苗を全て漁獲するのではなく、親魚となったものの一部を獲り残して次世代の再生産を確保する「資源造成型栽培漁業」の取組を引き続き推進しています。また、種苗放流等は資源管理の一環として実施することとし、1）従来実施してきた事業は、資源評価を行い、事業の資源造成効果を検証し、検証の結果、資源造成の目的を達成したものや効果の認められないものは実施しない、2）資源造成効果の高い手法や対象魚種は、今後も事業を実施するが、その際、都道府県と適切に役割を分担し、ヒラメやトラフグのように都道府県の区域を越えて移動する広域回遊魚種等は、複数の都道府県が共同で種苗放流等を実施する取組を促進することなどにより、効果のあるものを見極めた上で重点化することとしています。

　また、「秋サケ」として親しまれている我が国のサケ（シロサケ）は、親魚を捕獲し、人工的に採卵、受精、ふ化させて稚魚を河川に放流するふ化放流の取組により資源が造成されていますが、近年、放流した稚魚の回帰率の低下により、資源が減少しています。気候変動

による海洋環境の変化が、海に降った後の稚魚の生残に影響しているとの指摘もあり、国では、環境の変化に対応した放流手法の改善の取組等を支援しています。

表1-2　種苗放流の主な対象種と放流実績

（単位：万尾（万個））

		平成21年度 (2009)	22 (2010)	23 (2011)	24 (2012)	25 (2013)	26 (2014)	27 (2015)	28 (2016)	29 (2017)
地先種	アワビ類	2,470	2,318	1,362	1,251	1,250	1,458	2,190	1,966	2,043
	ウ　ニ　類	6,618	7,066	5,799	6,325	5,876	6,503	6,065	6,168	6,299
	ホタテガイ	326,369	318,334	318,095	329,632	318,183	320,769	350,303	351,080	344,506
広域種	マ　ダ　イ	1,407	1,424	1,223	1,104	1,012	994	960	827	910
	ヒ　ラ　メ	2,191	1,994	1,589	1,549	1,632	1,424	1,414	1,520	1,541
	クルマエビ	10,727	10,634	10,795	13,284	12,422	10,730	9,251	8,563	7,444
サケ（シロサケ）		186,400	180,700	164,400	162,100	177,200	177,700	176,700	163,000	155,900

資料：（研）水産研究・教育機構・（公社）全国豊かな海づくり推進協会「栽培漁業・海面養殖用種苗の生産・入手・放流実績」

コラム　第39回全国豊かな海づくり大会

　全国豊かな海づくり大会は、水産資源の保護・管理と海や湖沼・河川の環境保全の大切さを広く国民に訴えるとともに、つくり育てる漁業の推進を通じて、明日の我が国漁業の振興と発展を図ることを目的として、昭和56（1981）年に大分県において第1回大会が開催されて以降、毎年開催されています。

　令和元（2019）年9月に秋田県で開催された「天皇陛下御即位記念第39回全国豊かな海づくり大会・あきた大会」は、天皇陛下御即位記念の慶祝行事として、「海づくり　つながる未来　豊かな地域」を大会テーマに開催されました。

　式典行事では、豊かな海を願い、天皇皇后両陛下によるハタハタ、サクラマス、エゾアワビ、ワカメの稚魚等のお手渡しが行われ、お手渡しを受けた稚魚等は、後日、秋田県内の各地で放流等が行われました。

　次回の第40回大会は、令和2（2020）年9月に、「よみがえる　豊かな海を　輝く未来へ」を大会テーマに宮城県石巻市で開催される予定です。

稚魚等をお手渡しになる天皇皇后両陛下
（写真提供：秋田県）

イ　沖合域における生産力の向上

（特集第1節（6）イ）

（水産資源の保護・増殖のため、保護育成礁やマウンド礁の整備を実施）

　沖合域は、アジ、サバ等の多獲性浮魚類、スケトウダラ、マダラ等の底魚類、ズワイガニ等のカニ類など、我が国の漁業にとって重要な水産資源が生息する海域です。これらの資源については、種苗放流によって資源量の増大を図ることが困難であるため、資源管理と併せて生息環境を改善することにより資源を積極的に増大させる取組が重要です。

　これまで、各地で人工魚礁等が設置され、水産生物に産卵場、生息場、餌場等を提供し、再生産力の向上に寄与しています。また、国では、沖合域における水産資源の増大を目的として、ズワイガニ等の生息海域にブロック等を設置することにより産卵や育成を保護し増殖を図るための保護育成礁や、上層と底層の海水が混ざり合う鉛直混合[*1]を発生させることで海域の生産力を高めるマウンド礁の整備を実施しており、水産資源の保護・増殖に大きな効果が見られています（図1-11）。

図1-11　国のフロンティア漁場整備事業の概要

①整備箇所

②保護育成礁の対象水産動物と保護効果

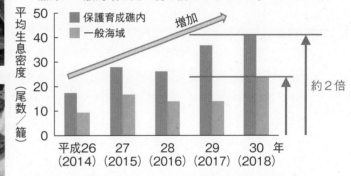

ズワイガニ

アカガレイ

保護育成礁内のズワイガニの生息密度は増加傾向にあり、礁外の一般海域と比べ約2倍となっている。

□保護育成礁　■保護育成礁内　■一般海域

平均生息密度（尾数／籠）　増加　約2倍

平成26（2014）　27（2015）　28（2016）　29（2017）　30（2018）年

籠調査から推定したズワイガニ平均生息密度の経年変化

③マウンド礁のメカニズムと増殖効果

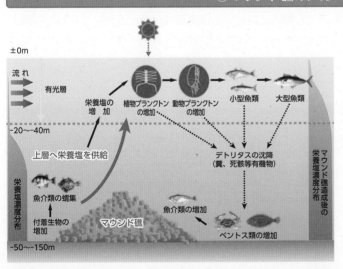

マウンド礁周辺のマアジの平均体重は、一般海域と比べ約1.4倍となっている。

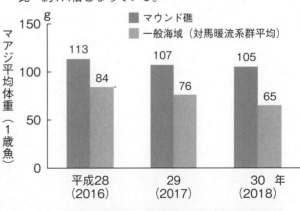

■マウンド礁　■一般海域（対馬暖流系群平均）

マアジ平均体重（1歳魚）g

	平成28（2016）	29（2017）	30（2018）年
マウンド礁	113	107	105
一般海域	84	76	65

マウンド礁と一般海域のマアジの体重比較

＊1　上層と底層の海水が互いに混ざり合うこと。鉛直混合の発生により底層にたまった栄養塩類が上層に供給され、植物プランクトンの繁殖が促進されて海域の生産力が向上する。

ウ　内水面における資源の増殖と漁業管理

（特集第3節（2）エ）

（資源の維持増大や漁場環境の保全のため、種苗放流や産卵場の整備を実施）

　河川・湖沼等の内水面では、「漁業法」に基づき、魚類の採捕を目的とする漁業権の免許を受けた漁協には資源を増殖する義務が課される一方、その経費の一部を賄うために遊漁者から遊漁料を徴収することが認められています。これは、一般に海面と比べて生産力が低いことに加え、遊漁者等、漁業者以外の利用者も多く、採捕が資源に与える影響が大きいためです。こうした制度の下、内水面漁協が主体となってアユやウナギ等の種苗放流や産卵場の整備を実施し、資源の維持増大や漁場環境の保全に大きな役割を果たしています。

　このような内水面における増殖活動の重要性を踏まえ、平成30（2018）年12月に成立した「漁業法等の一部を改正する等の法律」による「水産業協同組合法[*1]」の改正によって、内水面の漁協における個人の正組合員資格について、従来の「漁業者」、「漁業従事者」、「水産動植物を採捕する者」及び「養殖する者」に加え、「水産動植物を増殖する者」を新たに追加するとともに、河川と湖沼の組合員資格を統一しました。

コラム　内水面漁業の活性化に向けて　〜やるぞ内水面漁業活性化事業〜

　内水面は、アユ等の和食文化と密接に関わる水産物を供給するだけではなく、釣りなどの自然と親しむ機会を提供しており、豊かな国民生活の形成に大きく寄与しています。

　しかし、内水面漁場を管理している内水面漁協の多くは、組合員が高齢化・減少しているほか、オオクチバス等の外来生物やカワウによるアユ等の水産資源の捕食による収益悪化等により効果的な漁場管理が困難になってきており、漁場を有効かつ効率的に活用していけるよう、早急に内水面漁協の体質強化を図っていく必要があります。

　そのため、水産庁では、令和元（2019）年度から「やるぞ内水面漁業活性化事業」を新たに立ち上げ、全国の内水面漁協等のモデルとなるような漁場管理や内水面漁業活性化等のための先進的な取組を支援しています。

　初年度である令和元（2019）年度は、全国で12団体が本事業に採択され、放流に頼らない漁場維持、複数漁協が連携した漁場管理、インターネットを活用することによる遊漁券販売・監視の効率化などの様々な取組が各地で行われています。

　この取組の内容や成果が、令和2（2020）年2月18日に東京国際フォーラムで開催された成果報告会で発表され、全国から多くの内水面漁協関係者が参加しました。今後、内水面漁業の活性化に向けて積極的に取り組んでいただくことが期待されます。

やるぞ内水面報告会の様子

＊1　昭和23（1948）年法律第242号

表：令和元（2019）年度やるぞ内水面漁業活性化事業における先進的内水面漁場管理推進事業実施者と取組内容

実施者	取組内容
朱太川漁業協同組合 （北海道）	資源量モニタリングに基づいた、種苗放流に頼らないアユ漁場維持の実践。
米代川水系サクラマス協議会 （秋田県）	ICTを使った監視の効率化と漁場整備。
栃木県漁業協同組合連合会 （栃木県）	ICTを活用した漁獲データの収集（遊漁者からの情報収集）による漁獲量の推定。
小田原市内水面漁業活性化協議会 （神奈川県）	小田原市2漁協の連携した漁場管理・情報発信による釣り人・組合員の増加。
魚沼漁業協同組合 （新潟県）	魚沼漁業協同組合中長期ビジョンの新規事業展開に向けた事業実施のためのプロジェクトチームの設置及び事業検討。「天然遡上アユ資源の回復」の検討、実施。
奥越漁業協同組合 （福井県）	自然体験プログラムを開発・提供することで多くの奥越ファンを獲得し、遊漁者の拡大と新たな組合員の確保。
太田川漁業協同組合 （静岡県）	"放流アユ×餌釣り"によるファミリーやレジャーを強く意識した特定区（釣堀的利用）の設置。
名倉川漁業協同組合 （愛知県）	女性客や家族連れ釣り人を増やすための取組。釣り人による監視組織「段戸川倶楽部」を運営するために必要なマニュアルの作成。
愛知川漁業協同組合 （滋賀県）	IoTカメラ・AIシステムと鮎ルアーを利用した漁協経営向上。
京の川の恵みを活かす会 （京都府）	川魚の魅力創造及び発信拠点の創出。
京都府内水面漁業協同組合連合会 （京都府）	友鮎ルアー釣りの普及による新規遊漁者の増加に向けた取組。
和歌山県内水面漁業協同組合連合会 （和歌山県）	アマゴ釣りキャッチ＆リリース区及び冬季釣場設置による釣人誘致。

（5）　漁場環境をめぐる動き

ア　藻場・干潟の保全と再生

（特集第1節（2））

（生態系全体の生産力の底上げのため、藻場・干潟の保全や機能の回復が重要）

　藻場は、繁茂した海藻や海草が水中の二酸化炭素を吸収して酸素を供給し、水産生物に産卵場所、幼稚仔魚等の生息場所、餌場等を提供するなど、水産資源の増殖に大きな役割を果たしています。また、河口部に多い干潟は、潮汐の作用により、陸上からの栄養塩や有機物と海からの様々なプランクトンが供給されることにより、高い生物生産性を有しています。藻場・干潟は、二枚貝等の底生生物や幼稚仔魚の生息場所となるだけでなく、こうした生物による水質の浄化機能や、陸から流入する栄養塩濃度の急激な変動を抑える緩衝地帯としての機能も担っています。

　しかしながら、こうした藻場・干潟は、沿岸域の開発等により面積が減少しています。また、現存する藻場・干潟においても、海水温の上昇に伴う海藻の立ち枯れや種組成の変化、海藻を食い荒らすアイゴ等の植食性魚類の活発化や分布の拡大による藻場への影響や、貧酸素水塊の発生、陸上からの土砂の供給量の減少等による藻場・干潟の生産力の低下が指摘されています。

　藻場・干潟の保全や機能の回復によって、生態系全体の生産力の底上げを図ることが重要であり、国では、地方公共団体が実施する藻場・干潟の造成と、漁業者や地域住民等によっ

て行われる食害生物の駆除や母藻の設置など藻場造成、干潟の耕耘（こううん）等の保全活動が一体となった、広域的な対策を推進しています。

イ　内湾域等における漁場環境の改善

（漁場環境改善のため、適正養殖可能数量の設定等を推進）

　波の静穏な内湾域は、産卵場、生育場として水産生物の生活史を支えるだけでなく、様々な漁業が営まれる生産の場ともなっています。しかしながら、窒素、リン等の栄養塩類、水温、塩分、日照、競合するプランクトン等の要因が複合的に絡んで赤潮が発生し、養殖業を中心とした漁業が大きな被害を受けることもあります。例えば、瀬戸内海における赤潮の発生件数は、水質の改善等により昭和50年代の水準からはほぼ半減していますが、近年でも依然として年間100件前後の赤潮の発生がみられています。

　国では、関係都道府県や研究機関等と連携して、赤潮発生のモニタリング、発生メカニズムの解明、防除技術の開発等に取り組んでいます。また、「持続的養殖生産確保法[*1]」に基づき、漁協等が養殖漁場の水質等に関する目標、適正養殖可能数量、その他の漁場環境改善のための取組等をまとめた「漁場改善計画」を策定し、これを「漁業収入安定対策[*2]」により支援しています。

　一方、近年、瀬戸内海を中心として、窒素、リン等の栄養塩類の減少、偏在等が海域の基礎生産力を低下させ、養殖ノリの色落ちや、魚介類の減少の要因となっている可能性が、漁業者や地方公共団体の研究機関から指摘されています。また、瀬戸内海におけるノリやワカメの色落ちは栄養塩不足（窒素不足）が原因であることがわかっています。このため、国では、栄養塩類が水産資源に与える影響の解明に関する調査・研究を行うとともに、漁業・養殖業の状況等を踏まえつつ、生物多様性や生物生産性の確保に向けた栄養塩類の適切な管理の在り方についての検討を進めています。また、赤潮の被害が発生した海藻類への適切な栄養塩供給手法の開発を進めています。なお、令和元（2019）年6月から中央環境審議会において、国等の調査・研究の成果等を踏まえ、瀬戸内海における栄養塩類の管理の在り方等を含め「瀬戸内海における今後の環境保全の方策の在り方について」の審議が行われ、令和2（2020）年3月に答申が取りまとめられました。

　新漁業法においては、漁協等が漁場を利用する者が広く受益する赤潮監視、漁場清掃等の保全活動を実施する場合に、都道府県が申請に基づいて漁協等を指定し、一定のルールを定めて沿岸漁場の管理業務を行わせることができる仕組みを新たに設けました。こうした仕組みも活用し、将来にわたって良好な漁場が維持されることが期待されます。

事例　**兵庫県が海水中の栄養塩類濃度の水質目標値（下限値）を設定**

　瀬戸内海では、高度経済成長期には、工場や家庭からの排水によって海域の富栄養化が進行し、赤潮

---

*1　平成11（1999）年法律第51号
*2　図1-7（102ページ）参照。

112

が頻発したことで、漁業・養殖業が大きな被害を受けてきましたが、「水質汚濁防止法[*1]」及び「瀬戸内海環境保全特別措置法[*2]」による対策が進められた結果、陸域からの栄養塩類の流入が減少し、赤潮の発生も減少してきました。しかし、1990年代後半から海域の窒素やりんの濃度が低下し、養殖ノリの色落ち被害だけでなく、漁獲量の減少につながっている可能性が指摘されています。

　兵庫県では、代表的な漁獲物であるイカナゴの漁獲量と栄養塩濃度が同調して減少しているとする調査結果等を踏まえ、令和元（2019）年10月に「環境の保全と創造に関する条例」を改正し、公益社団法人日本水産資源保護協会が作成した「水産用水基準」を参考に全国で初めて海水中の全窒素及び全りんの濃度の水質目標値（下限値）を設定し、瀬戸内海の全窒素・全りん濃度が水質目標値（下限値）と環境基準値[*3]との間で適切な濃度となるよう、毎年度目標管理を行うこととしました。さらに、令和2（2020）年3月には、開発したモデルシミュレーションを用いて、海域の貧栄養化が、植物プランクトン及び動物プランクトンの減少につながっており、その結果、主に動物プランクトンを餌とするイカナゴの資源の長期的な減少に大きな影響を及ぼしていることを明らかにしました。

図：栄養塩（溶存無機態窒素（DIN[*4]））濃度とイカナゴ（シンコ）漁獲量との関係

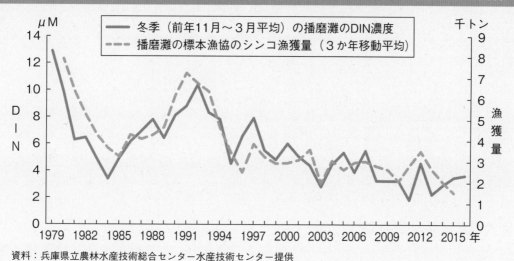

資料：兵庫県立農林水産技術総合センター水産技術センター提供

表：望ましい濃度の範囲（水質目標値（下限値）と環境基準値との間の濃度）

水域類型	全窒素		全りん	
	水質目標値（下限値）	環境基準値	水質目標値（下限値）	環境基準値
II	0.2～0.3mg／L		0.02～0.03mg／L	
III	0.2～0.6mg／L		0.02～0.05mg／L	
IV	0.2～1 mg／L		0.02～0.09mg／L	

資料：兵庫県提供

（参考）
兵庫県立農林水産技術総合センター水産技術センターによる
モデルシミュレーション結果概要「豊かな瀬戸内海の再生を目指して」：
http://www.hyogo-suigi.jp/suisan/topics/pdf/ikanagopampf8p.pdf

---

＊1　昭和45（1970）年法律第138号
＊2　昭和48（1973）年法律第110号
＊3　「水質汚濁に係る環境基準」（昭和46（1971）年環境庁告示第59号）で定められた値
＊4　植物が直接利用できる形態である、溶存無機態（アンモニア態、亜硝酸態、硝酸態）の窒素のこと。

ウ　河川・湖沼における生息環境の再生

（特集第３節（２）エ）

（内水面の生息環境や生態系の保全のため、魚道の設置等の取組を推進）

　河川・湖沼は、それ自体が水産生物を育んで内水面漁業者や遊漁者の漁場となるだけでなく、自然体験活動の場等の自然と親しむ機会を国民に提供しています。また、河川は、森林や陸域から適切な量の土砂や有機物、栄養塩類を海域に安定的に流下させることにより、干潟や砂浜を形成し、海域における豊かな生態系を維持する役割も担っています。しかしながら、河川を始めとする内水面の環境は、ダム・堰堤等の構造物の設置、排水や濁水等による水質の悪化、水の利用による流量の減少など人間活動の影響を特に強く受けています。このため、内水面における生息環境の再生と保全に向けた取組を推進していく必要があります。

　国では、「内水面漁業の振興に関する法律[*1]」に基づいて策定された「内水面漁業の振興に関する基本方針」（平成26（2014）年策定・平成29（2017）年変更）により、関係府省庁、地方公共団体、内水面漁協等の連携の下、水質や水量の確保、森林の整備及び保全、自然との共生や環境との調和に配慮した多自然型川づくりを進めています。また、内水面の生息環境や生態系を保全するため、堰等における魚道の設置や改良、産卵場となる砂礫底や植生の保全・造成、様々な水生生物の生息場所となる石倉増殖礁（石を積み上げて網で囲った構造物）の設置等の取組を推進しています。

　さらに、同法では、共同漁業権の免許を受けた者からの申し出により、都道府県知事が内水面の水産資源の回復や漁場環境の再生等に関して必要な措置について協議を行うための協議会を設置できることになっており、令和２（2020）年３月までに、山形県、岩手県、宮崎県、兵庫県、東京都及び滋賀県において協議会が設置され、良好な河川漁場保全に向けた関係者間の連携が進められています。

エ　気候変動による影響と対策

（特集第１節（２））

（気候変動には「緩和」と「適応」の両面からの対策が重要）

　気候変動は、海洋環境を通じて水産資源や漁業・養殖業に影響をもたらします。令和元（2019）年９月に開催された「気候変動に関する政府間パネル（IPCC）第51回総会」において承認・受諾された「海洋・雪氷圏特別報告書[*2]」の中では、気候変動がもたらす海洋環境の変化が、地球全体のレベルで、海洋生物の分布、移動、個体数及び種構成を含む生態系全体に影響を与えており、将来、海洋生物資源の減少に伴って潜在的な漁獲量が減少する可能性が「中程度の確信度」をもって指摘されています。

　気候変動に対しては、温室効果ガスの排出抑制等による「緩和」と、避けられない影響に対する「適応」の両面から対策を進めることが重要です（図１−12）。

＊１　平成26（2014）年法律第103号
＊２　正式名称：「変化する気候下での海洋・雪氷圏に関するIPCC特別報告書」

図1-12 気候変動と緩和策・適応策の関係

温室効果ガスの増加	気候要素の変化	気候変動による影響
・化石燃料使用による二酸化炭素の排出 ・農地土壌からのメタン、一酸化二窒素の排出等	気温上昇、降雨パターンの変化、海面水位上昇、海水の酸性化など	自然環境への影響 人間社会への影響 農作物等への被害

農林水産省地球温暖化対策計画（緩和策）

温室効果ガス排出削減・吸収源対策
- ◆農業分野
  （施設園芸、農業機械、畜産、農地土壌吸収源対策等）
- ◆食品分野
- ◆森林吸収源対策
- ◆水産分野
- ◆分野横断的対策
  （バイオマス利用、再生可能エネルギー導入等）

研究・技術開発
- ◆温室効果ガスの排出削減技術の開発
- ◆研究成果の活用の推進

国際協力
- ◆森林減少・劣化に由来する排出の削減等への対応
- ◆温室効果ガス削減に関する国際共同研究等の推進
- ◆国際機関等との連携

農林水産省気候変動適応計画（適応策）

既に影響が生じており、社会、経済に特に影響が大きい項目への対応
- ◆水稲や果樹の品質低下、病害虫・雑草の分布拡大、自然災害等への対応

現在表面化していない影響に対応する、地域の取組を促進
影響評価研究、技術開発の促進
- ◆知見の少ない分野等における研究・技術開発を推進

気候変動がもたらす機会の活用
- ◆既存品種から亜熱帯・熱帯果樹等への転換等を推進

適応に関する国際協力
- ◆国際共同研究及び科学的知見の提供等を通じた協力
- ◆国際機関への拠出を通じた国際協力
- ◆技術協力

一体的に推進

農林水産分野における地球温暖化対策を総合的かつ計画的に推進

資料：農林水産省「農林水産省地球温暖化対策計画の概要」

　緩和に関しては、平成28（2016）年5月に地球温暖化対策を総合的かつ計画的に推進するための政府の総合計画として閣議決定された「地球温暖化対策計画」を踏まえ、平成29（2017）年3月に「農林水産省地球温暖化対策計画」が策定され、水産分野では、温室効果ガス排出削減・吸収源対策として、省エネルギー型漁船の導入の推進等の漁船の省エネルギー対策、二酸化炭素の吸収・固定に資する藻場等の保全・創造対策の推進により、地球温暖化対策を講じていくことが盛り込まれました。さらに、令和元（2019）年6月に閣議決定された「パリ協定に基づく成長戦略としての長期戦略」において、ICTを活用した「スマート農林水産業」の実現や漁船の電化・水素燃料電池化の推進等により温室効果ガス排出削減を図ること、海洋生態系に貯留される炭素（ブルーカーボン[*1]）について二酸化炭素の吸収源としての可能性を追求すること等が明記されました（図1-13）。

＊1　国連環境計画（UNEP）により平成21（2009）年に提唱された。

第1部

第1章

図1−13 ブルーカーボンによる二酸化炭素吸収・貯留の仕組み

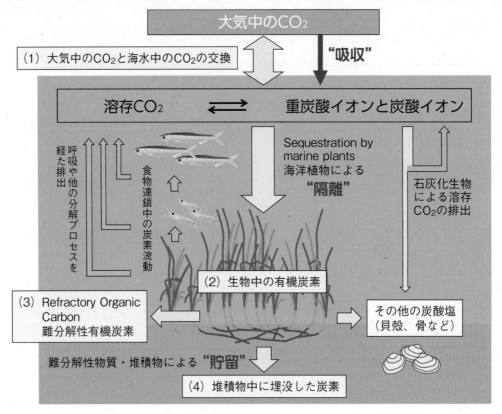

資料：（研）水産研究・教育機構（Hori et al.（2018）を改変）

　一方、適応については、平成27（2015）年に、「気候変動の影響への適応計画」が閣議決定されるとともに、農林水産分野における適応策について、「農林水産省気候変動適応計画」が策定されました。平成30（2018）年６月には、気候変動適応を法的に位置付ける「気候変動適応法[*1]」が公布され、同年11月に「気候変動適応計画」が閣議決定されたことを踏まえて、「農林水産省気候変動適応計画」も改定されました。水産分野においては、海面漁業、海面養殖業、内水面漁業・養殖業、造成漁場及び漁港・漁村について、気候変動による影響の現状と将来予測が示され、当面10年程度に必要な取組を中心に工程表が整理されました（表１−３）。例えば、海面養殖業では、高水温耐性等を有する養殖品種の開発、有害赤潮プランクトンや疾病への対策等が求められています。高水温耐性を有する養殖品種開発については、ノリについての研究開発が進んでいます。既存品種では水温が23℃以下にならないと安定的生産ができないため、秋季の高水温が生産開始の遅れと収穫量の減少の一因になると考えられています。そこで、育種により24℃以上でも２週間以上生育可能な高水温適応素材を開発し、野外養殖試験を行った結果、高水温条件下での発育障害が軽減されることが観察されたことを受け、実用化に向けた実証実験が開始されています（図１−14）。魚病については、水温上昇に伴い養殖ブリ類の代表的な寄生虫であるハダムシの繁殖可能期間の長期化が予測されています。ハダムシがブリ類に付着すると、魚が体を生け簀の網に擦り付けることで表皮が傷つき、その傷から他の病原性細菌等が体内に侵入する二次感染によって養殖ブリ類が大量に死亡することがあります。そのため、ハダムシの付着しにくい特徴を持つ系統を選抜

し、その有効性を検証する試験を行っています。さらに、赤潮については、被害を未然に防止するため、天候や水質等を詳細に解析することにより、3日前までに高精度で発生を予測する技術の開発を進めています。また、造成漁場では、海水温上昇による海洋生物の分布域・生息場所の変化を的確に把握し、それに対応した水産生物のすみかや産卵場等となる漁場整備が求められています。山口県の日本海側では、寒海性のカレイ類が減少する一方で、暖海性魚類のキジハタにとって生息しやすい海域が拡大していることを踏まえ、キジハタの成長段階に応じた漁場整備が進められています。

表1−3　農林水産省気候変動適応計画の概要（水産分野の一部）

	現　状	将来予測	取　組
海　面　漁　業	北方系魚種の減少	シロサケ・サンマの減少・小型化	海洋環境の変化に対応しうるサケ稚魚等の放流手法等の開発
海　面　養　殖　業	養殖ノリについて、種付け時期の遅れによる年間収穫量の減少	養殖適地が北上し、養殖に不適になる海域が出ることが予測	高水温耐性等を有する養殖品種の開発
内水面漁業・養殖業	琵琶湖の湖水循環の停滞と貧酸素水の拡大	琵琶湖の貧酸素水の拡大による特産品（イサザ）の減少	河川湖沼の環境変化と重要資源の生息域や資源量に及ぼす影響評価
造　成　漁　場	高水温が要因とされる分布・回遊域の変化	多くの漁獲対象種の分布域が北上	気候変動による海洋生物の分布域の変化の把握及びそれに対応した漁場整備の推進
漁　港・漁　村	太平洋沿岸では、秋季から冬季にかけての波高の増大等の事例	波高や高潮偏差増大により、漁港施設等への被害が及ぶおそれ	防波堤、物場場等の漁港施設の嵩上げや粘り強い構造を持つ海岸保全施設の整備を引き続き計画的に推進

資料：農林水産省「農林水産省気候変動適応計画概要」に基づき水産庁で作成

図1−14　ノリ養殖における秋季高水温の影響評価と適応計画に基づく取組事例

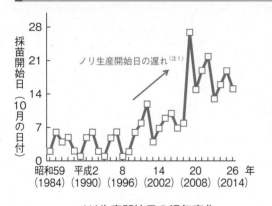

ノリ生産開始日の経年変化

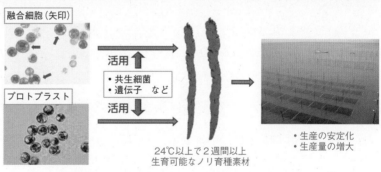

細胞融合技術やプロトプラスト[注2]選抜技術等の育種技術を用いた高水温適応素材開発の流れ

資料：（研）水産研究・教育機構
注：1）　生産開始日の遅れ及び収穫量の変化には、地球温暖化以外の要因も考えられる。
　　2）　植物細胞、細菌、菌類などから細胞壁を取り除いた細胞。

オ　海洋におけるプラスチックごみの問題

（特集第1節（2））

（海洋プラスチックごみの影響への懸念の高まり）

　海に流出するプラスチックごみの増加の問題が世界的に注目を集めています。年間数百万トンを超えるプラスチックごみが海洋に流出しているとの推定[*1]もあり、我が国の海岸にも、

* 1　Jambeck et al.（2015）による。

海外で流出したと考えられるものも含めて多くのごみが漂着しています。

　海に流出したプラスチックごみは、海鳥や海洋生物が誤食することによる生物被害や、投棄・遺失漁具（網やロープ等）に海洋生物が絡まって死亡するゴーストフィッシング、海岸の自然景観の劣化など、様々な形で環境や生態系に影響を与えるとともに、漁獲物へのごみの混入や漁船のスクリューへのごみの絡まりによる航行への影響など、漁業活動にも損害を与えます。さらに、紫外線等により次第に劣化し破砕・細分化されてできるマイクロプラスチックは、表面に有害な化学物質が吸着する性質があることが指摘されており、吸着又は含有する有害な化学物質が食物連鎖を通して海洋生物へ影響を与えることが懸念されています。

　我が国では、平成30（2018）年5月に閣議決定された「第3期海洋基本計画」の中で、関係省庁が取り組む施策として海洋ごみへの対応が位置付けられたほか、同年6月に改正された海岸漂着物処理推進法[*1]においてマイクロプラスチックの海域への流出抑制のため、事業者による廃プラスチック類の排出抑制の努力義務が規定されました。さらに、令和元（2019）年5月には、「海洋プラスチックごみ対策アクションプラン」が関係閣僚会議で策定されたほか、海岸漂着物処理推進法に基づく「海岸漂着物対策を総合的かつ効果的に推進するための基本的な方針」の変更及び「第四次循環型社会形成推進基本計画[*2]」に基づく「プラスチック資源循環戦略」の策定が行われ、海洋プラスチックごみ問題に関連する政府全体の取組方針が示されました。

（環境に配慮した素材を用いた漁具の開発や漁業者による海洋ごみの持ち帰りを促進）

　海洋プラスチックごみの主な発生源は陸域であると指摘されていますが、海域を発生源とする海洋プラスチックごみも一定程度あり、その一部は漁業活動で使用される漁具であることも指摘されています。

　そのような中、水産庁では、漁業の分野において海洋プラスチックごみ対策やプラスチック資源循環を推進するため、平成30（2018）年、漁業関係団体、漁具製造業界団体及び学識経験者の参加を得て協議会を立ち上げ、平成31（2019）年4月に、同協議会が取りまとめた「漁業におけるプラスチック資源循環問題に対する今後の取組」を公表しました。その主な内容は、1）漁具の海洋への流出防止、2）漁業者による海洋ごみの回収の促進、3）意図的な排出（不法投棄）の防止、4）情報の収集・発信であり、これらの取組は上記の「海洋プラスチックごみ対策アクションプラン」等にも盛り込まれたものです。

　また、水産庁では、1）使用済み漁具の処理費用等による漁業者への負担を抑え、迅速かつ適正なリサイクルを促進するための、漁具のリサイクル技術の開発・普及の推進や、海洋に流出した漁具による環境への負荷を最小限に抑制するための、海洋生分解性プラスチック等の環境に配慮した素材を用いた漁具の開発、2）環境省と連携し、環境省の「海岸漂着物等地域対策推進事業」を活用して、操業中の漁網に入網するなどして回収される海洋ごみの漁業者による持ち帰りの促進、3）水産多面的機能発揮対策事業により、漁業者や漁協等が環境生態系の維持・回復を目的として、地域で行う海岸清掃の支援を実施しています（図1－15）。さらに、我が国では、様々な地域で多種多様な漁業が営まれており、プラスチック

[*1] 「美しく豊かな自然を保護するための海岸における良好な景観及び環境並びに海洋環境の保全に係る海岸漂着物等の処理等の推進に関する法律」（平成21（2009）年法律第82号）

[*2] 平成30（2018）年閣議決定

製漁具の利用・処理実態が必ずしも明らかではないことから、プラスチック製漁具の利用・処理の実態調査を行うほか、業界団体・企業等による自主的な取組に係る情報の発信や、マイクロプラスチックが水産生物に与える影響についての科学的調査結果の正確な情報の発信を行っていきます。

　さらに、環境省では、漂着ごみや漂流ごみ、海底ごみの組成や分布状況等に関する実態調査を行うとともに、地方公共団体が行う漂着ごみ等の回収処理、発生抑制に対する財政支援を行っています。

　海洋プラスチックごみ問題に対処するためには、その発生源の１つとなっている私たちの生活における対策も重要です。生活ごみの適切な管理やリサイクルの促進に加え、使い捨て型ライフスタイルの見直しや、用途に応じた生分解性素材を含む代替素材の活用等、日常生活で使用する素材の再検討が求められています。

図1-15　漂流ごみ等の回収・処理について（入網ごみ持ち帰り対策）

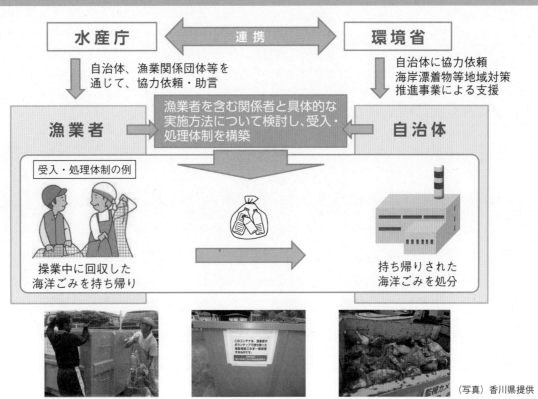

（写真）香川県提供

カ　海洋環境の保全と漁業
（適切に設置・運営される海洋保護区により、水産資源の増大が期待）

　漁業は、自然の生態系に依存し、その一部を採捕することにより成り立つ産業であり、漁業活動を持続的に行っていくためには、海洋環境や海洋生態系を健全に保つことが重要です。

　平成22（2010）年には、「生物の多様性に関する条約（生物多様性条約）」の下で、令和２（2020）年までに沿岸域及び海域の10％を海洋保護区（MPA）又はその他の効果的な手段で保全することを含む「愛知目標」が採択されました。このMPAに関する目標は、平成24（2012）年に開始された国連環境開発会議（リオ＋20）においても成果文書に取り上げられたほか、平成27（2015）年に国連で合意された「持続可能な開発目標（SDGs）」においても同様に規定されています。

　我が国において、MPAは、「海洋生態系の健全な構造と機能を支える生物多様性の保全及び生態系サービスの持続可能な利用を目的として、利用形態を考慮し、法律又はその他の効果的な手法により管理される明確に特定された区域」と定義されており、必ずしも漁業禁止区域を意味するものではなく、「水産資源保護法[*1]」上の保護水面や「漁業法」上の共同漁業権区域等が含まれます。漁業者の自主的な共同管理によって、生物多様性を保存しながら、これを持続的に利用していくような海域であることは、日本型海洋保護区の一つの特色です。また、適切に設置され運営されるMPAは、海洋生態系の適切な保護を通じて、水産資源の増大にも寄与するものと考えられます。MPAの設置に当たっては、科学的根拠を踏まえた明確な目的を持ち、それぞれの目的に合わせて適切な管理措置を導入することや、継続的なモニタリングを通して効果的に運営していくことが重要です。なお、沖合区域における海底の自然環境の保全を図るため、新たなMPA（「沖合海底自然環境保全地域」）制度の措置を講ずる「自然環境保全法の一部を改正する法律[*2]」が平成31（2019）年4月に公布されました。

（6）　野生生物による漁業被害と対策

ア　海洋における野生生物による漁業被害
（トド管理に必要な「採捕数の設定」等の規定を改正）

　海洋の生態系を構成する生物の中には、漁業・養殖業に損害を与える野生生物（有害生物）も存在し、漁具の破損、漁獲物の食害などをもたらします。各地域で被害をもたらす有害生物に対しては、都道府県等が被害防止のための対策を実施していますが、都道府県の区域を越えて広く分布・回遊する有害生物で、広域的な対策により漁業被害の防止・軽減に効果が見通せるなど一定の要件を満たすもの（大型クラゲ、トド、ザラボヤ等）については、国が出現状況に関する調査と漁業関係者への情報提供、被害を効果的・効率的に軽減するための技術の開発・実証、駆除・処理活動への支援等に取り組んでいます（図1－16）。

　特に、北海道周辺では、トド等の海獣類による漁具の破損等の被害が多く発生していますが、水産庁が平成26（2014）年に策定した「トド管理基本方針[*3]」では、管理の開始から5年後に所要の見直しを行うこととされていることから、専門家からなる「トド管理基本方針の見直しに向けた検討会」を3回開催し、トドの管理に関する考え方等について科学的・技術的見地から助言を得て、令和元（2019）年8月に、今後のトド管理に必要な「採捕数の設定」等の規定を改正しました。

＊1　昭和26（1951）年法律第313号
＊2　平成31（2019）年法律第20号
＊3　10年後に来遊する個体群の個体数を平成22（2010）年の水準の60％まで減少させることを目標に、採捕数の設定や各種調査が実施されている。

イ　内水面における生態系や漁業への被害
（オオクチバス等の外来魚やカワウの防除の取組を推進）

　内水面においては、オオクチバス等の外来魚やカワウによる水産資源の食害が問題となっています（図1－16）。このため、国では、「内水面漁業の振興に関する基本方針」に基づき、カワウについては、被害を与える個体数を令和5（2023）年度までに半減させる目標の早期達成を目指し、カワウの追い払いや捕獲等の防除対策を推進しています。また、外来魚については、その効果的な防除手法の技術開発のほか、電気ショッカーボートや偽の産卵床の設置等による防除の取組を進めています。

図1－16　国が行う野生生物による漁業被害対策の例

①大型クラゲ 国際共同調査	②有害生物調査及び 情報提供	③有害生物による 被害軽減技術の開発	④有害生物による 被害軽減対策
大型クラゲの出現動向を迅速に把握するための日中韓共同による大型クラゲのモニタリング調査等	有害生物の出現状況・生態の把握及び漁業関係者等への情報提供等	音響発生装置を用いたトド追い払い手法の実証、海洋環境に応じたヨーロッパザラボヤの付着モニタリング体制の構築等	有害生物の駆除・処理、改良漁具の導入促進といった被害軽減対策等

海面

〈ヨーロッパザラボヤ〉

養殖ホタテガイに大量に付着

〈トド〉

トドによる漁獲物の食害

内水面

〈カワウ〉

個体数と分布域が拡大し、食害が問題化

〈オオクチバス〉

外来魚による食害

コラム　カワウ対策は日進月歩　～カワウ対策最前線から～

　カワウは、日本全体に分布しており、アユを始めとする内水面の水産資源を大量に捕食（1日に500g/羽）するため、全国の内水面漁業者を悩ませています。

　このため、内水面漁業者は、カワウ被害対策として、1）銃器による捕獲、2）案山子（かかし）やロケット花火を使った追い払い、3）釣竿を使用した樹木へのテープ張りや梯子（はしご）を使った巣中へのドライアイス投入による繁殖抑制を行っています。しかし、カワウもさるもの、既存の手法が使えない地域（例えば、高木、ダムサイド、銃器が使用できない場所）での増加がみられるようになりました。

　さらに、漁業者の高齢化・減少が進んでいることもあいまって、営巣木が高所で届かない、近づけない、又は対策を行いたい場所が危険等の理由から対応困難となっている現場もあります。

　そこで、水産庁では、平成28（2016）年度よりドローン等を活用したカワウ繁殖抑制技術の開発を進め、これまでにドローンを活用した1）テープ張り及びドライアイス投下手法による繁殖抑制、2）スピーカーによる追い払い技術が開発されています。これら技術についてはマニュアル化され、内水面漁業者の安全かつ効率的な被害対策の実施、負担軽減に役立っています。

　カワウは在来種であり、今後も人間との共生を図っていかなければなりません。まだカワウ対策に関する技術開発は始まったばかりであり、今後、技術が進歩し、より効率的なカワウ対策が期待されます。

　なお、カワウは人がいるところには寄り付きません。釣りに行くことはカワウ対策にもなるということです。休日は釣りを楽しみつつカワウ対策に貢献してみませんか。

カワウマニュアル

図：効率的なカワウ対策

カワウ被害対策における問題点

● 既存の手法の使用が困難な地域でのカワウの増加（例：高木、ダムサイド、銃器使用不可）
● 漁業者の高齢化・減少・労働力低下

既存のカワウ対策手法

樹木へのテープ張りによる繁殖抑制（釣り竿使用）

巣中の卵へのドライアイス投入による繁殖抑制（梯子＋棒）

対応困難

届かない！
近づけない！
危険！

高い森林やダムサイド地域など

事業の目標

ドローン等を活用したカワウ繁殖抑制技術等開発

①ドローンを利用したテープ張り・ドライアイス投下手法の技術開発
（安全対策、適切な飛行環境、機体構造等の検討）

②ドローンを利用したカワウ被害対策を安全かつ効果的に実施するための漁業者向けマニュアル作成・普及

③その他、ドローン等の先端技術を活用した被害対策技術開発の検討

ドローンなら高所や危険な場所でも対応可能

ドローンを利用した樹木へのテープ張り

効果的な被害対策の実施・内水面漁業者の負担軽減へ

第2章

我が国の水産業をめぐる動き

（1） 漁業・養殖業の国内生産の動向

（漁業・養殖業生産量は増加、生産額は減少）◇◇◇◇◇◇◇◇◇◇◇◇◇◇◇◇◇◇◇◇◇◇◇◇◇◇◇◇◇◇

　平成30（2018）年の我が国の漁業・養殖業生産量は、前年から12万トン（３％）増加し、442万トンとなりました（表２－１）。

　このうち、海面漁業の漁獲量は、前年から10万トン増加し、336万トンでした。魚種別には、ホタテガイ、サンマ及びカツオ類が増加し、カタクチイワシ及びアジ類が減少しました。一方、海面養殖業の収獲量は100万トンで、前年から２万トン（２％）増加しました。これは、ホタテガイの収獲量が増加したこと等によります。

　また、内水面漁業・養殖業の生産量は５万７千トンで、前年から５千トン（８％）減少しました。

　平成30（2018）年の我が国の漁業・養殖業の生産額は、前年から482億円（３％）減少し、１兆5,579億円となりました。

　このうち、海面漁業の生産額は、9,379億円で、前年から235億円（２％）減少しました。この要因としては、平成30（2018）年春以降、カツオ類においてアニサキスによる食中毒が発生し価格が大幅に低下したこと、スルメイカの漁獲量が５年連続で減少したこと等が影響したと考えられます。

　海面養殖業の生産額は、5,060億円で、前年から191億円（４％）減少しました。この要因としては、前年に引き続きクロマグロやギンザケの生産が拡大しているものの、ノリ類において海水温の上昇から収獲量が減少するとともに、色落ちの発生による品質低下も見られたこと等が影響したためです。

　内水面漁業・養殖業の生産額は、1,141億円で、前年から56億円（５％）の減少となりました。

表２－１　平成30（2018）年の漁業・養殖業の生産量・生産額

〈生産量〉　　　　　　　　　　　　（千トン）

		平成29年（2017）	平成30年（2018）
	合　　　　計	4,306	4,421
	海　　　　面	4,244	4,364
生産量	漁　　　　業	3,258	3,359
	遠洋漁業	314	349
	沖合漁業	2,051	2,042
	沿岸漁業	893	968
	養　殖　業	986	1,005
	内　水　面	62	57
	漁　　　　業	25	27
	養　殖　業	37	30

資料：農林水産省「漁業・養殖業生産統計」
注：内水面漁業生産量は、主要112河川24湖沼の値である。

〈生産額〉　　　　　　　　　　　　（億円）

		平成29年（2017）	平成30年（2018）
	合　　　　計	16,061	15,579
	海　　　　面	14,864	14,438
生産額	漁　　　　業	9,614	9,379
	養　殖　業	5,250	5,060
	内　水　面	1,197	1,141
	漁　　　　業	198	185
	養　殖　業	998	956

資料：農林水産省「漁業産出額」に基づき水産庁で作成
注：漁業生産額は、漁業産出額（漁業・養殖業の生産量に産地市場卸売価格等を乗じて推計したもの）に種苗の生産額を加算したもの。

コラム　サケ、サンマ、スルメイカの不漁

　一般に、特定の魚種の漁獲が減少すると、その魚種の資源状況への関心も高まります。しかしながら、不漁が発生したとしても、資源状況の悪化のみが原因というわけではなく、海水温や海流等の海洋環境の変化、外国漁船による漁獲の影響を含む様々な要因が考えられます。

　令和元（2019）年には、サケは約5.5万トン、サンマは約4.1万トン、スルメイカは約3.3万トン（水産庁調べ）と、いずれも漁獲量は過去最低レベルとなりました。サケについては、稚魚が海に降る時期に、生き残りに適した水温の期間が短かったことが原因との指摘がなされています。サンマについては、仔稚魚の生き残りの悪化により資源量が減少したことや、我が国沿岸の水温が高く漁場が沖合に形成されたことが、スルメイカについては、産卵海域である東シナ海の水温が産卵や生育に適さなかったことが、それぞれの主な不漁の原因と考えられ、さらに、両魚種とも外国漁船による漁獲が影響した可能性もあります。

　漁獲の変化の原因を解明するためには、複数年にわたる様々なデータに基づき、資源状況や海洋環境の変化等の要因を科学的に分析する必要があることから、これらのデータを継続的に収集する体制を構築していくことが極めて重要です。

（2）　漁業経営の動向

ア　水産物の産地価格の推移
（不漁が続き漁獲量が減少したサンマやスルメイカは高値）

　水産物の価格は、資源の変動や気象状況等による各魚種の生産状況、国内外の需要の動向等、様々な要因の影響を複合的に受けて変動します。

　特に、マイワシ、サバ類、サンマ等の多獲性魚種の価格は、漁獲量の変化に伴って大きく変化します。令和元（2019）年の主要産地における平均価格を見てみると、近年資源量の増加により漁獲量が増加したマイワシの価格が低水準となる一方で、不漁が続き漁獲量が減少したサンマやスルメイカは高値となっています（図2−1）。また、サバ類は、漁獲量が増加傾向にありますが、価格も上昇しています。これは、近年のサバ缶への注目による需要増大を反映しているものと推測されます。

図2-1　主な魚種の漁獲量と主要産地における価格の推移

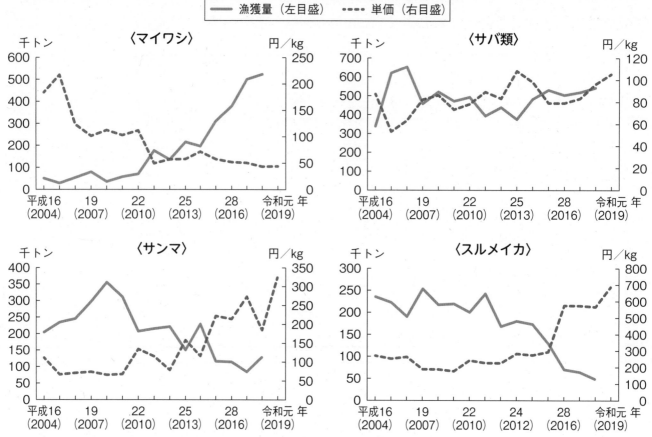

資料：農林水産省「漁業・養殖業生産統計」（漁獲量）、農林水産省「水産物流通統計年報」（平成16（2004）～21（2009）年）及び水産庁「水産物流通調査」（平成22（2010）～令和元（2019）年）（単価）に基づき水産庁で作成
注：単価は、平成16（2004）～17（2005）年については203漁港、平成18（2006）年については197漁港、平成19（2007）～21（2009）年については42漁港、平成22（2010）～令和元（2019）年については48漁港の平均価格。

　漁業及び養殖業の平均産地価格は、近年、上昇傾向で推移していましたが、平成30（2018）年には、前年から19円/kg低下し、347円/kgとなりました（図2-2）。

図2-2　漁業・養殖業の平均産地価格の推移

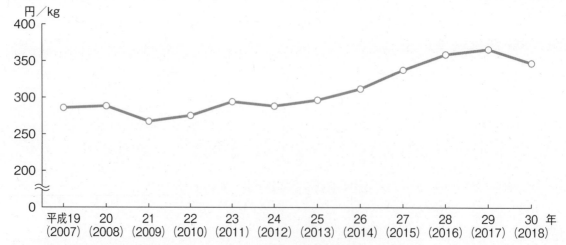

資料：農林水産省「漁業・養殖業生産統計」及び「漁業産出額」に基づき水産庁で作成
注：漁業・養殖業の産出額を生産量で除して求めた。

イ　漁船漁業の経営状況

（特集第2節（2）、（4））

（沿岸漁船漁業を営む個人経営体の平均漁労所得は186万円）

　平成30（2018）年の沿岸漁船漁業を営む個人経営体の平均漁労所得は、前年から32万円減少し、186万円となりました（表2－2）。これは、漁獲量は増加したものの、価格の低下などにより漁労収入が減少したためです。漁労支出の内訳では、油費、漁船・漁具費等が増加しました。これは、燃油価格が上昇傾向で推移したことなどによるものと考えられます。また、所得率（漁労収入に占める漁労所得の割合）は、平成26（2014）年まで一貫して減少した後、平成27（2015）年から上昇しましたが、平成29（2017）年からは再び減少しました。

　なお、水産加工や民宿の経営といった漁労外事業所得は、前年から2万円減少して18万円となり、漁労所得にこれを加えた事業所得は、205万円となりました。

表2－2　沿岸漁船漁業を営む個人経営体の経営状況の推移

（単位：千円）

		平成23 (2011)	24 (2012)	25 (2013)	26 (2014)	27 (2015)	28 (2016)	29 (2017)	30年 (2018)
事業所得		2,210	2,339	2,078	2,149	2,821	2,530	2,391	2,047
	漁労所得	2,039	2,041	1,895	1,990	2,612	2,349	2,187	1,864
	漁労収入	6,087	6,141	5,954	6,426	7,148	6,321	6,168	5,794
	漁労支出	4,048 (100.0)	4,100 (100.0)	4,060 (100.0)	4,436 (100.0)	4,536 (100.0)	3,973 (100.0)	3,981 (100.0)	3,930 (100.0)
	雇用労賃	504 (12.4)	534 (13.0)	503 (12.4)	562 (12.7)	671 (14.8)	494 (12.4)	581 (14.6)	557 (14.2)
	漁船・漁具費	299 (7.4)	311 (7.6)	299 (7.4)	359 (8.1)	392 (8.7)	289 (7.3)	284 (7.1)	298 (7.6)
	修繕費	309 (7.6)	313 (7.6)	302 (7.4)	344 (7.8)	358 (7.9)	396 (10.0)	342 (8.6)	350 (8.9)
	油費	770 (19.0)	783 (19.1)	820 (20.2)	867 (19.5)	717 (15.8)	601 (15.1)	620 (15.6)	675 (17.2)
	販売手数料	357 (8.8)	375 (9.1)	375 (9.2)	420 (9.5)	484 (10.7)	432 (10.9)	409 (10.3)	382 (9.7)
	減価償却費	638 (15.8)	665 (16.2)	576 (14.2)	610 (13.7)	595 (13.1)	568 (14.3)	586 (14.7)	541 (13.8)
	その他	1,171 (28.9)	1,119 (27.3)	1,186 (29.2)	1,274 (28.7)	1,319 (29.1)	1,193 (30.0)	1,159 (29.1)	1,127 (28.7)
	漁労外事業所得	172	297	184	159	209	181	204	183
所得率（漁労所得／漁労収入）		33.5%	33.2%	31.8%	31.0%	36.5%	37.2%	35.5%	32.2%

資料：農林水産省「漁業経営調査報告」に基づき水産庁で作成
　注：1）　「漁業経営調査報告」の個人経営体調査の漁船漁業の結果から10トン未満分を再集計し計算した。（　）内は漁労支出の構成割合（％）である。
　　　2）　「漁労外事業所得」とは、漁労外事業収入から漁労外事業支出を差し引いたものである。漁労外事業収入は、漁業経営以外に経営体が兼営する水産加工業、遊漁船業、民宿及び農業等の事業によって得られた収入のほか、漁業用生産手段の一時的賃貸料のような漁業経営にとって付随的な収入を含んでおり、漁労外事業支出はこれらに係る経費である。
　　　3）　平成23（2011）年調査は、岩手県、宮城県及び福島県の経営体を除く結果である。
　　　4）　平成24（2012）～30（2018）年調査は、東日本大震災により漁業が行えなかったこと等から、福島県の経営体を除く結果である。
　　　5）　漁家の所得には、事業所得のほか、漁業世帯構成員の事業外の給与所得や年金等の事業外所得が加わる。
　　　6）　漁労収入には、補助・補償金（漁業）を含めていない。

　沿岸漁船漁業を営む個人経営体には、数億円規模の売上げがあるものから、ほとんど販売を行わず自給的に漁業に従事するものまで、様々な規模の経営体が含まれます。平成30（2018）年における沿岸漁船漁業を営む個人経営体の販売金額を見てみると、300万円未満の経営体が全体の7割近くを占めており、また、こうした零細な経営体の割合は、平成25（2013）年と比べると平成30（2018）年にはやや減少していますが、平成20（2008）年と比べると増加しています（図2－3）。また、平成30（2018）年の販売金額を年齢階層別に見てみると、65歳以上の階層では、販売金額300万円未満が7割以上を占めており、かつ、75歳以上の階層では、販売金額100万円未満が5割以上を占めています（図2－4）。

　こうした状況の背景として、沿岸漁業者の高齢化が進む中で、高齢となった沿岸漁業者の多くは、自身の体力に合わせ、操業日数の短縮、肉体的負担の少ない漁業種類への特化など、縮小した経営規模の下で漁業を継続していることが考えられます。一方、64歳以下の階層の

沿岸漁業者では、65歳以上の階層と比較すると300万円未満の割合は少なく、64歳以下のいずれの階層でも平均販売金額は400万円を超えています。

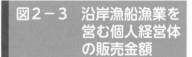

| 図2−3 | 沿岸漁船漁業を営む個人経営体の販売金額 |

| 図2−4 | 沿岸漁船漁業を営む個人経営体の販売金額の基幹的漁業従事者の年齢別の内訳及び年齢別の平均販売金額（平成30（2018）年） |

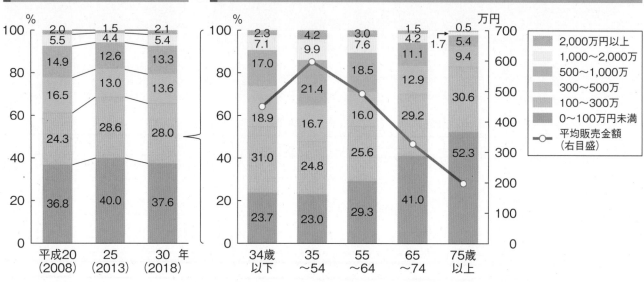

資料：農林水産省「漁業センサス」に基づき水産庁で作成
注：沿岸漁船漁業とは、船外機付漁船及び10トン未満の動力漁船を使用した漁業。

資料：農林水産省「2018年漁業センサス」（組替集計）に基づき水産庁で作成
注：1）沿岸漁船漁業とは、船外機付漁船及び10トン未満の動力漁船を使用した漁業。
　　2）平均販売金額は推測値。

（漁船漁業を営む会社経営体の営業利益は282万円）

　漁船漁業を営む会社経営体では、平均漁労利益の赤字が続いており、平成30（2018）年度には、漁労利益の赤字幅は前年から1,728万円増加して2,767万円となりました（表2−3）。これは、漁労支出が1,895万円減少したものの、漁獲量が増加した一方、価格が低下したことにより漁労収入が3,623万円減少したことによります。漁労支出の内訳を見ると、前年から労務費が1,078万円、漁船・漁具費が712万円、減価償却費が331万円、それぞれ減少している一方で、油費が753万円増加しています。減価償却費を除く前の償却前利益で見ると、黒字が続いているため、経営が継続できています。

　また、近年総じて増加傾向が続いてきた水産加工等による漁労外利益は、平成30（2018）年度には、前年から194万円増加して3,048万円となりました。この結果、漁労利益と漁労外利益を合わせた営業利益は282万円となりました。

表2-3 漁船漁業を営む会社経営体の経営状況の推移

（単位：千円）

		平成23年度 (2011)	24 (2012)	25 (2013)	26 (2014)	27 (2015)	28 (2016)	29 (2017)	30 (2018)
営業利益		△2,831	△729	△9,177	△7,756	10,416	12,665	18,152	2,817
漁労利益		△9,232	△10,083	△18,604	△19,508	△8,256	△17,308	△10,389	△27,666
	漁労収入（漁労売上高） 漁労支出	274,316 283,548 (100.0)	282,456 292,539 (100.0)	281,446 300,050 (100.0)	285,787 305,295 (100.0)	327,699 335,955 (100.0)	337,238 354,546 (100.0)	368,187 378,576 (100.0)	331,956 359,622 (100.0)
	雇用労賃（労務費）	85,477 (30.1)	91,397 (31.2)	89,355 (29.8)	92,981 (30.5)	105,940 (31.5)	114,969 (32.4)	121,838 (32.2)	111,054 (30.9)
	漁船・漁具費	11,287 (4.0)	12,108 (4.1)	13,778 (4.6)	14,753 (4.8)	18,155 (5.4)	23,187 (6.5)	28,520 (7.5)	21,398 (6.0)
	油費	57,843 (20.4)	58,831 (20.1)	61,745 (20.6)	60,854 (19.9)	54,299 (16.2)	43,119 (12.2)	47,110 (12.4)	54,639 (15.2)
	減価償却費	24,441 (8.6)	22,583 (7.7)	26,570 (8.9)	26,474 (8.7)	34,194 (10.2)	38,361 (10.2)	37,122 (9.8)	33,813 (9.4)
	販売手数料	11,654 (4.1)	12,413 (4.2)	11,889 (4.0)	11,941 (3.9)	14,650 (4.4)	14,073 (4.0)	15,143 (4.0)	14,011 (3.9)
漁労外利益		6,401	9,354	9,427	11,752	18,672	29,973	28,541	30,483
経常利益		7,919	13,194	1,698	9,396	27,237	20,441	24,020	13,206

資料：農林水産省「漁業経営調査報告」に基づき水産庁で作成
注：1) （　）内は漁労支出の構成割合（％）である。
　　2) 「漁労支出」とは、「漁労売上原価」と「漁労販売費及び一般管理費」の合計値である。

コラム　新しい操業・生産体制への転換に向けた実証事業の成果

　水産庁では、地域・グループの漁業者の新しい操業・生産体制への転換を促進するため、平成19（2007）年度から、省エネ・省人・省力化型の改革型漁船等新しい操業体制の収益性の実証事業（「もうかる漁業創設支援事業」）を継続して実施しており、13年間で171件の取組が行われ、漁業経営の収益性向上の成果が見られています。

　例えば、茨城県のはさき漁業協同組合が事業実施者となった大中型まき網漁業の事例（実証期間：平成21（2009）～26（2014）年度）では、運搬機能を有する網船の導入による船団縮小（4隻50名体制→2隻35名体制）及び省エネ機器の導入等によって、燃油使用量の55％削減及び氷代の43％削減が図られ、従前に比べて収益が確保できる操業体制へ転換することで、乗組員1人当たりの付加価値額[1]が、従前の10万円から実証期間の平均980万円へと向上し、次世代船建造に必要な償却前利益を確保できる漁業経営へ転換しました。

　また、山口県の山口県以東機船底曳網漁業協同組合が事業実施者となった沖合底びき網漁業の事例（実証期間：平成24（2012）～29（2017）年度）では、省エネ型漁船の導入による燃油費の削減（-13％）、漁船の小型化（75トン→69トン）及び省力型漁労機器の導入による省人化（21名→18名）等により、従前に比べて収益が確保できる操業体制へ転換することで、乗組員1人当たりの付加価値額が、従前の27万円から実証期間の平均184万円へと向上し、次世代船建造に必要な償却前利益を確保できる漁業経営へ転換しました。

　この事業で得られた成果については、広く漁業の現場に展開されることが期待されます。

＊1　乗組員1人当たりの付加価値額：（生産額−操業経費）÷乗組員数

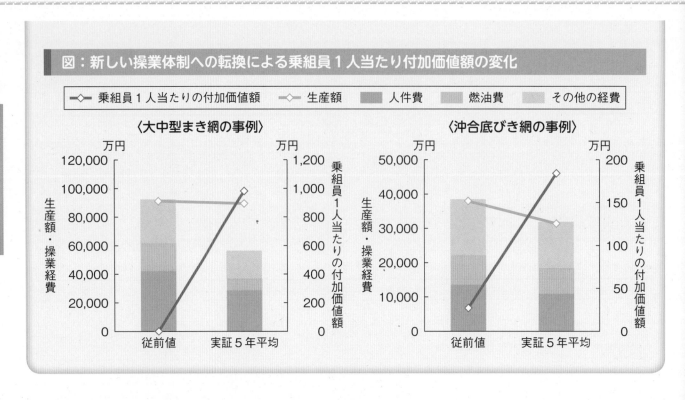

図：新しい操業体制への転換による乗組員1人当たり付加価値額の変化

〈大中型まき網の事例〉　　　〈沖合底びき網の事例〉

（10トン未満の漁船では船齢20年以上の船が全体の80％）

　我が国の漁業で使用される漁船については、引き続き高船齢化が進んでいます。令和元（2019）年度に指定漁業（大臣許可漁業）の許可を受けている漁船では、船齢20年以上の船が全体の60％、30年以上の船が全体の27％を占めています（図2−5）。また、平成30（2018）年度に漁船保険に加入していた10トン未満の漁船では、船齢20年以上の船が全体の80％、30年以上の船が全体の47％を占めました（図2−6）。

　漁船は漁業の基幹的な生産設備ですが、高船齢化が進んで設備の能力が低下すると、操業の効率を低下させるとともに、消費者が求める安全で品質の高い水産物の供給が困難となり、漁業の収益性を悪化させるおそれがあります。国では、高性能漁船の導入等により収益性の高い操業体制への転換を目指すモデル的な取組に対して、「漁業構造改革総合対策事業」による支援を行っています。

図2−5　指定漁業許可船の船齢の割合

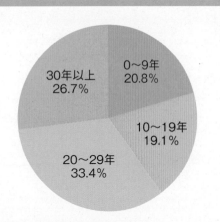

資料：水産庁調べ（令和元（2019）年度）
注：1)　指定漁業のうち、大型捕鯨業を除く。
　　2)　大中型まき網漁業については、探索船、灯船、運搬船及び
　　　海外まき網船を含む。

図2−6　10トン未満の漁船の船齢の割合

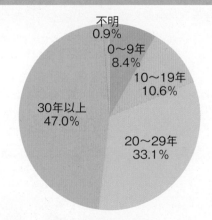

資料：水産庁調べ（平成30（2018）年度）

（燃油価格の水準は平成28（2016）年以来4年ぶりの低水準）

油費の漁労支出に占める割合は、沿岸漁船漁業を営む個人経営体で約17%、漁船漁業を営む会社経営体で約15%を占めており、燃油の価格動向は、漁業経営に大きな影響を与えます。過去10年ほどの間、燃油価格は、新興国における需要の拡大、中東情勢の流動化、投機資金の影響、米国におけるシェール革命、産油国の思惑、為替相場の変動等、様々な要因により大きく変動してきました（図2-7）。

このため、国は、燃油価格が変動しやすいこと、また、漁業経営に与える影響が大きいことを踏まえ、漁業者と国があらかじめ積立てを行い燃油価格が一定の基準以上に上昇した際に積立金から補てん金を交付する「漁業経営セーフティーネット構築事業」により、燃油価格高騰の際の影響緩和を図ることとしています。

燃油価格の水準は、平成28（2016）年以降上昇傾向で推移したため、平成29（2017）年10～12月期及び平成30（2018）年4～6月期以降平成30（2018）年10～12月期まで3期連続して補てん金が交付され、その後は高水準のまま推移しましたが、補てん基準価格を超えることはありませんでした。しかし、令和2（2020）年2月以降は、石油輸出国機構（OPEC）と非加盟産油国による協調減産交渉が決裂したこと、新型コロナウイルスの感染拡大により世界の経済活動が停滞し、原油需要が減退するとの懸念が高まったこと等から燃油価格が大幅に下落し、平成28（2016）年以来4年ぶりの低水準となっています。

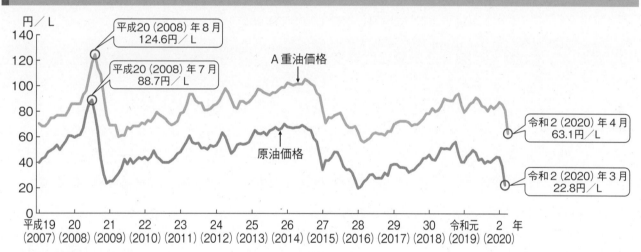

図2-7　燃油価格の推移

資料：水産庁調べ
注：A重油価格は、水産庁調べによる毎月1日現在の全国漁業協同組合連合会京浜地区供給価格。

ウ　養殖業の経営状況

（特集第2節（2））

（海面養殖業を営む個人経営体の平均漁労所得は763万円）

海面養殖業を営む個人経営体の平均漁労所得は変動が大きく、平成30（2018）年は、前年から402万円減少して763万円となりました（表2-4）。これは、漁労支出が10万円減少した一方、のり類養殖業の漁労収入が減少したため、漁労収入が412万円減少したことによります。

表2-4 海面養殖経営体（個人経営体）の経営状況の推移

（単位：千円）

	平成23年 (2011)	24 (2012)	25 (2013)	26 (2014)	27 (2015)	28 (2016)	29 (2017)	30 (2018)
事業所得	4,197	4,177	5,158	5,536	8,416	10,293	11,950	7,919
漁労所得	4,227	4,001	5,059	5,407	8,215	10,036	11,655	7,631
漁労収入	24,048	22,958	23,317	25,537	30,184	32,928	36,629	32,506
漁労支出	19,821 (100.0)	18,957 (100.0)	18,258 (100.0)	20,129 (100.0)	21,969 (100.0)	22,892 (100.0)	24,974 (100.0)	24,875 (100.0)
雇用労賃	3,243 (16.4)	3,120 (16.5)	2,793 (15.3)	3,166 (15.7)	3,305 (15.0)	2,647 (11.6)	2,936 (11.8)	3,331 (13.4)
漁船・漁具費	785 (4.0)	631 (3.3)	879 (4.8)	997 (5.0)	1,247 (5.7)	1,050 (4.6)	1,046 (4.2)	986 (4.0)
油費	1,160 (5.9)	1,216 (6.4)	1,240 (6.8)	1,311 (6.5)	1,122 (5.1)	1,002 (4.4)	1,202 (4.8)	1,317 (5.3)
餌代	3,646 (18.4)	3,583 (18.9)	3,695 (20.2)	3,644 (18.1)	4,270 (19.4)	5,264 (23.0)	5,624 (22.5)	4,750 (19.1)
種苗代	1,311 (6.6)	1,189 (6.3)	1,191 (6.5)	1,328 (6.6)	1,523 (6.9)	1,519 (6.6)	1,522 (6.1)	1,505 (6.0)
販売手数料	659 (3.3)	654 (3.4)	691 (3.8)	751 (3.7)	962 (4.4)	1,220 (5.3)	1,258 (5.0)	1,157 (4.7)
減価償却費	2,313 (11.7)	2,264 (11.9)	2,019 (11.1)	2,368 (11.8)	2,537 (11.5)	2,681 (11.7)	2,813 (11.3)	2,874 (11.6)
その他	6,703 (33.8)	6,300 (33.2)	5,750 (31.5)	6,564 (32.6)	7,003 (31.9)	7,509 (32.7)	8,573 (34.3)	8,954 (36.0)
漁労外事業所得	△ 30	176	99	129	202	257	295	288

資料：農林水産省「漁業経営調査報告」に基づき水産庁で作成
　注：1）「漁業経営調査報告」の個人経営体調査の海面養殖業（ぶり類養殖業、まだい養殖業、ほたてがい養殖業、かき類養殖業、わかめ類養殖業、のり類養殖業及び真珠養殖業）の結果から魚種ごとの経営体数で加重平均し作成した。（　）内は漁労支出の構成割合（%）である。
　　　2）「漁労外事業所得」とは、漁労外事業収入から漁労外事業支出を差し引いたものである。漁労外事業収入は、漁業経営以外に経営体が兼営する水産加工業、遊漁船業、民宿及び農業等の事業によって得られた収入のほか、漁業用生産手段の一時的賃貸料のような漁業経営にとって付随的な収入を含んでおり、漁労外事業支出はこれらに係る経費である。
　　　3）平成23（2011）年調査は、岩手県及び宮城県の経営体を除く結果である。平成24（2012）年調査は、かき類養殖業を除き、岩手県及び宮城県の経営体を除く結果である。平成25（2013）年調査ののり類養殖業は、宮城県の経営体を除く結果である。
　　　4）漁家の所得には、事業所得のほか、漁業世帯構成員の事業外の給与所得や年金等の事業外所得が加わる。
　　　5）平成28（2016）年調査において、調査体系の見直しが行われたため、平成28（2016）年以降海面養殖漁家からわかめ類養殖と真珠養殖が除かれている。
　　　6）漁労収入には、補助・補償金（漁業）を含めていない。

　漁労支出の構造は、魚類等を対象とする給餌養殖と、貝類・藻類等を対象とする無給餌養殖で大きく異なっています（図2-8）。給餌養殖においては餌代が漁業支出の約6割を占めますが、無給餌養殖では雇用労賃や漁船・漁具・修繕費が主な支出項目となっています。

図2-8 海面養殖業における漁労支出の構造

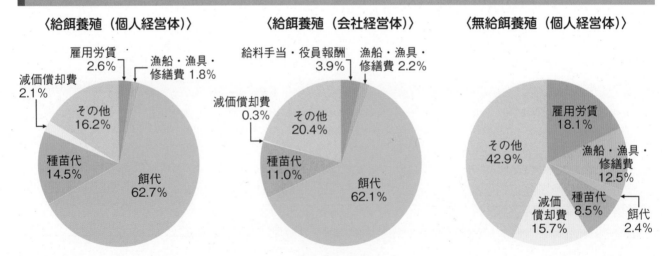

〈給餌養殖（個人経営体）〉
雇用労賃 2.6%
漁船・漁具・修繕費 1.8%
減価償却費 2.1%
その他 16.2%
種苗代 14.5%
餌代 62.7%

〈給餌養殖（会社経営体）〉
給料手当・役員報酬 3.9%
漁船・漁具・修繕費 2.2%
減価償却費 0.3%
その他 20.4%
種苗代 11.0%
餌代 62.1%

〈無給餌養殖（個人経営体）〉
雇用労賃 18.1%
漁船・漁具・修繕費 12.5%
種苗代 8.5%
餌代 2.4%
減価償却費 15.7%
その他 42.9%

資料：農林水産省「漁業経営調査報告」（平成30（2018）年）に基づき水産庁で作成
　注：給餌養殖は、「漁業経営調査報告」の個人経営体及び会社経営体調査の養殖業の結果からぶり類養殖業及びまだい養殖業分を再集計し作成した。無給餌養殖は、「漁業経営調査報告」の個人経営体調査の養殖業の結果からほたてがい養殖業、かき類養殖業及びのり類養殖業分を再集計し作成した。

（養殖用配合飼料の低魚粉化、配合飼料原料の多様化を推進）

養殖用配合飼料の価格動向は、給餌養殖業の経営を大きく左右します。近年、中国を始めとした新興国における魚粉需要の拡大を背景に、配合飼料の主原料である魚粉の輸入価格は上昇傾向で推移してきました。これに加え、平成26（2014）年夏から平成28（2016）年春にかけて発生したエルニーニョの影響により、最大の魚粉生産国であるペルーにおいて魚粉原料となるペルーカタクチイワシ（アンチョビー）の漁獲量が大幅に減少したことから、魚粉の輸入価格は、平成27（2015）年4月のピーク時には、1トン当たり約21万円と、10年前（平成17（2005）年）の年間平均価格の約2.6倍まで上昇しました（図2－9）。その後、魚粉の輸入価格は下落傾向を示し、やや落ち着いて推移していますが、国際連合食糧農業機関（FAO）は、世界的に需要の強い状況が続くことから、魚粉価格が高い水準で持続すると予測しています。

国では、魚の成長とコストの兼ね合いがとれた養殖用配合飼料の低魚粉化、配合飼料原料の多様化を推進するとともに、燃油の価格高騰対策と同様に、配合飼料価格が一定の基準以上に上昇した際に、漁業者と国による積立金から補てん金を交付する「漁業経営セーフティーネット構築事業」により、飼料価格高騰による影響の緩和を図っています。本事業が開始された平成22（2010）年4月から令和元（2019）年12月末までの間に、25回補てん金が交付（うち18回は連続して交付）されました。

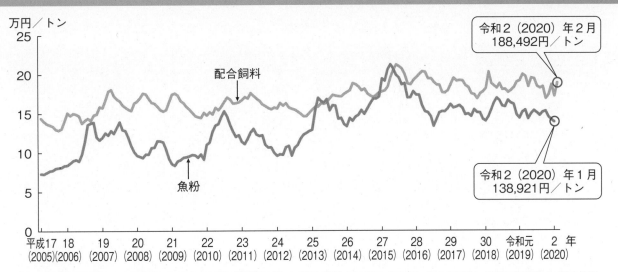

図2－9　配合飼料及び輸入魚粉価格の推移

資料：財務省「貿易統計」（魚粉）、（一社）日本養魚飼料協会調べ（配合飼料、平成25（2013）年6月以前）及び水産庁調べ（配合飼料、平成25（2013）年7月以降）

エ　所得の向上を目指す「浜の活力再生プラン」

（特集第3節（2）イ）

（全国で647地区の「浜の活力再生プラン」が取組を実施）

多様な漁法により多様な魚介類を対象とした漁業が営まれている我が国では、漁業の振興のための課題は地域や経営体によって様々です。このため、各地域や経営体が抱える課題に適切に対応していくためには、トップダウンによる画一的な方策によるのではなく、地域の漁業者自らが地域ごとの実情に即した具体的な解決策を考えて合意形成を図っていくことが必要です。国は、平成25（2013）年度より、各漁村地域の漁業所得を5年間で10%以上向上させることを目標に、地域の漁業の課題を漁業者自らが地方公共団体等とともに考え、解決

の方策を取りまとめて実施する「浜の活力再生プラン」を推進しています。国の承認を受けた「浜の活力再生プラン」に盛り込まれた浜の取組は関連施策の実施の際に優先的に採択されるなど、目標の達成に向けた支援が集中して行われる仕組みとなっています。

　令和2（2020）年3月末時点で、全国で647地区[*1]の「浜の活力再生プラン」が、国の承認を受けて、各取組を実施しており、その内容は、地域ブランドの確立や消費者ニーズに沿った加工品の開発等により付加価値の向上を図るもの、輸出体制の強化を図るもの、観光連携を強化するものなど、各地域の強みや課題により多様です（図2－10）。なお、平成30（2018）年度で第1期の5か年計画を終えたプランの多くが、それまでの取組実績や成果を踏まえ、令和元（2019）年4月から新たに第2期「浜の活力再生プラン」をスタートさせています。

図2－10　「浜の活力再生プラン」の取組内容の例

【収入向上の取組例】

資源管理しながら生産量を増やす

○漁獲量増大：種苗放流、食害動物駆除、雑海藻駆除、海底耕耘、施肥（堆肥ブロック投入）、資源管理の強化など
○新規漁業開拓：養殖業、定置網、新たな養殖種の導入など

魚価向上や高付加価値化を図る

○品質向上：活締め・神経締め・血抜き等による高鮮度化、スラリーアイス・シャーベット氷の活用、細胞のダメージを低減する急速凍結技術の導入、活魚出荷、養殖餌の改良による肉質改善
○衛生管理：殺菌冷海水の導入、HACCP対応、食中毒対策の徹底など

商品を積極的に市場に出していく

○商品開発：低未利用魚等の加工品開発、消費者ニーズに対応した惣菜・レトルト食品・冷凍加工品開発など
○出荷拡大：大手量販店・飲食店との連携、販路拡大、市場統合など
○消費拡大：直販、お魚教室や学校給食、魚食普及、PRイベント開催

【コスト削減の取組例】

省燃油活動、省エネ機器導入

○船底清掃や漁船メンテナンスの強化
○省エネ型エンジンや漁具、加工機器の導入
○漁船の積載物削減による軽量化

協業化による経営合理化

○操業見直しによる操業時間短縮や操業隻数削減など
○協業化による人件費削減、漁具修繕・補修費削減など

　これまでの「浜の活力再生プラン」の取組状況を見てみると、平成30（2018）年度に第1期の「浜の活力再生プラン」を終了した地区のうち、61％の地区では所得目標を上回りました（図2－11）。所得の増減の背景は地区ごとに様々ですが、所得目標を上回った地区については、特に魚価の向上が見られた地区が多く、一方で目標達成に至らなかった地区については、特に出荷量の減少した地区が顕著となっています。また、取組地域からの聞き取りによると、魚価向上に寄与した取組としては、鮮度・品質向上の取組、積極的なPRやブランド化の取組等が挙げられており、出荷量の減少した要因としては、不漁、資源の減少や荒天の増加等が多く挙げられています。

[*1]　第1期から第2期への更新手続中のものを含む。

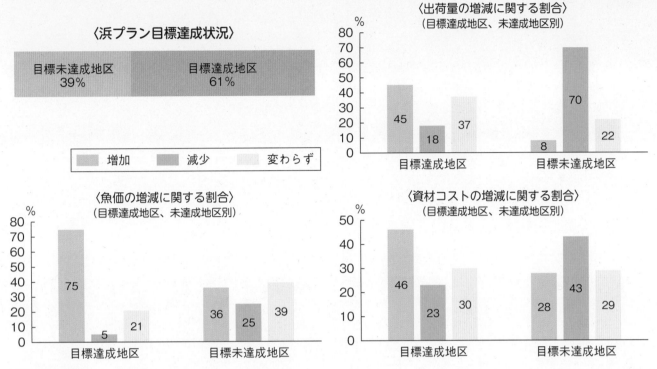

図2－11　「浜の活力再生プラン」の取組状況（平成30（2018）年度速報値）

資料：水産庁調べ

　また、平成27（2015）年度からは、より広域的な競争力強化のための取組を行う「浜の活力再生広域プラン」も推進しています。「浜の活力再生広域プラン」には、「浜の活力再生プラン」に取り組む地域を含む複数の地域が連携し、それぞれの地域が有する産地市場、加工・冷凍施設等を集約・再整備したり、施設の再編に伴って空いた漁港内の水面を増養殖や蓄養向けに転換する浜の機能再編の取組や、「浜の活力再生広域プラン」において中核的漁業者として位置付けられた者が、競争力強化を実践するために必要な漁船をリース方式により円滑に導入する取組等が盛り込まれ、国の関連施策の対象として支援がなされます。令和2（2020）年3月末までに、全国で154件の「浜の活力再生広域プラン」が策定され、実施されています。

　今後とも、これら再生プランの枠組みに基づき、各地域の漁業者が自律的・主体的にそれぞれの課題に取り組むことにより、漁業所得の向上や漁村の活性化につながることが期待されます。

事例　地域ごとの事情に即した「浜の活力再生プラン」

1．生産から流通・消費に至る総合的な取組
（兵庫県地域水産業再生委員会・但馬沖合底びき網漁業部会）
　兵庫県の日本海側に位置する但馬地域は、古くから沖合漁業を中心に発展してきました。その中で沖合底びき網漁業は、地域の7割の漁獲量を占め、主にズワイガニ、カレイ類、ハタハタ、ホタルイカなどを漁獲しています。

当地域では、但馬漁業協同組合、浜坂漁業協同組合、関係市町、兵庫県漁連及び兵庫県が構成員となる地域水産業再生委員会を組織し、平成26（2014）年度から「浜の活力再生プラン」の取組を実施してきました。

　主な取組としては、漁獲物の船内凍結や冷却海水水槽による鮮度保持対策の実施、急速冷凍機器の導入による高鮮度で風味や食感を保った新商品の開発・販売の実施が挙げられます。船内凍結品や活魚の取扱量は、取組前と比較して約2倍（金額ベース）に増加しました。

　また、販路拡大や消費拡大の取組も積極的に実施しており、例えば、大手量販店との連携による旬の魚介類の販売促進や試食イベント等の開催、都市部のレストランへの地元水産物の普及・PR等を行っています。

　そのほか、観光業界と連携した地元水産物による観光客の呼び込みや各漁業協同組合の青壮年部及び女性部による魚食普及、資源管理の取組の徹底等も合わせて実践しており、生産から流通・消費に至る総合的な取組により、5年間で1割以上の漁業所得の向上を達成しました。

冷却海水水槽の活ズワイガニ

急速冷凍機器による鮮度を保った
ホタルイカの新商品「浜ほたる」
（写真提供：兵庫県漁連）

地域のイベントで数万人の
観光客を呼び込みPR

2. 定置網漁業を中心とした複合漁業の実践（串間市東地区地域水産業再生委員会）

　宮崎県の最南端に位置する当該地域は、大型・小型定置網漁業を中心に、ひき縄・一本釣り漁業等多様な沿岸漁業が行われており、ブリ、アジ等の回遊魚の漁獲を主体とする漁業地域です。

　串間市東漁業協同組合、串間市及び宮崎県は、地域水産業再生委員会を組織し、平成26（2014）年度から「浜の活力再生プラン」に基づく取組を推進しています。これまでに、定置網漁業を軸にしつつ、各漁業者が複合的に漁業等を実施することを可能とする体制作りや地域一体となったブランド化、消費拡大の取組を実践してきました。

　具体的には、大型定置網では当番制を採用することで、当番以外の空き時間には個人で出漁することや加工品の製造・販売などを行うことを可能とし、定置網漁業を基本にしつつ、各自が工夫して所得の向上に取り組んでいます。

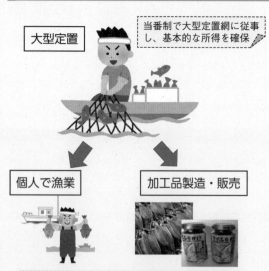

図：定置網漁業を中心とした複合漁業

大型定置

当番制で大型定置網に従事し、基本的な所得を確保

個人で漁業　　　加工品製造・販売

当番以外の日・時間は、個人が主体的に漁や加工品販売等を実施することで、更なる所得を確保

　このほか、水揚漁港、鮮度管理、魚体サイズ、脂質量などの統一した基準によるマアジの地域ブランド化、漁業協同組合や定置網業者による都市漁村交流や地元水産物の魚食普及などに地域が一体となって取り組むことで、5年間で1割以上の漁業所得の向上を達成しました。

（3）　水産業の就業者をめぐる動向

ア　漁業就業者の動向

（特集第2節（3））

（漁業就業者は15万1,701人）

　我が国の漁業就業者は一貫して減少傾向にあり、平成30（2018）年には前年から1％減少して15万1,701人となっています（図2-12）。

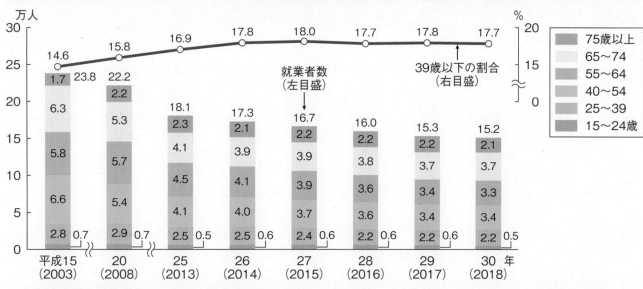

図2-12　漁業就業者数の推移

資料：農林水産省「漁業センサス」（平成15（2003）年、20（2008）年、25（2013）年及び30（2018）年）及び「漁業就業動向調査」（平成26（2014）～29（2017）年）
注：1）「漁業就業者」とは、満15歳以上で過去1年間に漁業の海上作業に30日以上従事した者。
　　2）平成20（2008）年以降は、雇い主である漁業経営体の側から調査を行ったため、これまでは含まれなかった非沿海市町村に居住している者を含んでおり、平成15（2003）年とは連続しない。

イ　新規漁業就業者の確保に向けた取組

（特集第3節（2）イ）

（国では新規就業者の段階に応じた支援を実施）

　我が国の漁業経営体の大宗を占めるのは、家族を中心に漁業を営む漁家であり、こうした漁家の後継者の主体となってきたのは漁家で生まれ育った子弟です。しかしながら、近年、生活や仕事に対する価値観の多様化により、漁家の子弟が必ずしも漁業に就業するとは限らなくなっています。一方、新規漁業就業者のうち、他の産業から新たに漁業就業する人はおおむね6割[*1]を占めており、就業先・転職先として漁業に関心を持つ都市出身者も少なくありません。こうした潜在的な就業希望者を後継者不足に悩む漁業経営体や地域とつなぎ、意欲のある漁業者を確保し担い手として育成していくことは、水産物の安定供給のみならず、漁業・漁村の持つ多面的機能の発揮や地域の活性化の観点からも重要です。

　このような状況を踏まえ、水産庁では、平成14（2002）年から、漁業経験ゼロからでも漁業に就業・定着できるよう、全国各地で漁業就業相談や漁業を体験する就業準備講習会の開催を支援しています。さらに、就職氷河期世代（現在、30代半ばから40代半ばに至っている、

＊1　都道府県が実施している新規就業者に関する調査から水産庁で推計。

雇用環境が厳しい時期に就職活動を行った世代）を含む新規就業者の確保と定着を促進するため、通信教育等を通じたリカレント教育（学び直し）を整備し、その受講を支援するほか、漁業学校で学ぶ者に対して資金を交付するとともに、就業希望者が、漁業就業後も引き続き漁業に定着するよう漁業現場でのOJT[*1]方式での長期研修を支援するなど、新規就業者の段階に応じた支援を行っています（図2－13）。

図2－13　国内人材確保及び海技士資格取得に関する国の支援事業

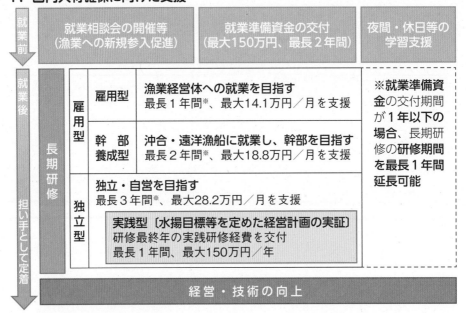

さらに、国の支援に加えて、各都道府県・市町村においても地域の実情に応じた各種支援が行われています（表2－5）。

表2－5　地方公共団体による支援の例

地方公共団体	内　　　　容
青　森　県	漁業体験研修を実施
福　井　県	新規漁業就業者の収入安定対策として貸付金を貸与（返還免除制度あり）
和歌山県有田市	新規漁業就業者に対して家賃を補助
島　根　県	漁業経営開始後に経営安定資金を貸与（返還免除制度あり）
山口県周南市	漁業研修を受ける者に対して家賃を補助
宮崎県都農町	漁船や機器等の取得費を支援

資料：水産庁調べ

---

*1　On-the-Job Training：日常の業務を通じて必要な知識・技能を身に着けさせ、生産技術について学ぶ職業訓練。

また、特に沖合・遠洋漁業においては、漁船の運航に必要な海技士の確保が深刻な課題となっています。漁船漁業の乗組員不足に対応するため、平成29（2017）年2月に官労使からなる「漁船乗組員確保養成プロジェクト」（事務局：一般社団法人大日本水産会）が創設され、水産庁もこの取組を支援しています。

プロジェクトの取組の1つに水産高校生を対象とした「漁業ガイダンス」があり、全国の水産高校に漁業経営者自らが出向いての求人活動や、漁業の魅力や実際の漁労作業等を生徒に直接説明し、漁業を知ってもらう活動を行っています。これまでは、漁業関係者と水産高校との連携があまり進んでおらず、漁業の情報が水産高校に十分に発信されない、求人票も届かないという現状がありました。また、教育現場で漁船漁業を経験した指導者も少なくなっており、生徒が漁業に対するイメージを持ちにくいという実態もありました。しかし、漁業ガイダンスの実施により、参加した生徒が漁業に興味や具体的なイメージを持ち、また、参加した企業からも、生徒だけでなく先生とのつながりを持つきっかけとなり、更なる連携につながっていくと高く評価されています。プロジェクトの取組は拡大しており、今後、水産高校生の漁船漁業への就業が期待されます。

このように、国と地域の両方の継続的な支援により、漁業に参入しやすい環境を整え、漁業の担い手を育成していくことが重要です。

ウ　漁業における海技士の確保・育成

（特集第3節（2）イ）

（漁業における海技士の高齢化と不足が深刻化）

20トン以上の船舶で漁業を営む場合は、漁船の航行の安全性を確保するため、それぞれの漁船の総トン数等に応じて、船長、機関長、通信長等として乗り組むために必要な海技資格の種別や人数が定められています。

海技免許を取得するためには国土交通大臣が行う海技士国家試験に合格する必要がありますが、航海期間が長期にわたる遠洋漁業においては、乗組員がより上級の海技免許を取得する機会を得にくいという実態があります。また、就業に対する意識や進路等が多様化する中で、水産高校等の卒業生が必ずしも漁業に就業するわけではなく、これまで地縁や血縁等の縁故採用が主であったこととあいまって、漁業における海技士の高齢化と不足が深刻化しています。

海技士の確保と育成は我が国の沖合・遠洋漁業の喫緊の課題であり、必要な人材を確保できず、操業を見合わせるようなことがないよう、関係団体等では、漁業就業相談会や水産高校等への積極的な働きかけを通じて乗組員を募るとともに、乗船時における海技免許の取得を目指した計画的研修の取組や免許取得費用の助成を行っています。

国では、平成30（2018）年度から、水産高校卒業生を対象とした新たな四級海技士養成のための履修コースを設置する取組について支援を行い、令和元（2019）年度から6か月間の乗船実習を含む新たな履修コースが水産大学校で開始されました。これにより、従来、水産高校卒業生が四級海技士試験を受験するのに必要な卒業後1年9か月間の乗船履歴を短縮することが可能となり、水産高校卒業生の早期の海技士資格の取得が期待されます。

また、令和2（2020）年度より、総トン数20トン以上長さ24m未満の中規模漁船で100海里内の近海を操業するものについて、安全の確保を前提に、併せて必要となる措置等を講じた上で、これまでの海技士（航海）及び海技士（機関）の2名の乗組みを、小型船舶操縦士1名の乗組みで航行が可能となるよう、海技資格制度の見直しが行われました。

エ　女性の地位向上と活躍

（漁業・漁村における女性の一層の地位向上と活躍を推進）

　女性の地位向上と活躍の推進は、漁業・漁村の課題の１つです。海上での長時間にわたる肉体労働が大きな部分を占める漁業においては、就業者に占める女性の割合は約12％となっていますが、漁獲物の仕分や選別、カキの殻むきといった水揚げ後の陸上作業や、漁獲物の主要な需要先である水産加工業においては、女性がより大きな役割を果たしています。このように、海女漁等の伝統漁業のみならず、水産物の付加価値向上に不可欠な陸上での活動を通し、女性の力は水産業を支えています。

　一方、女性が漁業経営や漁村において重要な意思決定に参画する機会は、いまだ限定的です。例えば、平成30（2018）年の全国の漁業協同組合（以下「漁協」といいます。）における正組合員に占める女性の割合は5.5％となっています。また、漁協の女性役員は、近年少しずつ増加してきてはいるものの、全体の0.5％に過ぎません（表２−６）。

表２−６　漁業協同組合の正組合員及び役員に占める女性の割合

	女性正組合員数	女性役員数
平成23年 （2011）	9,907人（5.8％）	39人（0.4％）
24 （2012）	9,436人（5.6％）	37人（0.4％）
25 （2013）	8,363人（5.4％）	44人（0.5％）
26 （2014）	8,077人（5.4％）	44人（0.5％）
27 （2015）	8,071人（5.6％）	50人（0.5％）
28 （2016）	7,971人（5.7％）	50人（0.5％）
29 （2017）	7,679人（5.7％）	51人（0.5％）
30 （2018）	7,158人（5.5％）	47人（0.5％）

資料：農林水産省「水産業協同組合統計表」

　平成27（2015）年12月に閣議決定された「第４次男女共同参画基本計画」においては、農山漁村における地域の意思決定過程への女性の参画の拡大を図ることや、漁村の女性グループが行う起業的な取組を支援すること等によって女性の経済的地位の向上を図ること等が盛り込まれています。

　漁業・漁村において女性の一層の地位向上と活躍を推進するためには、固定的な性別役割分担意識を変革し、家庭内労働を男女が分担していくことや、漁業者の家族以外でも広く漁村で働く女性の活躍の場を増やすこと、さらには、保育所の充実等により女性の社会生活と家庭生活を両立するための支援を充実させていくことが重要です。国は、水産物を用いた特産品の開発、消費拡大を目指すイベントの開催、直売所や食堂の経営等、漁村コミュニティにおける女性の様々な活動を推進するとともに、子供待機室や調理実習室等、女性の活動を支援する拠点となる施設の整備を支援しています。

　また、平成30（2018）年11月に発足した「海の宝！水産女子の元気プロジェクト」は、水産業に従事する女性の知恵と多様な企業等の技術、ノウハウを結び付け、新たな商品やサービスの開発等を進める取組であり、水産業における女性の存在感と水産業の魅力を向上させることを目指しています。これまで、同プロジェクトのメンバーによる講演や企業等と連携したイベントへの参加等の活動が行われています。このような様々な活動や情報発信を通して、女性にとって働きやすい水産業の現場改革及び女性の仕事選びの対象としての水産業の魅力向上につながることが期待されます。

第1部

第2章

事 例　　**食べる磯焼け対策！！「そう介（イスズミ）のメンチカツ」**

　「海の宝！水産女子の元気プロジェクト」メンバーの犬束（いぬつか）ゆかりさんは、長崎県対馬（つしま）市の有限会社丸徳（まるとく）水産で水産加工の仕事に従事しています。

　地元の浜で深刻な状況となっている磯焼け（海藻類が枯れる現象）の原因の１つといわれている食害魚「イスズミ」を食べることにより、駆除する魚から新たな水産資源へとする活動を始めました。

　この「イスズミ」は独特の磯臭さのある魚で、地元では魚価も低く駆除する魚といわれていました。これを何とか食用として利用できないかと様々な機関に出かけ、研究を重ねた結果、臭みを抑える下処理方法を開発し、すり身として製品化につなげました。また、イスズミを「そう介」と呼び、磯臭さや厄介な魚とレッテルを貼られたイスズミの固定概念を覆す「そう介プロジェクト」を立ち上げました。

　令和元（2019）年11月に開催された「第7回Fish−１グランプリ」（国産水産物流通促進センター（構成員：JF全漁連）主催）の国産魚ファストフィッシュ商品コンテストでは、このイスズミを使った「そう介のメンチカツ」を出品し、見事グランプリを受賞しました。

　このような活動が、水産物の価値を高め、さらには浜を元気にする取組として各地でも発展していくことが期待されます。

第７回Fish・１グランプリ授賞式での犬束さん（前列中央）

そう介プロジェクトのチラシ
（資料提供：（有）丸徳水産）

オ　外国人労働をめぐる動向

（特集第2節（3）、（6））

（漁業・養殖業における技能実習の適正化及び特定技能外国人の受入れ）

　遠洋漁業に従事する我が国の漁船の多くは、主に海外の港等で漁獲物の水揚げや転載、燃料や食料等の補給、乗組員の交代等を行いながら操業しており、航海日数が1年以上に及ぶこともあります。このような遠洋漁業においては、日本人漁船員の確保・育成に努めつつ、一定の条件を満たした漁船に外国人が漁船員として乗り組むことが認められており、令和元（2019）年12月末現在、4,302人の外国人漁船員がマルシップ方式[*1]により日本漁船に乗り組んでいます。

　また、平成30（2018）年12月に成立した「出入国管理及び難民認定法及び法務省設置法の一部を改正する法律[*2]」を受け、新たに創設された在留資格「特定技能」の漁業分野（漁業、養殖業）及び飲食料品製造業分野（水産加工業を含む。）においても、平成31（2019）年4月以降、一定の基準[*3]を満たした外国人の受入れが始まりました。今後は、このような外国人と共生していくための環境整備が重要であり、漁業活動やコミュニティ活動の核となっている漁協等が、受入れ外国人との円滑な共生において適切な役割を果たすことが期待されることから、国においても必要な支援を行うこととしています。令和元（2019）年12月末現在、漁業分野の特定技能1号在留外国人数は21人となっています。

　外国人技能実習制度については、水産業においては、漁業・養殖業における9種の作業[*4]及び水産加工業における8種の作業[*5]について技能実習が実施されており、技能実習生は、現場での作業を通じて技能等を身に着け、開発途上地域等の経済発展を担っていきます。

　漁業・養殖業分野における技能実習生は年々増加しており、漁船漁業職種は1,738人（平成31（2019）年3月1日現在）[*6]、養殖業職種は1,851人（平成31（2019）年3月31日現在、推計値）[*7]となっています。国は、海上作業の伴う漁業・養殖業について、その特有の事情に鑑みて、技能実習生の数や監理団体による監査の実施に関して固有の基準を定めるとともに、平成29（2017）年12月、漁業技能実習事業協議会を設立し、事業所管省庁及び関係団体が協議して技能実習生の保護を図る仕組みを設けるなど、漁業・養殖業における技能実習の適正化に努めています。

[*1] 我が国の漁業会社が漁船を外国法人に貸し出し、外国人漁船員を配乗させた上で、これを定期用船する方式。

[*2] 平成30（2018）年法律第102号

[*3] 各分野の技能試験及び日本語試験への合格又は各分野と関連のある職種において技能実習2号を良好に修了していること等。

[*4] かつお一本釣り漁業、延縄（はえなわ）漁業、いか釣り漁業、まき網漁業、ひき網漁業、刺し網漁業、定置網漁業、かに・えびかご漁業及びほたてがい・まがき養殖作業

[*5] 節類製造、加熱乾製品製造、調味加工品製造、くん製品製造、塩蔵品製造、乾製品製造、発酵食品製造及びかまぼこ製品製造作業

[*6] 技能実習評価試験実施機関調べ

[*7] 水産庁調べ（協議会証明書交付件数から推計）

（4）　漁業労働環境をめぐる動向

ア　漁船の事故及び海中転落の状況
（漁業における災害発生率は陸上における全産業の平均の約6倍）

　令和元（2019）年の漁船の船舶海難隻数は510隻、漁船の船舶海難に伴う死者・行方不明者数は36人となりました（図2−14）。漁船の事故は、全ての船舶海難隻数の約3割、船舶海難に伴う死者・行方不明者数の約6割を占めています。漁船の事故の種類としては衝突が最も多く、その原因は、見張り不十分、操船不適切、気象海象不注意といった人為的要因が多くを占めています。

　漁船は、進路や速度を大きく変化させながら漁場を探索したり、停船して漁労作業を行ったりと、商船とは大きく異なる航行をします。また、操業中には見張りが不十分となることもあり、さらに、漁船の約9割を占める5トン未満の小型漁船は大型船からの視認性が悪いなど、事故のリスクを抱えています。

図2−14　漁船の船舶海難隻数及び船舶海難に伴う死者・行方不明者数の推移

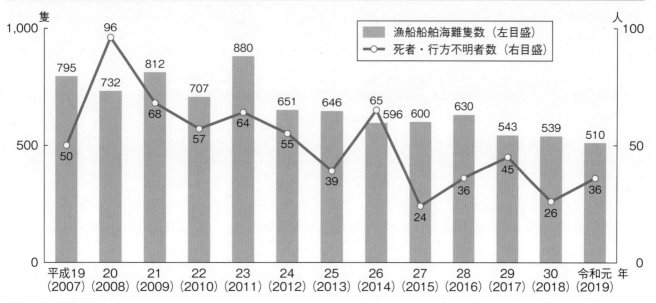

資料：海上保安庁調べ

　船上で行われる漁労作業では、不慮の海中転落[*1]も発生しています。令和元（2019）年における漁船からの海中転落者は81人となり、そのうち51人が死亡又は行方不明となっています（図2−15）。

　また、船舶海難や海中転落以外にも、漁船の甲板上では、機械への巻き込みや転倒等の思わぬ事故が発生しがちであり、漁業における災害発生率は、陸上における全産業の平均の約6倍と、高い水準が続いています（表2−7）。

[*1]　ここでいう海中転落は、衝突、転覆等の船舶海難以外の理由により発生した船舶の乗船者の海中転落をいう。

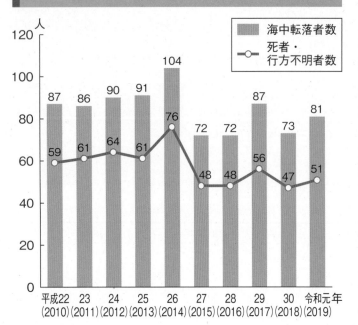

図2-15　海中転落者数及び海中転落による死者・行方不明者数の推移

人

- 海中転落者数
- 死者・行方不明者数

平成22 (2010) 87 / 59
23 (2011) 86 / 61
24 (2012) 90 / 64
25 (2013) 91 / 61
26 (2014) 104 / 76
27 (2015) 72 / 48
28 (2016) 72 / 48
29 (2017) 87 / 56
30 (2018) 73 / 47
令和元年 (2019) 81 / 51

資料：海上保安庁調べ

表2-7　船員及び陸上労働者災害発生率

（単位：千人率）

	平成28年度 (2016)	29 (2017)	30 (2018)
船員（全船種）	8.5	7.9	8.4
漁船	12.8	11.6	12.7
一般船舶	6.5	6.2	5.6
陸上労働者（全産業）	2.2	2.2	2.3
林業	31.2	32.9	22.4
鉱業	9.2	7.0	10.7
運輸業（陸上貨物）	8.2	8.4	8.9
建設業	4.5	4.5	4.5

資料：国土交通省「船員災害疾病発生状況報告（船員法第111条）集計書」
注：1）陸上労働者の災害発生率（暦年）は、厚生労働省の「職場のあんぜんサイト」で公表されている統計値。
　　2）災害発生率は、職務上休業4日以上の死傷者の数値。

イ　漁業労働環境の改善に向けた取組

（特集第3節（2）イ）

（漁業者の海中転落時のライフジャケット着用者の生存率は、非着用者の約2倍）

　漁業労働における安全性の確保は、人命に関わる課題であるとともに、漁業に対する就労意欲にも影響します。これまでも、技術の向上等により漁船労働環境における安全性の確保が進められてきましたが、漁業労働にはなお、他産業と比べて多くの危険性が伴います。このため、引き続き、安全に関する技術の開発と普及を通して、より良い労働環境づくりを推進していくことが重要です。

　国では、全国で「漁業カイゼン講習会」を開催して漁業労働環境の改善や海難の未然防止に関する知識を持った安全推進員等を養成し、漁業者自らが漁業労働の安全性を向上させる取組を支援しています。

　また、海中転落時には、ライフジャケットの着用が生存に大きな役割を果たします。令和元（2019）年のデータでは、漁業者の海中転落時のライフジャケット着用者の生存率（75%）は、非着用者の生存率（40%）の約2倍です（図2-16）。平成30（2018）年2月以降、小型船舶におけるライフジャケットの着用義務の範囲が拡大され、原則、船室の外にいる全ての乗船者にライフジャケットの着用が義務付けられました[*1]。しかしながら、「かさばって作業しづらい」、「着脱しにくい」、「夏場に暑い」、「引っかかったり巻き込まれたりするおそれがある」等の理由から、令和元（2019）年の海中転落時におけるライフジャケット着用率は約6割となっています。国では、より着用しやすく動きやすいライフジャケットの普及を促進するとともに、引き続き着用率の向上に向けた周知啓発活動を行っていくこととしてい

---

*1　着用義務に違反した場合、小型船舶であっても、船長（小型船舶操縦士免許の所有者）に違反点数が付与され、違反点数が行政処分基準に達すると最大で6か月の免許停止（業務停止）となる場合がある。なお、義務の範囲の拡大に係る違反点数の付与は、令和4（2022）年2月1日より開始。

ます。また、関係省庁と連携してAIS[*1]の普及促進のための周知啓発活動等による利用の促進を図っていくとともに、AISの搭載ができない小型漁船の安全性向上のため、漁船の自船位置及び周辺船舶の位置情報等をスマートフォンに表示して船舶の接近等を漁業者にアラームを鳴らして知らせることにより、衝突、乗揚事故を回避するための実証試験が進められています。

図2−16　ライフジャケットの着用・非着用別の漁船からの海中転落者の生存率

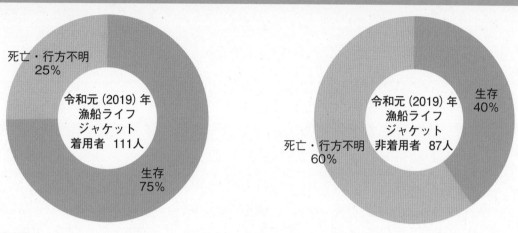

死亡・行方不明
25%

令和元（2019）年
漁船ライフ
ジャケット
着用者　111人

生存
75%

令和元（2019）年
漁船ライフ
ジャケット
非着用者　87人

生存
40%

死亡・行方不明
60%

資料：海上保安庁調べ

（海上のブロードバンド通信環境の普及を推進）

陸上では、大容量の情報通信インフラの整備が進み、家族や友人等とのコミュニケーションの手段としてSNS[*2]などが普及しています。一方、海上では、衛星通信が利用されていますが、大容量の情報通信インフラの整備が遅れていること、利用者が船舶関係者に限定され需要が少ないこと、従量制料金のサービスが中心で定額制料金のサービスが始まったばかりであることなど陸上と異なる制約があるため、ブロードバンドの普及に関して、陸上と海上との格差（海上のデジタル・ディバイド）が広がっています。

このため、船員・乗客が陸上と同じようにスマートフォンを利用できる環境を目指し、利用者である船舶サイドのニーズも踏まえた海上ブロードバンドの普及が喫緊の課題となっています。水産庁では、総務省や国土交通省と連携し、漁業者のニーズに応じたサービスが提供されるよう通信事業者等を交えた意見交換を実施したり、新たなサービスについて水産関係団体へ情報提供を行ったりするなど、海上ブロードバンドの普及を図っています。

（5）「スマート水産業」の推進等に向けた技術の開発・活用

（特集第3節（2）イ）

（水産業の各分野でICT・AI等の様々な技術開発及び導入・普及を推進）

漁業生産量の減少、漁業従事者の高齢化・減少など厳しい現状に直面している水産業を成長産業に変えていくためには、漁業の基礎である水産資源の維持・回復に加え、近年技術革

---

*1　Automatic Identification System：自動船舶識別装置。洋上を航行する船舶同士が安全に航行するよう、船舶の位置、針路、速力等の航行情報を相互に交換することにより、衝突を予防することができるシステム。

*2　Social Networking Service：登録された利用者同士が交流できるWebサイトのサービス。

新が著しいICT*1・IoT*2・AI*3等の情報技術やドローン・ロボット等の技術を漁業・養殖業の現場へ導入・普及させていくことが重要です。これらの分野では、民間企業等で様々な技術開発や取組が進められていますが、その成果を導入・普及させていくとともに、更なる高度化を目指した検討・実証を進めていくことが重要です。

例えば、漁船漁業の分野では、従来、経験や勘に基づき行われてきた沿岸漁船の漁場の探索を支援するため、ICTを活用して、水温や塩分、潮流等の漁場環境を予測し、漁業者のスマートフォンに表示するための実証実験や、沖合・遠洋漁業では、かつお一本釣り漁船への自動釣機導入に向けた実証等が進められています。このような新技術の導入が進むことで、データに基づく効率的な漁業や、省人・省力化による収益性の高い漁業の実現が期待されます。

養殖業の分野では、各地の養殖場でICTブイを活用して漁場環境データを収集・活用する取組が進められており、これらのデータを共有するとともに、衛星情報や海況情報等と併せて活用することで、例えば赤潮の発生や養殖魚の斃死（へいし）等につながる高水温の発生を情報提供するシステムの開発が期待されます。

資源の評価・管理の分野では、より多くの魚種の資源状態を正確に把握していくため、沿岸漁船の標本船にデジタル操業日誌等のICT機器を搭載し、直接操業・漁場環境情報を収集する体制の整備に向けて実証を進めています。今後は、これに加え、ICTを活用して産地市場から水揚情報を迅速に収集していく仕組みの構築に向けた実証を進めていくこととしています。これらの取組の成果を活用することで、資源評価の高度化を図り、資源状態の悪い魚種については適切な管理の実施につなげていくことを目指しています。

加えて、漁場情報を収集・発信するための漁場観測施設の設置や漁港・産地市場における情報通信施設の整備等を推進し、操業予測情報が容易に得られる環境の実現や水産資源管理の実効性の向上・荷さばき作業の効率化等につなげていくこととしています。

水産物の加工・流通の分野では、様々な魚種について、画像センシング技術を活用し高速で選別する技術の開発を行っています。今後は、このような技術も活用して、生産と加工・流通が連携して水産バリューチェーンの生産性を改善する取組を推進していくこととしています。

また、これら様々な分野で得られるデータの連携・共有・活用を可能とする「水産業データ連携基盤」を整備することで、データのフル活用による適切な資源評価・管理の取組や効率的・先進的な操業・経営を支援していきます。

さらに、水産庁では、「スマート水産業」の社会実装に向けた取組を推進するため、

7日先までの流速・塩分を予測
海面から海底までの漁獲層ごとの水温、塩分、流速を動画で表示

新規就業者にデータに基づき指導

今までわからなかった海中での漁具の動きを可視化

魚群探知機の画面がスマートフォンで可視化

スマートフォンで提供する漁場形成予測画面など

---

*1　Information and Communication Technology：情報通信技術、情報伝達技術。

*2　Internet of Things：モノのインターネットといわれる。自動車、家電、ロボット、施設などあらゆるモノがインターネットにつながり、情報のやり取りをすることで、モノのデータ化やそれに基づく自動化等が進展し、新たな付加価値を生み出す。

*3　Artificial Intelligence：人工知能。機械学習ともいわれる。

水産業におけるICT利用について先行する民間企業、学識経験者、水産関係団体、試験研究機関等の協力を得て令和元（2019）年５月から「水産業の明日を拓くスマート水産業研究会」を開催し、推進方策等について検討を行いました。この議論の結果も踏まえ、適切な資源評価・管理と水産業の成長産業化の双方に資する取組を進めていくこととしています。さらに、同年12月には「水産新技術の現場実装推進プログラム」を公表し、これにより漁業者や企業、研究機関、行政などの関係者が、共通認識を持って連携しながら、水産現場への新技術の実装を加速化することとしています。

　その他にも様々な技術開発が行われています。資源の減少が問題となっているニホンウナギや太平洋クロマグロについて、資源の回復を図りつつ天然資源に依存しない養殖種苗の安定供給を確保するため、人工種苗を量産するための技術開発が進められています。さらに、カキやホタテガイ等における貝毒検出方法に関する技術開発等、消費者の安全・安心につながる技術開発も行われています。

（6）　漁業協同組合の動向

ア　漁業協同組合の役割

（特集第３節（２）カ）

（漁協は漁業経営の安定・発展や地域の活性化に様々な形で貢献）

　漁協は、漁業者による協同組織として、組合員のために販売、購買等の事業を実施するとともに、漁業者が所得向上に向けて主体的に取り組む「浜の活力再生プラン」等の取組をサポートするなど、漁業経営の安定・発展や地域の活性化に様々な形で貢献しています。また、漁業権の管理や組合員に対する指導を通じて水産資源の適切な利用と管理に主体的な役割を果たしているだけでなく、浜の清掃活動、河川の上流域での植樹活動、海難防止、国境監視等にも積極的に取り組んでおり、漁村の地域経済や社会活動を支える中核的な組織としての役割を担っています。

イ　漁業協同組合の現状

（漁協の組合数は945組合）

　漁協については、合併の進捗により、平成31（2019）年３月末現在の組合数（沿海地区）は945組合となっていますが、漁業者数の減少に伴って組合員数の減少が進んでおり、依然として零細な組合が多い状況にあります。また、漁協の中心的な事業である販売事業の取扱高は近年横ばい傾向にあります（図２-17、図２-18）。今後とも漁協が漁業・漁村の中核的組織として漁業者の所得向上や適切な資源管理等の役割を果たしていくためには、引き続き合併等により組合の事業及び経営の基盤を強化するとともに、販売事業についてより一層の強化を図る必要があります。

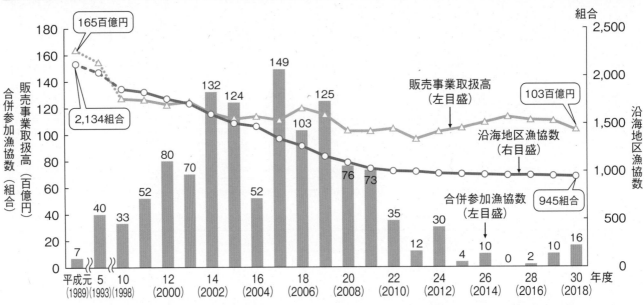

図2-17 沿海地区漁業協同組合数、合併参加漁協数及び販売事業取扱高の推移

資料：水産庁「水産業協同組合年次報告」（沿海地区漁協数）、「水産業協同組合統計表」（販売事業取扱高）及び全国漁業協同組合連合会調べ（合併参加漁協数）

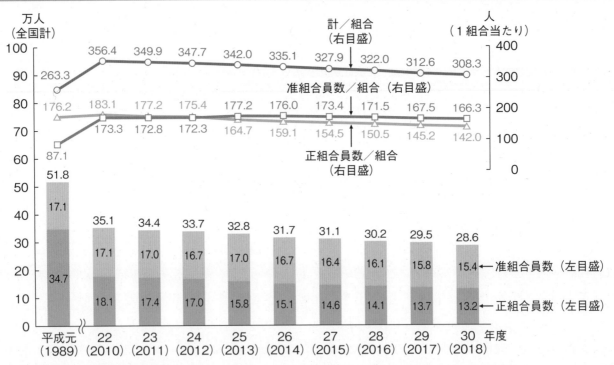

図2-18 漁業協同組合の組合員数の推移

資料：水産庁「水産業協同組合統計表」

（7） 水産物の流通・加工の動向

ア 水産物流通の動向

（特集第2節（6））

（産地卸売市場数は横ばい、消費地卸売市場数は減少）

　水産物卸売市場の数については、産地卸売市場は近年横ばい傾向にある一方、消費地卸売

市場は減少しています（図2－19）。

　一方、小売・外食業者等と産地出荷業者との消費地卸売市場を介さない産地直送、漁業者から加工・小売・外食業者等への直接取引、インターネットを通じた消費者への生産者直売等、市場外流通が増加しつつあります。

図2－19　水産物卸売市場数の推移

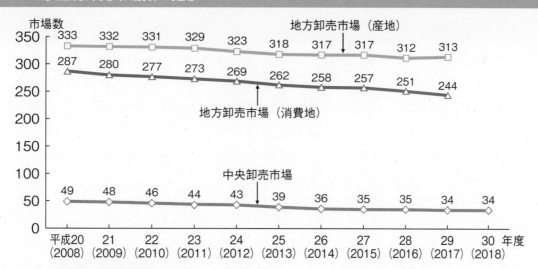

資料：農林水産省「卸売市場データ集」
注：1）　中央卸売市場は年度末、地方卸売市場は平成23（2011）年度までは年度当初、平成24（2012）年度からは年度末のデータ。
　　2）　中央卸売市場は都道府県又は人口20万人以上の市等が農林水産大臣の認可を受けて開設する卸売市場。地方卸売市場は中央卸売市場以外の卸売市場であって、卸売場の面積が一定規模（産地市場330m²、消費地市場200m²）以上のものについて、都道府県知事の認可を受けて開設されるもの。

イ　水産物卸売市場の役割と課題

（特集第2節（6））

（卸売市場は水産物の効率的な流通において重要な役割）

　卸売市場には、1）商品である漁獲物や加工品を集め、ニーズに応じて必要な品目・量に仕分する集荷・分荷の機能、2）旬や産地、漁法や漁獲後の取扱いにより品質が大きく異なる水産物について、公正な評価によって価格を決定する価格形成機能、3）販売代金を迅速・確実に決済する決済機能、4）川下のニーズや川上の生産に関する情報を収集し、川上・川下のそれぞれに伝達する情報受発信機能があります。多様な魚種が各地で水揚げされる我が国において、卸売市場は、水産物を効率的に流通させる上で重要な役割を担っています（図2－20）。

　一方、卸売市場には様々な課題もあります。まず、輸出も見据え、施設の近代化により品質・衛生管理体制を強化することが重要です。また、産地卸売市場の多くは漁協によって運営されていますが、取引規模の小さい産地卸売市場は価格形成力が弱いことなどが課題となっており、市場の統廃合等により市場機能の維持・強化を図っていくことが求められます。さらに、消費地卸売市場を含めた食品流通においては、物流等の効率化、情報通信技術等の活用、鮮度保持等の品質・衛生管理の強化及び国内外の需要へ対応し、多様化する実需者等のニーズに的確に応えていくことが重要です。

　こうした状況の変化に対応して、生産者の所得の向上と消費者ニーズへ的確な対応を図るため、各卸売市場の実態に応じて創意工夫を生かした取組を促進するとともに、卸売市場を含めた食品流通の合理化と、その取引の適正化を図ることを目的として、「卸売市場法及び

食品流通構造改善促進法の一部を改正する法律[1]」が平成30（2018）年6月に成立しました。新制度により、各市場のルールや在り方は、その市場の関係者が話し合って決めることになりました。卸売市場を含む水産物流通構造が改善し、魚の品質に見合った適正な価格形成が図られることで、1）漁業者にとっては所得の向上、2）加工流通業者にとっては経営の改善、3）消費者にとってはニーズに合った水産物の供給につながることが期待されます。

図2−20　水産物の一般的な流通経路

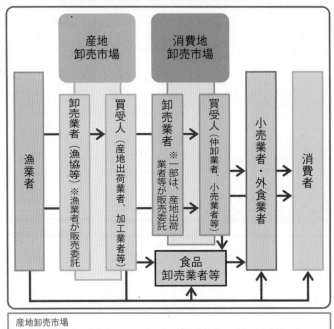

産地卸売市場
　産地に密着し、漁業者が水揚げした漁獲物の集荷、選別、販売等を行う。
消費地卸売市場
　各種産地卸売市場等から出荷された多様な水産物を集荷し、用途別に仕分け、小売店等に販売する。

ウ　水産加工業の役割と課題

（特集第2節（6））

（経営の脆弱性や従業員不足が重要な課題）

　水産加工業は、腐敗しやすい水産物の保存性を高める、家庭での調理の手間を軽減するといった機能を通し、水産物の付加価値の向上に寄与しています。特に近年の消費者の食の簡便化・外部化志向の高まりにより、水産物消費における加工の重要性は高まっており、多様化する消費者ニーズを捉えた商品開発が求められています。

　また、我が国の食用魚介類の国内消費仕向量の6割は加工品として供給されており、水産加工業は、我が国の水産物市場における大口需要者として、水産物の価格の安定に大きな役割を果たしています。加えて、水産加工場の多くは沿海市町村に立地し、漁業とともに漁村の経済を支える重要な基幹産業でもあります。

　しかしながら、近年では、経営の脆弱性、さらには個々の加工業者では解決困難な課題に対応するための産地全体の機能強化等が多くの水産加工業者にとっての課題となっています。このため、小規模加工業者の負担軽減に資するよう、水産加工業協同組合等が漁協等と連携して行う共同利用施設を整備する取組を支援することとしています。

---

[1]　平成30（2018）年法律第62号

また、人手不足への対応として、外国人技能実習生や特定技能外国人の円滑な受入れ、共生を図る取組を行うとともに、省力・省人化を図るためのICT・AI・ロボット等の新技術の開発・活用・導入を進めていくことが必要です。

　さらに、産地全体の機能強化・活性化を図るべく、産地のとりまとめ役となる中核的人材や次世代の若手経営者を育成するとともに、各種水産施策や中小企業施策の円滑な利用が進むよう、国及び都道府県レベルにワンストップ窓口を設置し、水産加工業者の悩みや相談に迅速かつ適切に対応していくことが重要です。

エ　HACCPへの対応

（特集第3節（2）ウ）

（水産加工業における対EU輸出認定施設数は75施設、対米輸出認定施設は454施設）

　HACCP[*1]は、食品安全の管理方法として世界的に利用されていますが、米国や欧州連合（EU）等は、輸入食品に対してもHACCPの実施を義務付けているため、我が国からこれらの国・地域に水産物を輸出する際には、我が国の水産加工施設等が、輸出先国から求められているHACCPを実施し、更に施設基準に適合していることが必要です。

　しかし、施設等の整備に費用が必要となる場合がある、従業員の研修が十分に行えていない事業所が多い等の状況もあり、水産加工場におけるHACCP導入率は、伸びは見られますが低水準（平成30（2018）年10月1日時点で18%[*2]）にあります。

　このため、国では、一般衛生管理やHACCPに基づく衛生管理に関する講習会の開催等を支援しています。また、EUや米国への輸出に際して必要なHACCPに基づく衛生管理及び施設基準などの追加的な要件を満たす施設として認定を取得するため、水産加工・流通施設の改修等を支援するとともに、水産物の流通拠点となる漁港において高度な衛生管理に対応した荷さばき所等の整備を推進しています（図2－21）。

　特に、認定施設数が少数に留まっていた対EU輸出認定施設については、認定の加速化に向け、厚生労働省に加え水産庁も平成26（2014）年10月から認定主体となり、令和2（2020）年3月末までに33施設を認定し、厚生労働省の認定数と合わせ、我が国の水産加工業における対EU輸出認定施設数は75施設[*3]となりました。同年3月末現在、対米輸出認定施設は454施設となっています（図2－22）。

　なお、国内消費者に安全な水産物を提供する上でも、卸売市場等における衛生管理を高度化するとともに、水産加工業におけるHACCPに沿った衛生管理の導入を促進することが重要です。水産加工業者を含む原則として全ての食品等事業者においては、平成30（2018）年6月に「食品衛生法等の一部を改正する法律[*4]」が公布され、2年を超えない範囲において政令で定める日（令和2（2020）年6月1日）から、HACCPに沿った衛生管理等の実施に取り組むことが求められることとなります（ただし、施行後1年間は経過措置期間とし、現

---

* 1　Hazard Analysis and Critical Control Point：原材料の受入れから最終製品に至るまでの工程ごとに、微生物による汚染や金属の混入等の食品の製造工程で発生するおそれのある危害要因をあらかじめ分析（HA）し、危害の防止につながる特に重要な工程を重要管理点（CCP）として継続的に監視・記録する工程管理システム。FAOと世界保健機関（WHO）の合同機関である食品規格（コーデックス）委員会がガイドラインを策定して各国にその採用を推奨している。
* 2　農林水産省「食品製造業におけるHACCPに沿った衛生管理の導入状況実態調査」
* 3　令和2（2020）年3月末時点で国内手続が完了したもの。
* 4　平成30（2018）年法律第46号

行基準が適用されます。）。

図2−21　高度な衛生管理に対応した荷さばき所の整備状況（令和元（2019）年12月末時点）

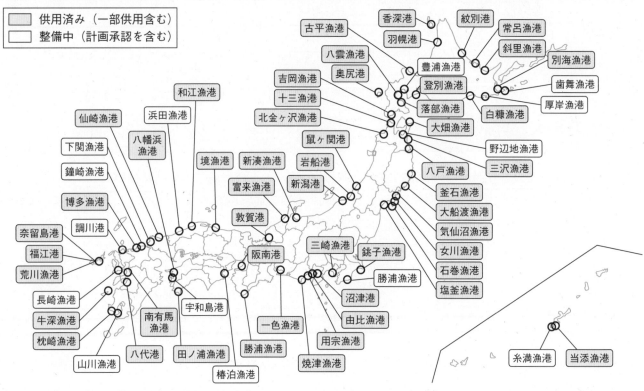

注：水産基盤整備事業、水産業強化支援事業（前身事業を含む）、水産業競争力強化緊急施設整備事業により整備した荷さばき所の整備状況

図2−22　水産加工業等における対EU・米国輸出認定施設数の推移

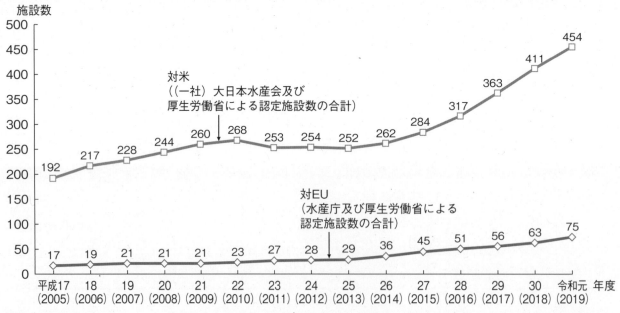

資料：水産庁調べ

第3章

水産業をめぐる国際情勢

（1） 世界の漁業・養殖業生産

ア　世界の漁業・養殖業生産量の推移
（世界の漁業・養殖業生産量は２億1,209万トン）

　世界の漁業・養殖業を合わせた生産量は増加し続けています。平成30（2018）年の漁業・養殖業生産量は前年より３％増加して２億1,209万トンとなりました（図３−１）。このうち漁船漁業生産量は、1980年代後半以降は横ばい傾向となっている一方、養殖業生産量は急激に伸びています。

図３−１　世界の漁業・養殖業生産量の推移

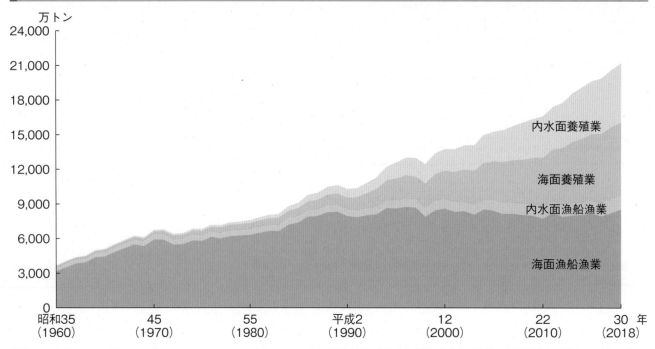

資料：FAO「Fishstat（Capture Production、Aquaculture Production）」（日本以外の国）及び農林水産省「漁業・養殖業生産統計」（日本）に基づき水産庁で作成

　漁船漁業生産量を主要漁業国・地域別に見ると、EU、米国、我が国等の先進国・地域の漁獲量は、過去20年ほどの間、おおむね横ばいから減少傾向で推移してきているのに対し、中国、インドネシア、ベトナムといったアジアの新興国を始めとする開発途上国による漁獲量の増大が続いており、中国が1,483万トンと世界の15％を占めています（図３−２）。

　また、魚種別に見ると、ニシン・イワシ類が1,982万トンと最も多く、全体の20％を占めていますが、多獲性浮魚類は環境変動により資源水準が大幅な変動を繰り返すことから、ニシン・イワシ類の漁獲量も増減を繰り返しています。タラ類は、1980年代後半以降から減少傾向が続いていましたが、2000年代後半以降から増加傾向に転じています。マグロ・カツオ・カジキ類及びエビ類は、長期的に見ると増加傾向で推移しています。

図3−2　世界の漁船漁業の国別及び魚種別漁獲量の推移

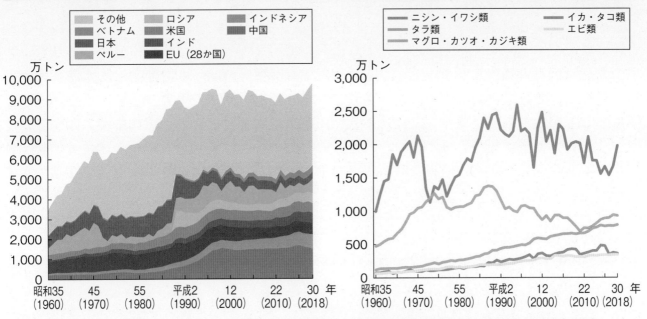

資料：FAO「Fishstat（Capture Production）」（日本以外の国）及び農林水産省「漁業・養殖業生産統計」（日本）に基づき水産庁で作成

第1部

　一方、養殖業生産量を国別に見ると、中国及びインドネシアの増加が顕著であり、中国が6,614万トンと世界の58％、インドネシアが1,477万トンと世界の13％を占めています（図3−3）。

　また、魚種別に見ると、コイ・フナ類が2,922万トンと最も多く、全体の26％を占め、次いで紅藻類が1,759万トン、褐藻類が1,484万トンとなっており、近年、これらの種の増加が顕著となっています。

第3章

図3−3　世界の養殖業の国別及び魚種別生産量の推移

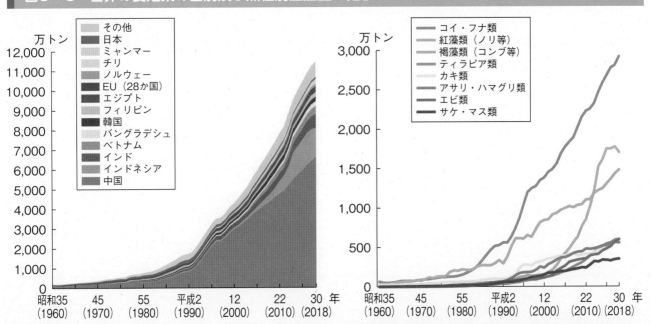

資料：FAO「Fishstat（Aquaculture Production）」（日本以外の国）及び農林水産省「漁業・養殖業生産統計」（日本）に基づき水産庁で作成

イ　世界の水産資源の状況
（生物学的に持続可能なレベルにある資源は67%）

　国際連合食糧農業機関（FAO）は、世界中の資源評価の結果に基づき、世界の海洋水産資源の状況をまとめています。これによれば、持続可能なレベルで漁獲されている状態の資源の割合は、漸減傾向にあります（図3-4）。昭和49（1974）年には90%の水産資源が適正レベル又はそれ以下のレベルで利用されていましたが、平成27（2015）年にはその割合は67%まで下がってきています。これにより、過剰に漁獲されている状態の資源の割合は、10%から33%まで増加しています。また、世界の資源のうち、適正レベルの上限まで漁獲されている状態の資源は60%、適正レベルまで漁獲されておらず生産量を増大させる余地のある資源は7%に留まっています。

図3-4　世界の資源状況

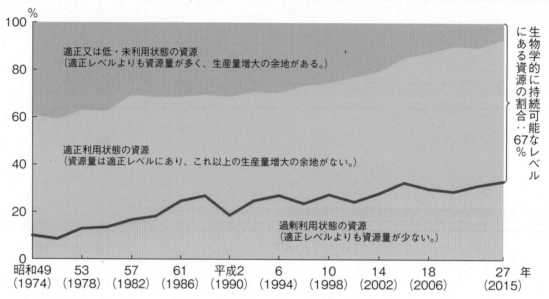

資料：FAO「The State of World Fisheries and Aquaculture 2018」に基づき水産庁で作成

ウ　世界の漁業生産構造
（世界の漁業・養殖業従事者は約6千万人）

　FAOによれば、平成28（2016）年には、世界の漁業・養殖業の従事者は約6千万人でした。このうち、3分の2に当たる約4千万人が漁船漁業の従事者、約1,900万人が養殖業の従事者です（図3-5）。過去、漁業・養殖業従事者は増加してきましたが、近年は横ばい傾向で推移しています。

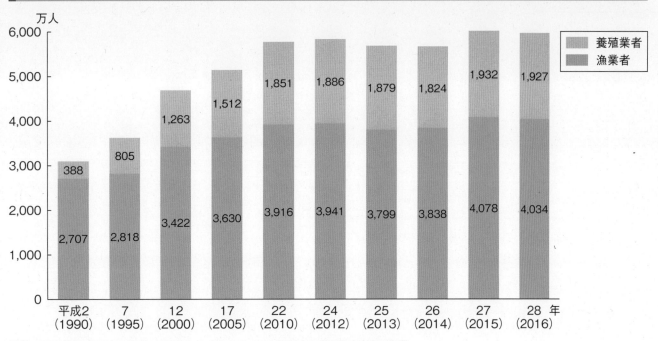

図3－5　世界の漁業・養殖業従事者数の推移

資料：FAO「The State of World Fisheries and Aquaculture 2018」に基づき水産庁で作成

第1部

第3章

（2）　世界の水産物貿易

ア　拡大する世界の水産物貿易
（水産物輸出入量は増加傾向）

　現代では、様々な食料品が国際的に取引されており、多くの国で食料品の輸出入なしには人々の生活は成り立ちません。中でも水産物は国際取引に仕向けられる割合の高い国際商材であり、世界の漁業・養殖業生産量の3割以上が輸出に仕向けられています。また、輸送費の低下と流通技術の向上、人件費の安い国への加工場の移転、貿易自由化の進展等を背景として、水産物輸出入量は総じて増加傾向にあります（図3－6）。

　世界のほぼ全ての国・地域が水産物の輸出入に関わっています。このうち輸出量ではEU、中国、ノルウェー、ロシア等が上位を占めており、輸入量ではEU、中国、米国、日本等が上位となっています。特に中国による水産物の輸出入量は大きく増加しており、2000年代半ば以降、単独の国としては世界最大の輸出国かつ輸入国となっています。ただし、輸出入金額の面では中国は世界最大の純輸出国であり、EU、米国、日本等が主な純輸入国・地域となっています（図3－7）。我が国の魚介類消費量は減少傾向にあるものの、現在でも世界で上位の需要があり、その需要は世界有数の規模の国内漁業・養殖業生産量及び輸入量によって賄われています。

図3−6 世界の水産物輸出入量の推移

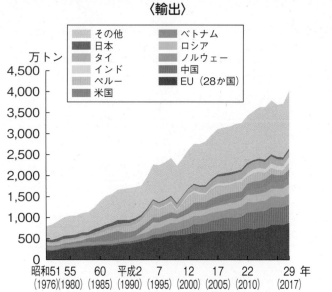

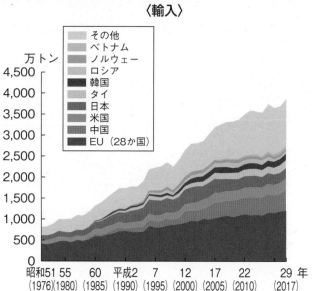

資料：FAO「Fishstat (Commodities Production and Trade)」
注：EUの輸出入量にはEU域内における貿易を含む。

図3−7 主要国・地域の水産物輸出入額及び純輸出入額

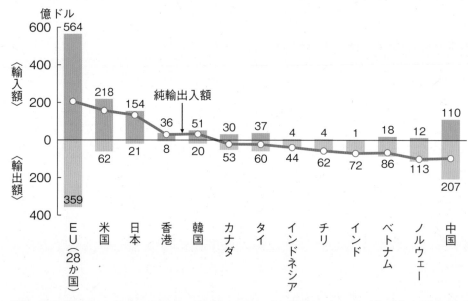

資料：FAO「Fishstat (Commodities Production and Trade)」（平成29（2017）年）に基づき水産庁で作成
注：EUの輸出入額にはEU域内における貿易を含む。

イ 水産物の国際価格の動向
（水産物価格は高値で推移と予測）

　食用水産物の国際取引価格は、国際的な需要の高まりを背景にリーマンショック後の平成21（2009）年等を除いて上昇基調にあります。経済協力開発機構（OECD）及びFAOは、今後10年間の水産物価格について、若干低下する年もあるものの、総じて高値で推移すると予測しています（図3−8）。

図3-8　世界の水産物価格の推移

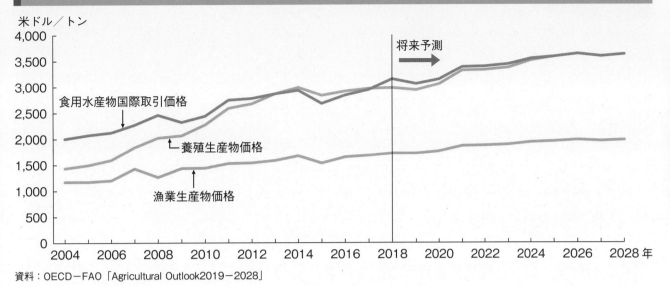

米ドル／トン

将来予測

食用水産物国際取引価格

養殖生産物価格

漁業生産物価格

資料：OECD-FAO「Agricultural Outlook2019-2028」

（3）　水産物貿易をめぐる国際情勢

ア　WTOに関する動き

（漁業補助金交渉は合意に至らず、引き続き実施）

　平成13（2001）年に開始された世界貿易機関（WTO）のルール交渉会合においては、過剰漁獲能力及び過剰漁獲を抑制する観点から、各国の漁業補助金に関するWTO協定の規律を策定するための議論が行われてきました。平成27（2015）年、国連において「持続可能な開発目標（SDGs）」が採択されたことを受け、平成28（2016）年10月以降、EU等複数の国・グループからIUU漁業[*1]に対する補助金や乱かく状態の資源に悪影響を与える補助金を禁止する等の提案が提出されるなど、議論が活発化しました。その後、平成29（2017）年12月に開催された第11回WTO閣僚会議を踏まえ、令和元（2019）年中の合意を目指して集中的な交渉が行われましたが、合意には至らず、引き続き交渉に取り組むこととされました。

　これまで我が国は、政策上必要な補助金は認められるべきであり、禁止される補助金は、真に過剰漁獲能力・過剰漁獲につながるものに限定すべきとの立場で交渉に臨んできました。今後もこのような立場を主張していくこととしています。

イ　経済連携協定等に関する動き

（日米貿易協定ではTPPで関税削減・撤廃した水産品全てを除外）

　平成30（2018）年12月にTPP11が発効し、平成31（2019）年2月に日EU・EPAが発効しました。

　日米貿易協定は、平成30（2018）年9月の日米首脳会談で発表された共同声明において、

[*1]　Illegal, Unreported and Unregulated：違法・無報告・無規制。FAOは、無許可操業（Illegal）、無報告又は虚偽報告された操業（Unreported）、無国籍の漁船、地域漁業管理機関の非加盟国の漁船による違反操業（Unregulated）など、各国の国内法や国際的な操業ルールに従わない無秩序な漁業活動をIUU漁業としている（詳細は164ページ参照）。

日米間での貿易協定の締結に向けた交渉開始について一致したことを受け、平成31（2019）年4月から交渉が始まり、令和元（2019）年9月の日米首脳会談において、日米貿易協定の最終合意が確認され、令和2（2020）年1月1日に発効しました。本協定では、TPPで関税削減・撤廃した水産品全てを除外としました。

このほか、東アジア地域包括的経済連携（RCEP）、日中韓FTA、日コロンビアEPA、日トルコEPAが交渉継続中、日・湾岸協力理事会（GCC）FTA、日韓FTA、日カナダEPAが交渉延期、中断となっています。

（4）　国際的な資源管理

ア　国際的な資源管理の推進

（特集第1節（5）イ）

（EEZ内だけでなく、国際的な資源管理も推進）

「水産政策の改革」では、我が国は、排他的経済水域（以下「EEZ」といいます。）内において水産資源の適切な管理を推進していくこととしていますが、サンマやサバといった我が国漁業者が漁獲する資源は、外国漁船も漁獲し、競合するものも多いことから、我が国の資源管理の取組の効果が損なわれないよう、国際的な資源管理にも積極的に取り組んでいくことが重要です。

このため、我が国は、国際的な資源管理が適切に推進されるよう、地域漁業管理機関の場や二国間での交渉に努めてきています。

イ　地域漁業管理機関

（特集第1節（5）イ）

（資源の適切な管理と持続的利用のための活動に積極的に参画）

「国連海洋法条約」では、沿岸国及び高度回遊性魚種を漁獲する国は、当該資源の保存及び利用のため、EEZの内外を問わず地域漁業管理機関を通じて協力することを定めています。

この地域漁業管理機関では、沿岸国や遠洋漁業国などの関係国・地域が参加し、資源評価や資源管理措置の遵守状況の検討を行った上で、漁獲量規制、漁獲努力量規制、技術的規制などの実効ある資源管理の措置に関する議論が行われます。

特に、高度に回遊するカツオ・マグロ類は、世界の全ての海域で、それぞれの地域漁業管理機関による管理が行われています。また、カツオ・マグロ類以外の水産資源の管理についても、底魚を管理する北西大西洋漁業機関（NAFO）等に加え、近年、サンマ・マサバ等を管理する北太平洋漁業委員会（NPFC）などの新たな地域漁業管理機関も設立されています。

我が国は、責任ある漁業国として、我が国漁船の操業海域や漁獲対象魚種と関係する地域漁業管理機関に加盟し、資源の適切な管理と持続的利用のための活動に積極的に参画するとともに、これらの地域漁業管理機関で合意された管理措置が着実に実行されるよう、加盟国の資源管理能力向上のための支援等を実施しています。

ウ　カツオ・マグロ類の地域漁業管理機関の動向

（特集第1節（5）イ）

　世界のカツオ・マグロ類資源は、地域又は魚種別に5つの地域漁業管理機関によって全てカバーされています（図3-9）。このうち、中西部太平洋まぐろ類委員会（WCPFC）、全米熱帯まぐろ類委員会（IATTC）、大西洋まぐろ類保存国際委員会（ICCAT）及びインド洋まぐろ類委員会（IOTC）の4機関は、それぞれの管轄水域内においてミナミマグロ以外の全てのカツオ・マグロ類資源について管理責任を負っています。また、南半球に広く分布するミナミマグロについては、みなみまぐろ保存委員会（CCSBT）が一括して管理を行っています。

図3-9　カツオ・マグロ類を管理する地域漁業管理機関と対象水域

注：（　）は条約発効年

（中西部太平洋におけるカツオ・マグロ類の管理（WCPFC））

　太平洋の中西部でカツオ・マグロ類の資源管理を担うWCPFCの水域には、我が国周辺水域が含まれ、この水域においては、我が国のかつお・まぐろ漁船（はえ縄、一本釣り及び海外まき網）約530隻のほか、沿岸はえ縄漁船、まき網漁船、一本釣り漁船、流し網漁船、定置網、ひき縄漁船等がカツオ・マグロ類を漁獲しています。

　北緯20度以北の水域に分布する太平洋クロマグロ等の資源管理措置に関しては、WCPFCの下部組織の北小委員会で実質的な協議を行っています。特に、太平洋東部の米国やメキシコ沿岸まで回遊する太平洋クロマグロについては、太平洋全域での効果的な資源管理を行うために、北小委員会と東部太平洋のマグロ類を管理するIATTCの合同作業部会が設置され、北太平洋まぐろ類国際科学委員会（ISC）[1]の資源評価に基づき議論が行われます。その議論を受け、北小委員会が資源管理措置案を決定し、WCPFCへ勧告を行っています。

　WCPFCでは、1）30kg未満の小型魚の漁獲を平成14（2002）～16（2004）年水準から半減させること、2）30kg以上の大型魚の漁獲を同期間の水準から増加させないこと等の措置が実施されています。加えて、3）暫定回復目標達成後の次の目標を「暫定回復目標達成後10年以内に、60%以上の確率で親魚資源量を初期資源量の20%（約13万トン）まで回復さ

*1　日本、中国、韓国、台湾、米国、メキシコ等の科学者で構成。

161

せること」とすること、4）資源変動に応じて管理措置を改訂する漁獲制御ルールとして、暫定回復目標の達成確率が（ア）60％を下回った場合、60％に戻るよう管理措置を自動的に強化し、（イ）75％を上回った場合、(i) 暫定回復目標の達成確率を70％以上に維持し、かつ、(ii) 次期回復目標の達成確率を60％以上に維持する範囲で増枠の検討を可能とすること等の漁獲戦略が合意されています。

平成30（2018）年にISCが行った最新の資源評価によると、太平洋クロマグロの親魚資源量は、平成8（1996）年からの減少傾向に歯止めがかかり、平成22（2010）年以降、ゆっくりと回復傾向にあります（平成28（2016）年は約2.1万トン）。また、現行の措置を継続することにより、「令和6（2024）年までに、少なくとも60％の確率で歴史的中間値（約4.3万トン）[*1]まで親魚資源量を回復させること」とする暫定回復目標の達成確率が98％とされました。

このようなISCの資源評価を踏まえ、令和元（2019）年のWCPFC第16回北小委員会では、我が国から、漁獲上限の増加（増枠）を提案しました。一部に慎重な国があったため、全体数量の増枠には至りませんでしたが、令和2（2020）年の措置として、1）漁獲上限の未利用分に係る繰越率を、現状の5％から17％へ増加すること、2）台湾からの通報により、大型魚の漁獲上限を台湾から日本へ300トン移譲することを可能とすることが合意され、同年12月に開催されたWCPFC第16回年次会合で採択されました。

また、カツオ及び熱帯性マグロ類（メバチ及びキハダ）の資源管理措置に関しては、現行の措置を維持することが合意されました。

（東部太平洋におけるカツオ・マグロ類の管理（IATTC））

太平洋の東部でカツオ・マグロ類の資源管理を担うIATTCの水域では、我が国のまぐろはえ縄漁船約50隻が、メバチ及びキハダを対象に操業しています。

太平洋クロマグロについては、IATTCはWCPFCと協力して資源管理に当たっており、令和元（2019）年7月の年次会合では、漁獲上限について、同年9月に開催されるIATTCとWCPFC北小委員会の合同作業部会で議論されることが確認され、同合同作業部会で資源評価等に関する議論がなされました。

また、メバチ及びキハダに関して、まき網漁船が使用するFAD[*2]を使用した操業回数の制限等について議論されましたが、合意に至らず、議論を継続することとなりました。

（大西洋におけるカツオ・マグロ類の管理（ICCAT））

大西洋のカツオ・マグロ類等の資源管理を担うICCATの水域では、我が国のまぐろはえ縄漁船約80隻が、大西洋クロマグロ、メバチ、キハダ、ビンナガ等を対象として操業しています。

ICCATにおいては、メバチ、キハダなどの熱帯マグロ類の資源状態が悪化していることから、令和元（2019）年の年次会合では、メバチの令和2（2020）年以降の漁獲可能量（以下「TAC」といいます。）及び国別割当量やまき網のFAD規制について議論がなされ、令和2（2020）年の総漁獲可能量は現行の65,000トン（うち我が国割当量17,696トン）から62,500トン（同13,980トン）に削減することが合意されました。

---

*1　親魚資源量推定の対象となっている昭和27（1952）～平成26（2014）年の推定親魚資源量の中間値
*2　fish aggregating devices：人工集魚装置

（インド洋におけるカツオ・マグロ類の管理（IOTC））

インド洋のカツオ・マグロ類の資源管理を担うIOTCの水域では、約40隻の我が国のかつお・まぐろ漁船（はえ縄及び海外まき網）が、メバチ、キハダ、カツオ、カジキ等を漁獲しています。

令和元（2019）年の年次会合では、キハダの資源管理措置について、現行の漁獲量の削減措置に加え、削減を達成できない場合には超過分を翌年の漁獲上限から差し引くこと、小型魚が多く漁獲されるまき網のFADの使用可能数の制限を強化することが合意されました。

また、カツオ・マグロ類の資源管理措置について、将来的に総漁獲枠を導入する場合の個別配分の基準について議論したところ、合意に至らなかったため、引き続き議論を行うこととなりました。

（ミナミマグロの管理（CCSBT））

南半球を広く回遊するミナミマグロの資源はCCSBTによって管理されており、また、同魚種を対象として我が国のまぐろはえ縄漁船約90隻が操業しています。

CCSBTでは、資源状態の悪化を踏まえ、平成19（2007）年からTACを大幅に削減したほか、漁獲証明制度の導入等を通じて資源管理を強化してきた結果、近年では、資源は依然として低位水準であるものの、回復傾向にあると評価されています。平成19（2007）年に3,000トンだった我が国割当量は、平成30（2018）年には6,165トンまで増加しました。また、令和元（2019）年10月の年次会合では、資源調査の手法の変更による新たなTACの自動算出のための管理方式[*1]について議論され、ミナミマグロの資源状態に応じてTAC案を自動的に算出するための新たなプログラムが合意されました。

エ　サンマ・マサバ等の地域漁業管理機関の動向

（特集第1節（5）イ）

（サンマの公海でのTACが33万トンで合意）

北太平洋の公海域では、NPFCにおいて、サンマやマサバ、クサカリツボダイ等の資源管理が行われています（図3－10）。

サンマは、太平洋の温帯・亜寒帯域に広く生息する高度回遊性魚種で、その一部が日本近海域へ来遊し漁獲されています。以前は日本、韓国及びロシア（旧ソ連）のみがサンマを漁獲していましたが、近年では台湾、中国及びバヌアツも漁獲するようになりました。日本及びロシアは主に自国の200海里水域内で操業を行っていますが、その他の国・地域は主に北太平洋公海域で操業しており、近年ではこれらの国・地域による漁獲量が増加しています。

このような背景を受け、NPFCにおいては、平成27（2015）年9月に、新たな資源管理措置がとられるまでの間、サンマを漁獲する漁船の許可隻数の急激な増加を抑制することなどが合意され、平成29（2017）年7月には、遠洋漁業国・地域による許可隻数の増加禁止（沿岸国の許可隻数は急増を抑制）が合意され、平成30（2018）年7月には、サンマの洋上投棄禁止及び小型魚の漁獲抑制の奨励について、現行の資源管理措置に追加されることが合意されました。

[*1]　CCSBTでは、資源再建目標を達成するため、平成23（2011）年から3年ごとに管理方式（漁獲データなどの資源指標から自動的にTACを算出する漁獲制御ルール）に基づきTACの決定が行われている。

令和元（2019）年７月には、我が国から、サンマの公海の数量管理を提案し、議論が行われ、令和２（2020）年漁期における公海でのTACを33万トンとすること、翌年（令和２（2020）年）の年次会合でTACの国別配分を検討すること、令和２（2020）年は、各国は公海での漁獲量が平成30（2018）年の実績を超えないよう管理することが合意されました。

　引き続き、将来的なサンマ資源の減少に対する我が国の懸念を強く訴え、漁獲量の適切な制限等、資源管理措置の更なる強化を働きかけていきます。

　また、マサバ（太平洋系群）は、主に我が国EEZ内に分布する魚種であり、近年、資源量の増加に伴って、EEZの外側まで資源がしみ出すようになりました。このため、中国等の外国による漁獲が増加しており、資源への影響が懸念されています。

　このような背景を受け、NPFCにおいては、平成29（2017）年７月に公海でマサバを漁獲する遠洋漁業国・地域の漁船の許可隻数の増加禁止（沿岸国の許可隻数は急増を抑制）が合意されました。

　マサバについても、EEZ内のマサバ資源が持続的に利用されるよう、資源管理措置の更なる強化を働きかけていきます。

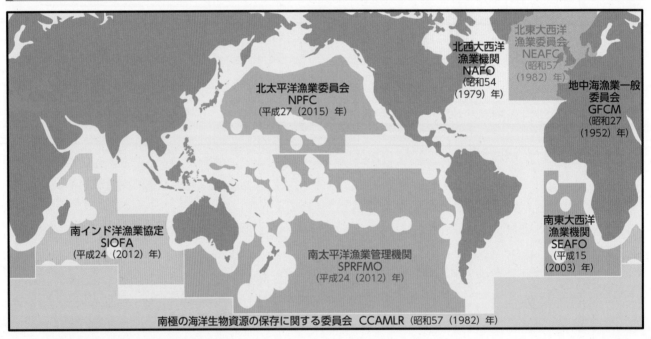

図３－10　NPFC等のカツオ・マグロ類以外の資源を管理する主な地域漁業管理機関と対象水域

注：1）　我が国はSPRFMO及びNEAFCには未加盟。
　　2）　（　）は条約発効年

オ　IUU漁業の撲滅に向けた動き

（特集第１節（5）イ）

（IUU漁業の抑制・根絶に向けた取組が国際的に進展）

　各国や地域漁業管理機関が国際的な資源管理に努力している中で、規制措置を遵守せず無秩序な操業を行うIUU漁業は、水産資源に悪影響を与え、適切な資源管理を阻害するおそれがあります。平成27（2015）年に国連で合意された「持続可能な開発目標（SDGs）」においては、「令和２（2020）年までに、漁獲を効果的に規制し、過剰漁業やIUU漁業及び破壊的な漁業慣行を終了」することが規定されており、IUU漁業の抑制・根絶に向けた取組が国際的に進められています。

例えば、各地域漁業管理機関においては、正規の漁業許可を受けた漁船等のリスト化（ポジティブリスト）やIUU漁業への関与が確認された漁船や運搬船等をリスト化する措置（ネガティブリスト）が導入されており、さらに、ネガティブリストに掲載された船舶の一部に対して、国際刑事警察機構（ICPO）が各国の捜査機関に注意を促す「紫手配書」を出すなど、IUU漁業に携わる船舶に対する国際的な取締体制が整備されてきています。また、いくつかの地域漁業管理機関においては、漁獲証明制度[*1]によりIUU漁業由来の漁獲物の国際的な流通を防止しています。

　ネガティブリストについては、例えばNPFCでは、平成29（2017）年7月に我が国の提案を基に採択されたIUU漁船リスト（無国籍船23隻）に、平成30（2018）年には4隻、令和元（2019）年は6隻が追加で掲載されるなど（合計33隻）、着実にリストの充実が進んでいます。

　二国間においても、我が国とロシアとの間で、ロシアで密漁されたカニが我が国に密輸出されることを防止する二国間協定が平成26（2014）年に発効したほか、EU、米国及びタイとIUU漁業対策の推進に向けた協力を確認する共同声明を出すなど、IUU漁業の抑制・根絶を目指した取組を行っています。

　こうした中、平成28（2016）年6月に発効した違法漁業防止寄港国措置協定[*2]は、締約国がIUU漁業に従事した外国漁船の寄港を禁止すること等の寄港国措置を通じて、IUU漁業の抑制・根絶を図るものであり、広い洋上でIUU漁業に従事している船を探すのではなく、寄港地において効率的・効果的な取締りを行うことが可能となりました。

カ　二国間等の漁業関係

（特集第1節（5）イ）

（ロシアとの関係）

　我が国とロシアとの間においては、1）サンマ、スルメイカ、マダラ等を対象とした相互入漁に関する日ソ地先沖合漁業協定、2）ロシア系サケ・マス（ロシアの河川を母川とするサケ・マス）の我が国漁船による漁獲[*3]に関する日ソ漁業協力協定、及び、3）北方四島の周辺12海里内での我が国漁船の操業に関する北方四島周辺水域操業枠組協定の3つの政府間協定を基本とした漁業に関する取決めが結ばれています。また、これらに加え、民間協定として、歯舞群島の一部である貝殻島の周辺12海里内において我が国の漁業者が安全にコンブ採取を行うための貝殻島昆布協定が結ばれています。このうち、令和元（2019）年に行われた日ソ地先沖合漁業協定に基づく相互入漁条件等に関する協議においては、令和2（2020）年の操業条件について、平成6（1994）年から日本側漁業者がロシア側に支払ってきた協力費を中断することとし、令和2（2020）年の協力費は0円となりました。

---

*1　漁獲物の漁獲段階から流通を通じて、関連する情報を漁獲証明書に記載し、その内容を関係国の政府が証明することで、その漁獲物が地域漁業管理機関の資源管理措置を遵守して漁獲されたものであることを確認する制度。

*2　平成29（2017）年5月10日に我が国国会で承認され、同年6月18日に我が国についても効力が発生。

*3　「国連海洋法条約」においては、サケ・マスのような溯河性魚類について、母川の所在する国がその資源に関する一義的な利益と責任を有することを規定（母川国主義）。そのため、我が国漁船によるロシア系サケ・マスの漁獲については、我が国200海里水域内における漁獲及びロシア200海里水域内における漁獲の双方を日ソ漁業協力協定に基づき実施。

（韓国との関係）

我が国と韓国との間では、日韓漁業協定に基づき、相互入漁の条件（サバ類、スルメイカ、タチウオ等の漁獲割当量等）のほか、日本海の一部及び済州島南部の水域に設定された暫定水域における資源管理と操業秩序の問題について協議を行っています。

韓国との間においては、我が国のまき網漁船等の操業機会の確保を始め、我が国EEZにおける韓国漁船の違法操業や、暫定水域の一部の漁場の韓国漁船による占拠の問題の解決等が重要な課題となっています。

平成28（2016）年5月以降、相互入漁の条件等に関する協議において、これらの問題の解決に向けた話し合いを行いましたが、両国の意見の隔たりが大きいことから合意に至らず、同年7月以降、相互に入漁をしていない状態が続いており、協議を継続しています。

（中国との関係）

我が国と中国との間では、日中漁業協定に基づき、相互入漁の条件や東シナ海の一部に設定された暫定措置水域等における資源管理等について協議を行っています。

近年、中国は、国外の水産資源の利用能力を拡大させる漁業の海外進出戦略を積極的に推進し、東シナ海では、暫定措置水域等において非常に多数の中国漁船が操業しており、水産資源に大きな影響を及ぼしていることが課題となっています。また、相互入漁については、中国側が入漁を希望しており、競合する日本漁船への影響を念頭に、中国漁船の操業を管理する必要があります。

こうした状況を踏まえ、日本漁船の安定的な操業の確保に向け、平成29（2017）年8月以降、協議を行っていますが、両国の意見の隔たりが残っており、協議を継続しています。

（台湾との関係）

我が国と台湾の間での漁業秩序の構築と、関係する水域での海洋生物資源の保存と合理的利用のため、平成25（2013）年に、我が国の公益財団法人交流協会（現在の日本台湾交流協会）と台湾の亜東関係協会（現在の台湾日本関係協会）との間で、「日台民間漁業取決め」が署名されました。この取決めの適用水域はマグロ等の好漁場で、日台双方の漁船が操業していますが、日本漁船と台湾漁船では操業方法や隻数、規模等が違うことから、一部の好漁場を台湾漁船が占拠しており、その解消等が重要な課題となっています。このため、日本漁船の操業機会を確保する観点から、本取決めに基づき設置された日台漁業委員会において、日台双方の漁船が漁場を公平に利用するため、操業ルールの改善に向けた協議が継続されています。令和元（2019）年の協議では、好漁場である八重山北方三角水域について、引き続き、日台それぞれのルールで操業できる水域を分け、試行的に操業することとなりました。

（太平洋島しょ国等との関係）

カツオ・マグロ類を対象とする我が国の海外まき網漁業、遠洋まぐろはえ縄漁業、遠洋かつお一本釣り漁業等の遠洋漁船は、公海水域だけでなく、太平洋島しょ国やアフリカ諸国のEEZでも操業しています。各国のEEZ内での操業に当たっては、我が国との間で、政府間協定や民間協定が締結・維持され、各国との二国間で入漁条件等について協議を行っています。

特に太平洋島しょ国のEEZは我が国遠洋漁船にとって重要な漁場となっていますが、近年、太平洋島しょ国側は、カツオ・マグロ資源を最大限活用し、国家収入の増大及び雇用拡大を

推進するため、入漁料の大幅な引上げ、現地加工場への投資や合弁会社の設立等を要求する傾向が強まっています。

　また、近年、海洋環境の保護を重視する国が増加する中、パラオではレメンゲサウ大統領が観光産業及び環境保護を主要な政策として掲げ、令和2（2020）年からパラオEEZの大部分を海洋保護区に設定し、当該海域における商業漁業を全面禁止する国内法（パラオ国家海洋保護区法）が制定されました。パラオEEZは、我が国のまき網漁船及び近海はえ縄漁船、特に沖縄の近海はえ縄漁船にとって非常に重要な漁場となっており、令和2（2020）年以降にパラオEEZへの入漁ができなくなった場合には、大きな影響を受けることが懸念されました。このため、我が国は、パラオ側による海洋保護区の設置による海洋生態系の保全や水産資源の持続的利用のための取組に配慮しつつ、持続可能な形で入漁の継続ができるよう、パラオ側と協議を重ねてきました。その結果、パラオ国家海洋保護区法が改正され、操業可能な水域は一部に限定されたものの、令和2（2020）年も我が国漁船がパラオEEZで操業を継続できることとなりました。

　これらに加え、太平洋島しょ国をめぐっては、中国が、大規模な援助と経済進出を行うなど、太平洋島しょ国でのプレゼンスを高めており、入漁交渉における競合も生じてきています。このように我が国漁船の入漁をめぐる環境は厳しさを増していますが、様々な機会を活用し、海外漁場の安定的な確保に努めているところです。

（5）　捕鯨をめぐる新たな動き

ア　大型鯨類を対象とした捕鯨業の再開
（令和元（2019）年7月から大型鯨類を対象とした捕鯨業が再開）

　我が国は、科学的根拠に基づいて水産資源を持続的に利用するとの基本方針の下、令和元（2019）年6月末をもって国際捕鯨取締条約から脱退し、同年7月から大型鯨類（ミンククジラ、イワシクジラ、ニタリクジラ）を対象とした捕鯨業を再開しました。

　再開した捕鯨業は、我が国の領海とEEZで、十分な資源が存在することが明らかになっているこれら3種を対象とし、100年間捕獲を続けても健全な資源水準を維持できる、国際捕鯨委員会（IWC）で採択された方式（RMP（改訂管理方式））に沿って算出される捕獲可能量の範囲内で実施しています。なお、このRMPに沿って算出される捕獲可能量は、通常、鯨類の推定資源量の1％以下となり、極めて保守的なものとなっています。

　このように決定された令和元（2019）年の捕獲枠と捕獲実績、令和2（2020）年の捕獲枠は以下の表のとおりです（表3－1）。

表3－1 捕鯨業の対象種・捕獲枠（大型鯨類）

鯨種	推定資源量	捕獲可能量	令和2（2020）年		令和元（2019）年		
			捕獲枠	水産庁留保分	捕鯨業		科学調査
					捕獲枠（捕獲実績）		捕獲頭数
ミンククジラ（北西太平洋）	20,513 頭	171 頭	母船式 20 頭	12 頭	母船式 11（11）頭		79 頭
			沿岸 100 頭		沿岸 42（33）頭		
ニタリクジラ（北太平洋）	34,473 頭	187 頭	母船式 150 頭	37 頭	母船式 187（187）頭		0 頭
イワシクジラ（北太平洋）	34,718 頭	25 頭	母船式 25 頭	0 頭	母船式 25（25）頭		0 頭

コラム　捕鯨業の再開を祝う出港式と初捕獲

　令和元（2019）年7月1日、およそ31年振りに大型鯨類を対象とした捕鯨業が再開される記念すべき日に、捕鯨母船日新丸船団が出港する山口県下関市と、小型捕鯨船5隻が出港する北海道釧路市において、それぞれ出港式が開催されました。下関市の出港式には、漁業関係者のほか、吉川農林水産大臣（当時）、国会議員、県議会議員、下関市長等が、釧路市の出港式には、漁業関係者のほか、国会議員や水産庁長官等が出席し、各船を盛大に見送りました。

　この日、再開後初の捕獲となったのは、千葉県南房総市を拠点とする第五十一純友丸が釧路沖において捕獲した、体長8mを超える大きなミンククジラでした。そのほか、和歌山県太地町を拠点とする第七勝丸も体長6mを超えるミンククジラを捕獲し、幸先の良いスタートを切りました。また、捕鯨母船日新丸船団も、3日後の7月4日に、紀伊半島沖で体長12mを超えるニタリクジラを初捕獲しました。これら捕鯨業で捕獲されたクジラは、御祝儀相場もつき、おおむね高値で取引され、市場から歓迎される状況となりました。

「母船式捕鯨船団出港式」にて挨拶を行う吉川農林水産大臣（当時）（山口県下関市）

再開した捕鯨業で捕獲された鯨肉のセリの様子

イ　鯨類科学調査の実施
（北西太平洋や南極海における非致死的調査を継続）

　我が国は鯨類資源の適切な管理と持続的利用を図るため、昭和62（1987）年から南極海で、平成6（1994）年からは北西太平洋で、それぞれ鯨類科学調査を実施し、資源管理に有用な

情報を収集し、科学的知見を深めてきました。

　我が国は、令和元（2019）年6月末をもって国際捕鯨取締条約から脱退しましたが、国際的な海洋生物資源の管理に協力していくという我が国の方針は変わらず、引き続き、IWC等の国際機関と連携しながら、科学的知見に基づく鯨類の資源管理に貢献していきます。

　例えば、我が国とIWCが共同で実施している「太平洋鯨類生態系調査プログラム（IWC-POWER）」については、平成22（2010）年から、我が国が調査船や調査員等を提供し、北太平洋において毎年、目視やバイオプシー（皮膚片）採取等の調査を行っており、その結果、イワシクジラ、ニタリクジラ、シロナガスクジラ、ナガスクジラ等の資源管理に必要な多くのデータが得られています。また、ロシアとも平成27（2015）年からオホーツク海における共同調査を実施しています。我が国は、こうした共同調査を今後も継続していくこととしており、令和元（2019）年5月に開催されたIWC科学委員会において、IWC-POWERにおける我が国のこれまでの貢献と今後の調査継続に対して謝意が表明されています。

　これら共同調査に加え、我が国がこれまで実施してきた北西太平洋や南極海における非致死的調査を継続するとともに、商業的に捕獲された全ての個体から科学的データの収集を行い、これまでの調査で収集してきた情報と合わせ、関連の国際機関に報告すること等を通じて、鯨類資源の持続的利用及び保全に貢献していきます。

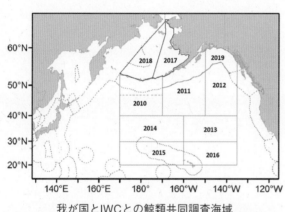

我が国とIWCとの鯨類共同調査海域

IWCとの共同鯨類調査で活躍した第二勇新丸

目視調査で確認されたシロナガスクジラの親子

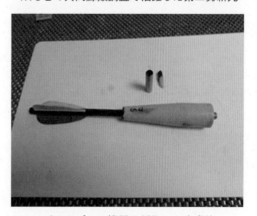

バイオプシー機器と採取した皮膚片

（写真提供：指定鯨類科学調査法人　日本鯨類研究所）

ウ 「鯨類の持続的な利用の確保に関する法律」のスタート
（国際捕鯨取締条約からの脱退及び捕鯨業の再開を受け、法改正を実施）

　令和元（2019）年12月5日、「商業捕鯨の実施等のための鯨類科学調査の実施に関する法律[*1]」が、超党派の議員立法により、衆議院本会議で全会一致で可決され、成立しました。

　今般の我が国の国際捕鯨取締条約からの脱退及び大型鯨類を対象とした捕鯨業の再開を受け、捕鯨業の再開を目指し安定的に捕獲調査を実施することを目的とした「商業捕鯨の実施等のための鯨類科学調査の実施に関する法律[*2]」が改正され、名称を「鯨類の持続的な利用の確保に関する法律」に改めるとともに、鯨類科学調査について、捕獲を伴うとの位置付けを変更し、捕鯨業の適切な実施等を確保するために引き続き重要な役割を担うものとして、その実施体制を整備すること、捕鯨業（イルカ漁業を含む。）について、科学的知見に基づき適切に行われることを明確にするとともに、その円滑な実施のための措置を定めること等が盛り込まれました。

> ### コラム　おいしい鯨肉をもっと身近に！
>
> 　令和元（2019）年は、「初物」として、市場では高値で取引された鯨肉ですが、一方で、大型鯨類を対象とした捕鯨業を中断しておよそ31年が経過し、鯨肉に触れる機会が一部の地域や飲食店に限られ、必ずしも一般的な食べ物とはなっていない状況にあります。今後、捕鯨業が漁業として成り立っていくためには、クジラを食したことがない若年層の方々を含め、いかにして消費者が鯨肉を購入できる機会や食べる機会を増やし需要を拡大していくかが、大きな課題となっています。
>
> 　そのための取組として、日本捕鯨協会により、鯨肉を提供している飲食店や商店を紹介したサイト「くじらタウン」が令和元（2019）年9月に開設されました。同年12月6日現在、日本全国のクジラが食べられるお店は575軒、買えるお店は175軒が掲載されています。（くじらタウン：https://www.kujira-town.jp/）
>
> 　また、鯨肉輸入業者が開設した飲食店向けの「くじら肉原料販売サイト（くじらにく.com）」では、鯨肉の紹介だけでなく、ローストホエールといったこれまでの鯨料理のイメージを変える斬新な料理マニュアルを紹介しています。（くじらにく.com：https://www.kujiraniku.com/）
>
> 　鯨肉は、いろいろな調理方法によりおいしく食べることができるだけでなく、高タンパク・低脂肪といった栄養面のほか、バレニンやn-3（オメガ3）系多価不飽和脂肪酸（EPA、DHAなど）といった機能成分を含有していることが注目されており、多くの人に、おいしくて健康に良い鯨肉を食べる機会が増えることが期待されます。

Webサイト「くじらタウン」
（写真提供：指定鯨類科学調査法人 日本鯨類研究所）

鯨肉調理マニュアル
（写真提供：（株）ミクロブストジャパン）

第1部

コラム　鯨肉に含まれる水銀について

　鯨や魚の肉は、良質なタンパク質や血管障害の予防等に有効とされる多価不飽和脂肪酸を多く含み、健康的な食生活を営む上で重要な食材です。一方で、これらの肉には、食物連鎖によって自然界に存在する水銀が取り込まれ、生態系の高次に位置する鯨類等は、自然界の食物連鎖を通じて、他の魚介類と比較して、水銀濃度が高くなるものが見受けられます。

　古式捕鯨の発祥の地とも言われている和歌山県太地町では、伝統的な食文化の１つとして鯨肉が多く食されています。同町は、鯨肉に含まれる水銀による町民の健康への影響を調査するため、国立水俣病総合研究センター等の協力を得て、平成21（2009）〜23（2011）年度は成人を対象に、平成24（2012）〜29（2017）年度は小学生を対象に、毛髪及び神経学的検査を実施しました。この結果、水銀による健康影響は認められず、むしろ、健康のためにはn-3（オメガ3）系多価不飽和脂肪酸を多く含む鯨肉を食べた方が良いとの結果が得られました。この結果は、令和元（2019）年11月21日に太地町における「水銀と住民の健康影響に関する報告会」で報告されました。

　なお、水銀に関する近年の研究報告において、低濃度の水銀摂取が胎児に影響を与える可能性を懸念する報告がなされていることを踏まえ、妊娠中の魚介類の摂取について、厚生労働省が「妊婦への魚介類の摂食と水銀に関する注意事項」を公表しています。

第3章

令和元（2019）年11月21日　太地町における「水銀と住民の健康影響に関する報告会」
（写真提供：太地町）

（参考）
太地町による調査結果：http://www.town.taiji.wakayama.jp/suigin/suiginkekka.html
国立水俣病総合研究センターによる研究成果：http://nimd.env.go.jp/kenkyu/nenpo/nenpo_h30.html
厚生労働省（妊婦への魚介類の摂食と水銀に関する注意事項）：https://www.mhlw.go.jp/topics/bukyoku/iyaku/syoku-anzen/suigin/dl/index-a.pdf

（6） 海外漁業協力

（水産業の振興や資源管理のため、水産分野の無償資金協力及び技術協力を実施）

　我が国は、我が国漁船にとって重要な漁場を有する国や海洋生物資源の持続的利用の立場を共有する国を対象に、水産業の振興や資源管理を目的として水産分野の無償資金協力（水産関連の施設整備等）及び技術協力（専門家の派遣や政府職員等の研修の受入れによる人材育成・能力開発等）を実施しています。

　また、海外漁場における我が国漁船の安定的な操業の継続を確保するため、我が国の漁船が入漁している太平洋島しょ国等の沿岸国に対しては、民間団体が行う水産関連施設の修繕等に対する協力や水産技術の移転・普及に関する協力を支援しています。

　さらに、東南アジア地域における持続的な漁業の実現のため、東南アジア漁業開発センター（SEAFDEC）への財政的・技術的支援を行っています。

第4章

我が国の水産物の需給・消費をめぐる動き

（1） 水産物需給の動向

ア　我が国の魚介類の需給構造

（特集第1節（3））

（国内消費仕向量は716万トン）

　平成30（2018）年度の我が国における魚介類の国内消費仕向量は、716万トン（原魚換算ベース、概算値）となり、そのうち569万トン（80％）が食用消費仕向け、147万トン（20％）が非食用（飼肥料用）消費仕向けとなっています（図4－1）。国内消費仕向量を平成20（2008）年度と比べると、国内生産量が111万トン（22％）、輸入量が80万トン（17％）減少したことから、需給の規模は226万トン（24％）縮小しています。

図4－1　我が国の魚介類の生産・消費構造の変化

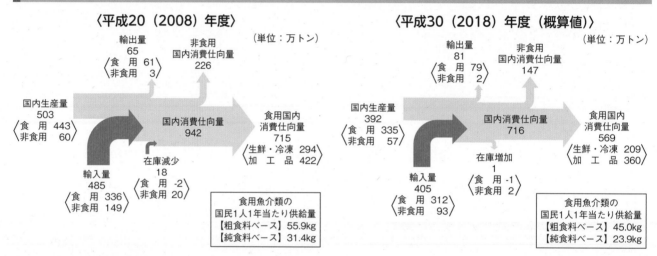

〈平成20（2008）年度〉　　　　　　　　　〈平成30（2018）年度（概算値）〉

資料：農林水産省「食料需給表」
　注：1）　数値は原魚換算したものであり（純食料ベースの供給量を除く）、海藻類、捕鯨業により捕獲されたもの及び鯨類科学調査の副産物を含まない。
　　　2）　粗食料とは、廃棄される部分も含んだ食用魚介類の数量であり、純食料とは、粗食料から通常の食習慣において廃棄される部分（魚の頭、内臓、骨等）を除いた可食部分のみの数量。

イ　食用魚介類自給率の動向
（食用魚介類の自給率は59％）

　平成30（2018）年度における我が国の食用魚介類の自給率（概算値）は、前年度から3ポイント増加して59％となりました（図4－2）。これは、主に国内生産量が増加する一方で、輸入量が減少し、輸出量が増加したことによるものです。

　食用魚介類自給率は、近年横ばい傾向にありますが、自給率は国内消費仕向量に占める国内生産量の割合であるため、国内生産量が減少しても、国内消費仕向量がそれ以上に減少すれば上昇します。このため、自給率の増減を考える場合には、その数値だけでなく、算定の根拠となっている国内生産量や国内消費仕向量にも目を向けることが重要です。

図4-2　食用魚介類の自給率の推移

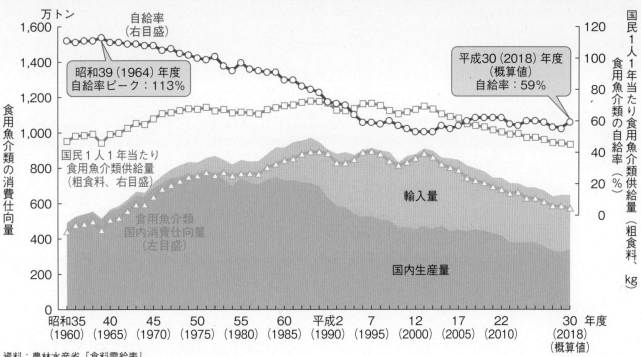

資料：農林水産省「食料需給表」
注：自給率（％）＝（国内生産量÷国内消費仕向量）×100
　　国内消費仕向量＝国内生産量＋輸入量－輸出量±在庫増減量

（2）　水産物消費の状況

ア　水産物消費の動向

（特集第1節（3））

（食用魚介類の1人1年当たりの消費量は23.9kg）

　我が国における魚介類の1人当たりの消費量は減少し続けています。「食料需給表」によれば、食用魚介類の1人1年当たりの消費量[1]（純食料ベース）は、平成13（2001）年度の40.2kgをピークに減少傾向にあり、平成30（2018）年度には、前年より0.5kg少ない23.9kgとなりました（図4-3）。これは、昭和30年代後半とほぼ同じ水準です。一方、我が国では、近年、1人当たりのたんぱく質の消費量自体も横ばいとなっている中で、肉類の消費量は増加傾向にあります。

---

[1]　農林水産省では、国内生産量、輸出入量、在庫の増減、人口等から「食用魚介類の1人1年当たり供給純食料」を算出している。この数字は、「食用魚介類の1人1年当たり消費量」とほぼ同等と考えられるため、ここでは「供給純食料」に代えて「消費量」を用いる。

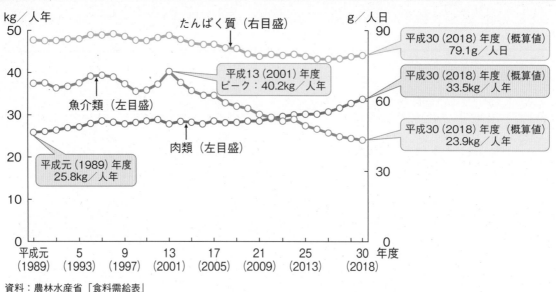

図4−3　食用魚介類及び肉類の1人1年当たり消費量（純食料）とたんぱく質の1人1日当たり消費量の推移

資料：農林水産省「食料需給表」

（生鮮魚介類の価格は大きく上昇）

　生鮮魚介類の1世帯当たりの年間購入量は一貫して減少する一方、近年の支出金額はおおむね横ばい傾向となっていましたが、直近3年は減少傾向が見られます（図4−4）。

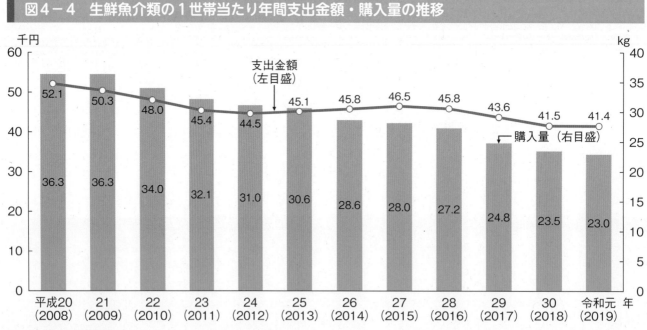

図4−4　生鮮魚介類の1世帯当たり年間支出金額・購入量の推移

資料：総務省「家計調査」
注：対象は二人以上の世帯。

　平成25（2013）年以降、食料品全体の価格が上昇していますが、特に生鮮魚介類及び生鮮肉類の価格は大きく上昇しています（図4−5）。また、生鮮魚介類の購入量は、価格の上昇と相反して減少していますが、サケについては、価格が上昇しても購入量は大きく減少していません。これは、切り身で売られることが多く調理がしやすい魚種は、水産物の消費が減少する中でも比較的安定的に消費されていることを示していると考えられます（図4−6）。

図4-5　食料品の消費者物価指数の推移

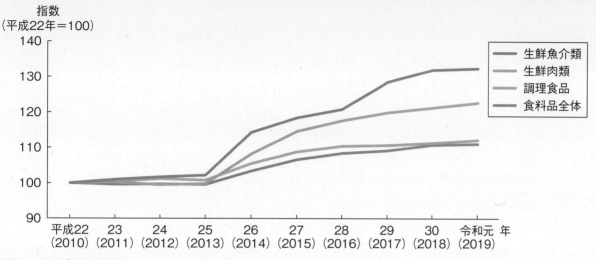

資料：総務省「消費者物価指数」に基づき水産庁で作成

図4-6　生鮮魚介類全体とサケの消費者物価指数と1人1年当たり購入量の推移

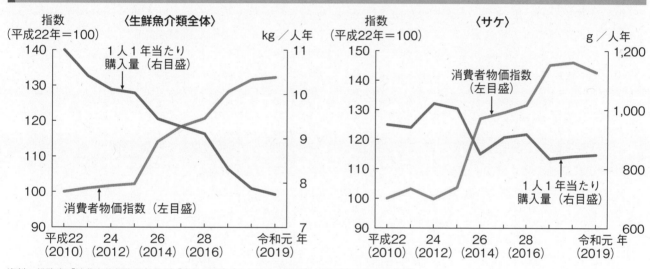

資料：総務省「消費者物価指数」及び「家計調査」（二人以上の世帯）に基づき水産庁で作成

コラム　魚はなぜおいしいのか？

　日本の食文化には魚介類が密接に関わっており、日本人は魚介類のおいしさを引き出し、数多くの料理を生み出してきました。では、そもそもなぜ魚はおいしいのでしょうか。

　おいしさは食べ物を評価する上で重要な要素ですが、その感覚は複雑で様々な要因が絡み合っています。これらの要因は食べ物の状態と食べる人の状態に大きく分けることができ、後者の要因により、おいしさの個人差が生まれますが、前者については科学的に分析することが可能です（表）。食べ物の状態による要因は、化学的要因と物理的要因に分けられます。ここでは、注目が高まっている活け締めを例として、化学的要因の味と物理的要因のテクスチャー（歯ごたえ）の両面のおいしさについて、メカニズムとおいしさを引き出すための工夫を見てみることにします。

表：おいしさの要因

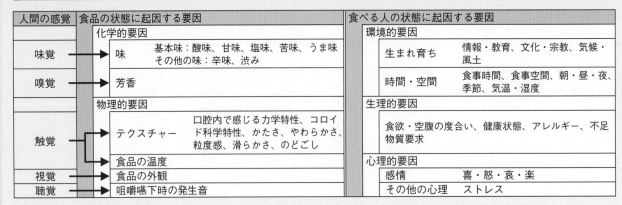

人間の感覚	食品の状態に起因する要因		食べる人の状態に起因する要因	
	化学的要因		環境的要因	
味覚 →	味	基本味：酸味、甘味、塩味、苦味、うま味 その他の味：辛味、渋み	生まれ育ち	情報・教育、文化・宗教、気候・風土
嗅覚 →	芳香		時間・空間	食事時間、食事空間、朝・昼・夜、季節、気温・湿度
	物理的要因		生理的要因	
触覚 →	テクスチャー	口腔内で感じる力学特性、コロイド科学特性、かたさ、やわらかさ、粒度感、滑らかさ、のどごし	食欲・空腹の度合い、健康状態、アレルギー、不足物質要求	
	食品の温度		心理的要因	
視覚 →	食品の外観		感情	喜・怒・哀・楽
聴覚 →	咀嚼嚥下時の発生音		その他の心理	ストレス

資料：高橋亮・西成勝好「おいしさのぶんせき」（ぶんせき. 2010,（428）, p.388-394）に基づき水産庁で作成

　魚の味や歯ごたえに大きく関わっているのは筋肉を構成しているたんぱく質で、水分を除けば魚に含まれる成分の中で圧倒的に多くなっています。新鮮な魚はコリコリとした歯ごたえがありますが、鮮度が落ちるにつれ、歯ごたえが失われていきます。歯ごたえの基となっているのは筋肉の繊維構造です。魚の死後硬直は、筋肉中のエネルギー源であるATPの消失により、筋肉の繊維が結合して起こります。その後、細胞内に含まれるたんぱく質分解酵素により、たんぱく質の構造物が崩壊して柔らかくなり、歯ごたえが失われていきます。一方で、たんぱく質やATPが分解されることによりうま味成分（グルタミン酸やイノシン酸）が増加し、魚の風味が向上します。しかし、同時に自己消化酵素や細菌の作用によりアミノ酸等が分解され、腐敗していきます。歯ごたえやうま味のピークは魚種やその魚の状態、処理方法によって差があります。

　死後硬直はATPの消失に伴って起こる現象のため、エネルギーの消耗が少ない状態で即死させた方が、死後硬直が遅くなります。また、捕まえた後の魚が暴れると、魚同士がぶつかり合い、魚体が傷つき、筋肉の痛みや細菌の繁殖の原因になります。体内の血液は、死んだ直後は無菌ですが、栄養素を豊富に含むため細菌が繁殖しやすい環境であり、腐敗しやすくなります。細菌が繁殖して腐敗しないようにするためには、血を取り除くことと細菌が活動しないよう温度を下げる（低温を保つ）ことが重要です。そのため、漁業者は、出荷する魚の鮮度を長持ちさせるため、氷締めや活け締め、神経締めを行います。

図：魚の死後の変化と処理方法の作用のイメージ

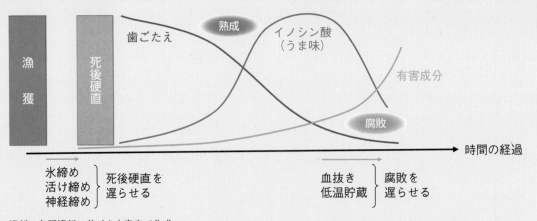

資料：各種資料に基づき水産庁で作成

氷締めは、血抜きをせずに氷で締める処理方法です。大量の魚を短時間で獲る漁業の現場では、多くの漁業者がこの処理方法を行っています。活け締めは、刃物を使って即死させ、血抜きを行ってから冷やす処理方法です。しかし、魚は脳が死んでも脊髄が生きており、死後もATPを消費し続けます。そのため、近年注目されている神経締めでは、活け締めの処理に加えて、ワイヤー状の専用器具を使い脊髄を破壊して、ATPの消費を抑えます。この処理により鮮度が長持ちし、都会等への長時間の運搬でも鮮度の良い状態を維持することができます。漁業の現場では、一部の漁業者が付加価値向上のため、主に価値の高い魚や大型の魚を対象に活け締めや神経締めを行っています。

　また、流通段階で、血抜きされていない魚やまだ体内に血が残っている魚に対して、水圧で強制的に血抜きを行う業者や、魚のうま味をより引き出すため、血抜きした魚を寝かせる「熟成」を行う業者や料理人もいます。

　魚種や産地、時期によって魚の歯ごたえや熟成するスピードは大きく異なり、また、うま味と歯ごたえのバランスの好みも魚種や人、地域によって異なります。漁業者や流通・小売業者、料理人は、その魚が最もおいしい状態で食べられるよう様々な処理や工夫を行っています。

イ　水産物に対する消費者の意識
（消費者の食の志向は健康志向、簡便化志向、経済性志向）

　水産物消費量は減少し続けています。その一因として、消費者の食の志向の変化が考えられます。株式会社日本政策金融公庫による「食の志向調査」を見てみると、令和2（2020）年1月には健康志向、簡便化志向、経済性志向の割合が上位を占めています。平成20（2008）年以降の推移を見てみると、経済性志向の割合が横ばい傾向となっている一方、健康志向及び簡便化志向の割合が増加傾向となっています。特に、簡便化志向の割合の増加が著しく、令和2（2020）年1月には、経済性志向の割合を上回り、健康志向の割合との差が縮まりました。一方で、安全志向、手作り志向は減少しています（図4－7）。

第1部

第4章

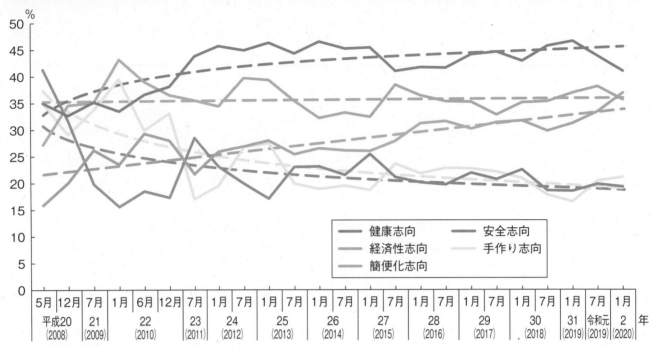

図4−7　消費者の現在の食の志向（上位）の推移

凡例：
健康志向　安全志向
経済性志向　手作り志向
簡便化志向

平成20（2008）5月　21（2009）12月・7月　22（2010）1月・6月・12月　23（2011）7月・1月　24（2012）7月・1月　25（2013）7月・1月　26（2014）7月・1月　27（2015）7月・1月　28（2016）7月・1月　29（2017）7月・1月　30（2018）7月・1月　31（2019）7月・1月　令和元（2019）7月　2（2020）1月　年

資料：（株）日本政策金融公庫　農林水産事業本部「食の志向調査」（インターネットによるアンケート調査、全国の20〜60歳代の男女2,000人（男女各1,000人）、食の志向を2つまで回答）に基づき水産庁で作成
注：破線は近似曲線又は近似直線。

コラム　魚離れ ≠ 魚嫌い

　日本人１人当たりの魚介類の消費量は減少し続けています。令和元（2019）年12月〜2（2020）年１月に農林水産省が実施した、消費者等を対象とした「食料・農業及び水産業に関する意識・意向調査」（以下「意識・意向調査」といいます。）における魚介類と肉類の購入状況を見ると、約６割の人が「肉類の方をよく購入する」と回答しています（図１）。

　一方で、魚食に関する意識について見てみると、一般社団法人大日本水産会が実施した「水産物消費嗜好動向調査」においては、魚料理が「好き」又は「やや好き」と回答した人は約９割となっており、また、意識・意向調査においては、魚を食べる量や頻度を増やしたいと回答した人は６割以上となっていました（図２）。これらのことから、一般的に、魚介類の消費量が減っている理由は、魚介類が嫌いということではないと考えられます。

図１：魚介類と肉類の購入状況

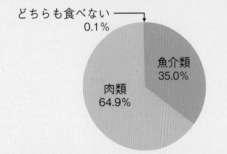

どちらも食べない 0.1%
魚介類 35.0%
肉類 64.9%

資料：農林水産省「食料・農業及び水産業に関する意識・意向調査」（令和元（2019）年12月〜2（2020）年１月実施、消費者モニター987人が対象（回収率90.7%））

図２：魚料理の好意度

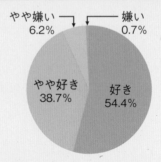

やや嫌い 6.2%
嫌い 0.7%
やや好き 38.7%
好き 54.4%

資料：（一社）大日本水産会「2019年（令和元年）度水産物消費嗜好動向調査」

　次に、肉類との比較で魚介類を消費する理由及びしない理由について見てみます。意識・意向調査においては、肉類と比べ魚介類をよく購入する理由について、「健康に配慮したから」と回答した割合が75.7％と最も高く、次いで「魚介類の方が肉類より美味しいから」（51.8％）となっています（図3）。一方、肉類と比べ魚介類をあまり購入しない理由について、「肉類を家族が求めるから」と回答した割合が45.9％と最も高く、次いで「魚介類は価格が高いから」（42.1％）、「魚介類は調理が面倒だから」（38.0％）の順となっています（図4）。これらのことから、肉類と比較して、魚介類の健康への良い効果の期待やおいしさが強みとなっている一方、家庭における魚介類の人気度が下がっていること、魚介類の価格の高さや調理の手間がかかることが弱みとなっていることがうかがえます。

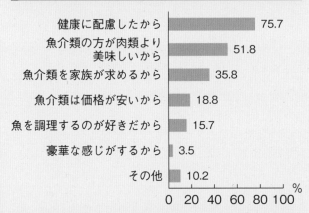

図3：魚介類をよく購入する理由（複数回答）

資料：農林水産省「食料・農業及び水産業に関する意識・意向調査」（令和元（2019）年12月〜2（2020）年1月実施、消費者モニター987人が対象（回収率90.7％））

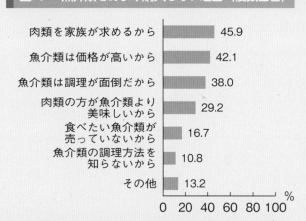

図4：魚介類をあまり購入しない理由（複数回答）

資料：農林水産省「食料・農業及び水産業に関する意識・意向調査」（令和元（2019）年12月〜2（2020）年1月実施、消費者モニター987人が対象（回収率90.7％））

　このように、消費者の多くは「魚を食べたい」と考えていますが、価格の高さや調理の手間など様々なハードルにより、「食べることが難しく」なっていると考えられます。消費者により魚を食べてもらうためには、これらのハードルをいかに取り除くかが課題となっています。

　近年、生鮮・冷凍の食用魚介類の消費仕向量が減少傾向にある中で、加工用の食用魚介類の消費仕向量は下げ止まりの兆しが見られます。結果として、消費仕向量全体に占める加工用の食用魚介類の割合が上昇しています（図4－8）。調理に対する簡便化志向が強まる中、生鮮・冷凍の食用魚介類に比べて、加工用の食用魚介類のニーズが高まっていると考えられます。

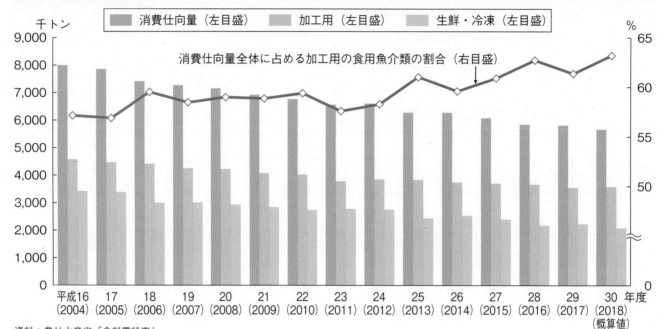

図4−8　生鮮・冷凍及び加工用の食用魚介類の消費仕向量等の推移

凡例：
- 消費仕向量（左目盛）
- 加工用（左目盛）
- 生鮮・冷凍（左目盛）

消費仕向量全体に占める加工用の食用魚介類の割合（右目盛）

平成16(2004)、17(2005)、18(2006)、19(2007)、20(2008)、21(2009)、22(2010)、23(2011)、24(2012)、25(2013)、26(2014)、27(2015)、28(2016)、29(2017)、30(2018)（概算値）年度

資料：農林水産省「食料需給表」
注：「塩干、くん製、その他」及び「かん詰」を合わせて加工用とした。

ウ　水産物の健康効果

（オメガ３脂肪酸や魚肉たんぱく質など水産物の摂取は健康に良い効果）

　水産物の摂取が健康に良い効果を与えることが、様々な研究から明らかになっています（表4−1、図4−9）。

　魚の脂質に多く含まれているドコサヘキサエン酸（DHA）、エイコサペンタエン酸（EPA）といったn−3（オメガ３）系多価不飽和脂肪酸は、胎児や子供の脳の発育に重要な役割を果たすことが分かっています（図4−10）。他にも、すい臓がん、肝臓がんや男性の糖尿病の予防、肥満の抑制、心臓や大動脈疾患リスクの低減等、様々な効果があることが明らかにされています。

　魚肉たんぱく質は、畜肉類のたんぱく質と並び、人間が生きていく上で必要な９種類の必須アミノ酸をバランス良く含む良質のたんぱく質であるだけでなく、大豆たんぱく質や乳たんぱく質と比べて消化されやすく、体内に取り込まれやすいという特徴もあり、離乳食で最初に摂取することが勧められている動物性たんぱく質は白身魚とされています。また、魚肉たんぱく質は、健康維持の機能を有している可能性も示唆されています。例えば、魚肉たんぱく質を主成分とするかまぼこをラットに与える実験では、血圧や血糖値の上昇の抑制等の効果が確認されています。さらに、鯨肉に多く含まれるアミノ酸であるバレニンは疲労の回復等に、イカやカキに多く含まれるタウリンは肝機能の強化や視力の回復に効果があることなどが示されています。

　カルシウムを摂取する際、カルシウムの吸収を促進するビタミンDを多く含むサケ・マス類やイワシ類などを併せて摂取することで骨を丈夫にする効果が高まります。また、ビタミンDは筋力を高める効果もあります。小魚を丸ごと食べ、その他の水産物も摂取することにより、カルシウムとビタミンDの両方が摂取され、骨密度の低下や筋肉量の減少等の老化防止に効果があると考えられます。

　海藻類は、ビタミンやミネラルに加え食物繊維にも富んでいます。その１つのフコイダンは、抗がん作用や免疫機能向上作用、アレルギー予防の効果が期待されており、モズクやヒジキ、ワカメ、コンブ等の褐藻類に多く含まれます。

　水産物は、優れた栄養特性と機能性を持つ食品であり、様々な魚介類や海藻類をバランス良く摂取することにより、健康の維持・増進が期待されます。

表4-1　水産物に含まれる主な機能性成分

機能性成分		多く含む魚介類	成分の概要・期待される効果
n-3 (オメガ3)系多価不飽和脂肪酸	DHA	クロマグロ脂身、スジコ、ブリ、サバ	• 魚油に多く含まれる多価不飽和脂肪酸 • 脳の発達促進、認知症予防、視力低下予防、動脈硬化の予防改善、抗がん作用等
	EPA	マイワシ、クロマグロ脂身、サバ、ブリ	• 魚油に多く含まれる多価不飽和脂肪酸 • 血栓予防、抗炎症作用、高血圧予防等
アスタキサンチン		サケ、オキアミ、サクラエビ、マダイ	• カロテノイドの一種 • 生体内抗酸化作用、免疫機能向上作用
バレニン		クジラ	• ２つのアミノ酸が結合したジペプチド • 抗酸化作用による抗疲労効果
タウリン		サザエ、カキ、コウイカ、マグロ血合肉	• アミノ酸の一種 • 動脈硬化予防、心疾患予防、胆石予防、貧血予防、肝臓の解毒作用の強化、視力の回復等
アルギン酸		褐藻類（モズク、ヒジキ、ワカメ、コンブ等）	• 高分子多糖類の一種で、褐藻類の粘質物に含まれる食物繊維 • コレステロール低下作用、血糖値の上昇抑制作用、便秘予防作用等
フコイダン		褐藻類（モズク、ヒジキ、ワカメ、コンブ等）	• 高分子多糖類の一種で、褐藻類の粘質物に含まれる食物繊維 • 抗がん作用、抗凝血活性、免疫向上作用等

資料：各種資料に基づき水産庁で作成

図4-9 水産物の摂取による健康効果に関する研究例

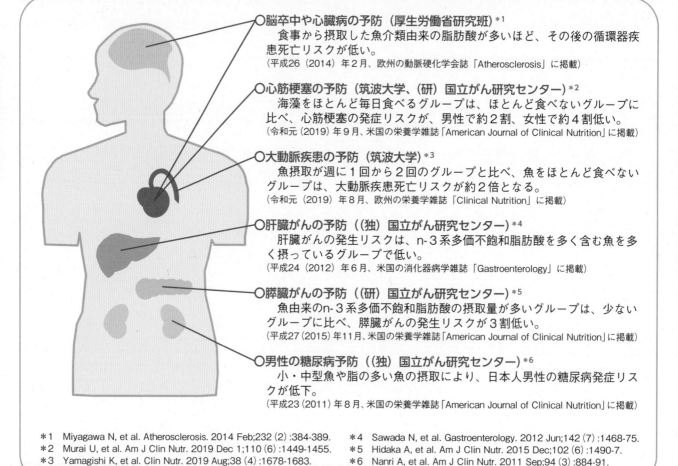

○脳卒中や心臓病の予防（厚生労働省研究班）[*1]
　　食事から摂取した魚介類由来の脂肪酸が多いほど、その後の循環器疾患死亡リスクが低い。
（平成26（2014）年2月、欧州の動脈硬化学会誌「Atherosclerosis」に掲載）

○心筋梗塞の予防（筑波大学、（研）国立がん研究センター）[*2]
　　海藻をほとんど毎日食べるグループは、ほとんど食べないグループに比べ、心筋梗塞の発症リスクが、男性で約2割、女性で約4割低い。
（令和元（2019）年9月、米国の栄養学雑誌「American Journal of Clinical Nutrition」に掲載）

○大動脈疾患の予防（筑波大学）[*3]
　　魚摂取が週に1回から2回のグループと比べ、魚をほとんど食べないグループは、大動脈疾患死亡リスクが約2倍となる。
（令和元（2019）年8月、欧州の栄養学雑誌「Clinical Nutrition」に掲載）

○肝臓がんの予防（（独）国立がん研究センター）[*4]
　　肝臓がんの発生リスクは、n-3系多価不飽和脂肪酸を多く含む魚を多く摂っているグループで低い。
（平成24（2012）年6月、米国の消化器病学雑誌「Gastroenterology」に掲載）

○膵臓がんの予防（（研）国立がん研究センター）[*5]
　　魚由来のn-3系多価不飽和脂肪酸の摂取量が多いグループは、少ないグループに比べ、膵臓がんの発生リスクが3割低い。
（平成27（2015）年11月、米国の栄養学雑誌「American Journal of Clinical Nutrition」に掲載）

○男性の糖尿病予防（（独）国立がん研究センター）[*6]
　　小・中型魚や脂の多い魚の摂取により、日本人男性の糖尿病発症リスクが低下。
（平成23（2011）年8月、米国の栄養学雑誌「American Journal of Clinical Nutrition」に掲載）

＊1　Miyagawa N, et al. Atherosclerosis. 2014 Feb;232（2）:384-389.
＊2　Murai U, et al. Am J Clin Nutr. 2019 Dec 1;110（6）:1449-1455.
＊3　Yamagishi K, et al. Clin Nutr. 2019 Aug;38（4）:1678-1683.
＊4　Sawada N, et al. Gastroenterology. 2012 Jun;142（7）:1468-75.
＊5　Hidaka A, et al. Am J Clin Nutr. 2015 Dec;102（6）:1490-7.
＊6　Nanri A, et al. Am J Clin Nutr. 2011 Sep;94（3）:884-91.

資料：各種資料に基づき水産庁で作成

図4-10　オメガ3脂肪酸（DHA・EPA）を多く含む食品の例

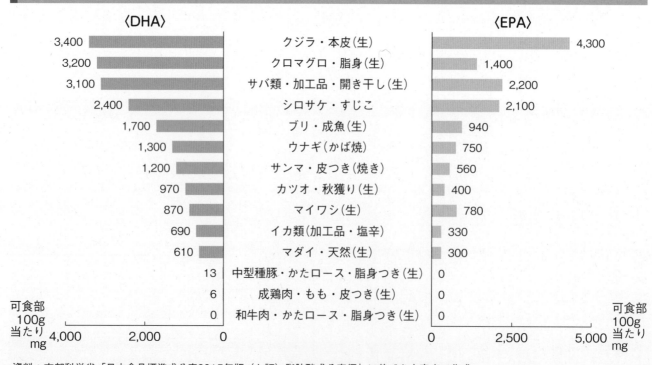

食品	〈DHA〉	〈EPA〉
クジラ・本皮（生）	3,400	4,300
クロマグロ・脂身（生）	3,200	1,400
サバ類・加工品・開き干し（生）	3,100	2,200
シロサケ・すじこ	2,400	2,100
ブリ・成魚（生）	1,700	940
ウナギ（かば焼）	1,300	750
サンマ・皮つき（焼き）	1,200	560
カツオ・秋獲り（生）	970	400
マイワシ（生）	870	780
イカ類（加工品・塩辛）	690	330
マダイ・天然（生）	610	300
中型種豚・かたロース・脂身つき（生）	13	0
成鶏肉・もも・皮つき（生）	6	0
和牛肉・かたロース・脂身つき（生）	0	0

可食部100g当たりmg

資料：文部科学省「日本食品標準成分表2015年版（七訂）脂肪酸成分表編」に基づき水産庁で作成

コラム　筋トレのおともにお魚はいかが？

　日本人の平均寿命は延び続け、平成30（2018）年には女性が87.32年、男性が81.25年となり、ともに過去最高を更新しました。平均寿命が延び続け、高齢化が進む日本社会において、日常生活に制限のない期間である「健康寿命[*1]」が注目されつつあります。「健康寿命」は、平成28（2016）年時点で女性は74.79、男性は72.14年となっており、いかに健康に生活できる期間を延ばすかが課題となっています。

　健康を保つための要素の１つが筋肉です。筋肉は、身体の機能に影響を及ぼすだけでなく、身体や顔、姿勢の見た目にも影響があります。そのため、近年は、健康な身体を維持したいという高齢者や、健康的に痩せたいという女性、健康を意識する働き盛りの男性など幅広い層で筋肉への関心が高まり、筋力トレーニング（筋トレ）がブームとなっています。経済産業省の「特定サービス産業動態調査」によると、平成30（2018）年にはフィットネスクラブが1,426事業所（前年比７％増）となり、増加しています。

　筋肉づくりには、たんぱく質の補給が欠かせません。筋トレブームに合わせて、低糖質・高たんぱく食品にも注目が集まっています。魚は、アミノ酸スコア[*2]の高いたんぱく質を豊富に含むだけでなく、ビタミンやDHA・EPAといった不飽和脂肪酸などの栄養も含まれています。また、魚肉たんぱく質は、大豆たんぱく質や乳たんぱく質と比較して消化・吸収されやすくなっています。平成30（2018）年には「カニかまが筋トレに最適な食材である」とメディアに紹介され、カニかまブームが巻き起こりました。

　近年では筋トレやダイエットをする人向けの魚商品も展開されており、魚を食べて運動をすることで、健康な身体を維持し、「健康寿命」が延びることが期待されます。

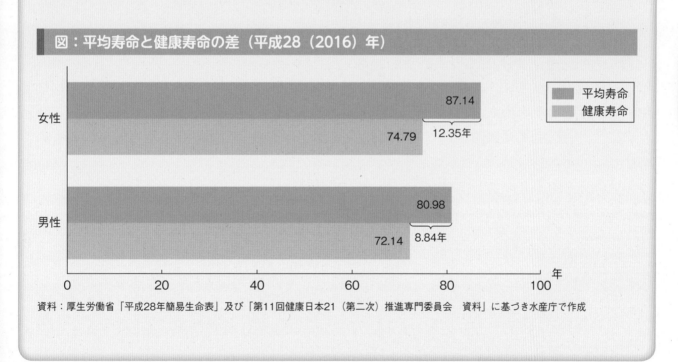

図：平均寿命と健康寿命の差（平成28（2016）年）

資料：厚生労働省「平成28年簡易生命表」及び「第11回健康日本21（第二次）推進専門委員会　資料」に基づき水産庁で作成

＊1　日本では、平均寿命から日常生活に制限がある期間を差し引いた期間により算出。
＊2　必須アミノ酸が、人間の身体にとって望ましい量に対してどれくらいの割合で含まれているかを示す指標。

エ　魚食普及に向けた取組

（特集第1節（3））

（学校給食等での食育の重要性）

　食に対する簡便化・外部化志向が強まり、家庭において魚食に関する知識の習得や体験などの食育の機会を十分に確保することが難しくなっていることは、若年層の魚介類の摂取量減少の一因になっていると思われます。

　若いうちから魚食習慣を身に付けるためには、学校給食等を通じ、子供のうちから水産物に親しむ機会をつくることが重要ですが、水産物の利用には、一定の予算の範囲内での提供や、あらかじめ献立を決めておく必要性、水揚げが不安定な中で一定の材料を決められた日に確実に提供できるのかという供給の問題、加工度の低い魚介類は調理に一定の設備や技術が必要となるという問題があります。また、安価で安定供給が期待でき、規格の定まった食材として、輸入水産物も使われているのが現状です。

　これらの問題を解決し、おいしい国産の魚介類を給食で提供するためには、地域の水産関係者と学校給食関係者が連携していくことが必要です。そこで、近年では、漁業者や加工・流通業者等が中心となり、食材を学校給食に提供するだけでなく、魚介類を用いた給食用の献立の開発や、漁業者自らが出前授業を行って魚食普及を図る活動が活発に行われています。

　また、「第3次食育推進基本計画」においては、令和2（2020）年度までに学校給食における地場産物の使用割合を30％以上にする目標値が定められるなど、地産地消の取組が推進されています。この方針の下、地元産の魚介類の使用に積極的に取り組む自治体も現れ、学校の栄養教諭、調理員等から漁業者や加工・流通業者に対し、地元の魚介類の提供を働きかける例も出てきています。

（「魚の国のしあわせ」プロジェクトの推進）

　平成24（2012）年8月に開始された「魚の国のしあわせ」プロジェクトは、消費者に広く魚食の魅力を伝え水産物消費を拡大していくため、漁業者、水産関係団体、流通業者、各種メーカー、学校・教育機関、行政等の水産に関わるあらゆる関係者による官民協働の取組です。

　このプロジェクトの下で行われている、水産物の消費拡大に資する様々な取組を行っている企業・団体を登録・公表し、個々の活動の更なる拡大を図る「魚の国のしあわせ」プロジェクト実証事業では、令和2（2020）年3月末までに115の企業・団体が登録されています。

　また、全国各地には、1）学校での出前授業や親子料理教室の開催等を通じて、子供やその家族に魚のおいしさを伝える、2）魚料理に関する書籍の出版やテレビ番組の企画、出演等、メディアを活用した消費者への日常的な魚食の推進を図るなど、様々な活動を展開している方がいます。このような方々を後押しするため、水産庁長官による「お魚かたりべ」の認定を行っており、令和2（2020）年3月末までに150名の方が任命されています。

　一般に調理が面倒だと敬遠されがちな水産物を、手軽・気軽においしく食べられるようにすることも魚食普及の1つです。電子レンジで温めるだけだったり、フライパンで炒めるだけだったりと、ひと手間加えるだけで手軽においしく食べられるような商品及びその食べ方を選定する「ファストフィッシュ」の取組も、「魚の国のしあわせ」プロジェクトの一環として行われています。これまでに3千を超える商品が「ファストフィッシュ」として選定され、スーパーマーケットやコンビニエンスストアなどで販売されています。

さらに、市場のニーズが多様化してきている中で、単に手軽・気軽というだけでなく、ライフスタイルや嗜好に合う形の商品を提案することにより、魚の消費の裾野を更に広げていくことが期待されます。このため、子供が好み、家族の食卓に並ぶ商品や食べ方を対象とする「キッズファストフィッシュ」、国産魚や地方独特の魚を利用した商品や食べ方を対象とする「ふるさとファストフィッシュ」というカテゴリーを平成28（2016）年度から新たに設け、従来の「ファストフィッシュ」と合わせて3つのカテゴリーで選定を行っています。令和2（2020）年3月末現在で、延べ3,342商品が「ファストフィッシュ」、28商品が「キッズファストフィッシュ」、98商品が「ふるさとファストフィッシュ」に登録されています。

国では、このような取組を消費者にとって身近なものにするため、実証事業を行っている企業・団体の活動の様子や、「お魚かたりべ」の名簿、「ファストフィッシュ」の選定商品等を利用者のニーズに合わせ、見やすく・検索しやすいような形で、Webページ等によりPRしています。

「魚の国のしあわせ」プロジェクトのロゴマーク

「ファストフィッシュ」のロゴマーク

（「プライドフィッシュ」の取組）

新鮮な旬の魚を日常的に食べる機会を持たない消費者もいる中で、魚介類の本当のおいしさを消費者に伝えることは、魚食普及に不可欠です。全国漁業協同組合連合会（JF全漁連）では、平成26（2014）年度から、地域ごと、季節ごとに漁師自らが自信を持って勧める水産物を「プライドフィッシュ」として選定・紹介する取組を始めました。全国各地のスーパーマーケットや百貨店でのフェアやコンテスト等を開催するとともに、「プライドフィッシュ」を味わえるご当地の飲食店や購入できる店舗を始め、魚食普及に関する様々な情報をインターネットにより紹介する取組も行っています。

コラム　**第7回 Fish－1グランプリ**

年に1度の魚の祭典「Fish－1グランプリ」が、令和元（2019）年11月17日、国産水産物流通促進センター（構成員：JF全漁連）の主催により東京都内で開催され、全国各地の漁師自慢の旬の魚を使った「プライドフィッシュ料理コンテスト」と国産魚を使った手軽・気軽に食べられる「国産魚ファストフィッシュ商品コンテスト」の2つのコンテストや、ステージイベント等が行われました。来場者による投票の結果、プライドフィッシュ料理コンテストでは、サケを出汁醤油と塩麹で味付けし、皮を揚げてパリパリに仕上げ、大粒のいくらと混ぜ合わせた「庄内浜産　おさしみ鮭とイクラ漬け丼」が、国産魚ファストフィッシュ商品コンテストでは、磯焼け問題の解決に貢献する「食べる磯焼け対策!! そう介のメンチカツ」が、それぞれグランプリに輝きました。

こうしたイベントを通して、多くの人々に水産物の魅力が伝わり、消費拡大につながることが期待されます。

JFやまがた
庄内浜産おさしみ鮭とイクラ漬け丼

プライドフィッシュ料理コンテストの
受賞者

（写真提供（全て）：JF全漁連）

有限会社 丸徳水産
食べる磯焼け対策!! そう介のメンチカツ

（3） 消費者への情報提供や知的財産保護のための取組

ア 水産物に関する食品表示
（輸入品以外の全加工食品について、上位1位の原材料の原産地が表示義務の対象）

　消費者が店頭で食品を選択する際、安全・安心、品質等の判断材料の1つとなるのが、食品の名称、原産地、原材料、消費期限等の情報を提供する食品表示で、食品の選択を確保する上で重要な役割を担っています。水産物を含む食品の表示は、平成27（2015）年より「食品表示法[*1]」の下で包括的・一元的に行われています。

　食品表示のうち、加工食品の原料原産地表示については、平成29（2017）年9月に同法に基づく「食品表示基準」が改正され、輸入品以外の全ての加工食品について、製品に占める重量割合上位1位の原材料が原料原産地表示の対象となっています。さらに、国民食であるおにぎりののりについては、重量割合としては低いものの、消費者が商品を選ぶ上で重要な情報と考えられること、表示の実行可能性が認められたことなどから、表示義務の対象とされています。なお、消費者への啓発及び事業者の表示切替えの準備のため、令和4（2022）年3月31日までを経過措置期間としています。

イ 機能性表示食品制度の動き
（機能性表示食品制度について、生鮮食品の水産物として2件が届出）

　機能性を表示することができる食品は、これまで国が個別に許可した特定保健用食品（トクホ）と国の規格基準に適合した栄養機能食品に限られていましたが、機能性を分かりやすく表示した商品の選択肢を増やし、消費者の方々がそうした商品の正しい情報を得て選択できるよう、平成27（2015）年4月に、「機能性表示食品制度」が始まりました。

　食品が含有する成分の機能性について、安全性と機能性に関する科学的根拠に基づき、食品関連事業者の責任で表示することができる機能性表示食品制度では、「生鮮食品を含め全

＊1　平成25（2013）年法律第70号

ての食品[*1]」が対象となっており、令和2（2020）年3月現在、生鮮食品の水産物としては、DHA・EPAの機能が表示されたカンパチ「よかとと　薩摩カンパチどん」及びブリ「活〆黒瀬ぶりロイン200g」の2件が届出されています。

ウ　水産エコラベルの動き

（特集第3節（2）ウ）

（MELが令和元（2019）年12月にGSSI承認を取得）

　資源の持続的利用や環境に配慮して生産されたものであることを消費者に情報提供する水産エコラベルを活用する動きが、世界的に広がりつつあります。世界には様々な水産エコラベルが存在し、それぞれの水産エコラベルごとに運営主体が存在します。日本国内では、主に、一般社団法人マリン・エコラベル・ジャパン協議会による漁業と養殖業を対象とした「MEL[*2]」（Marine Eco－Label Japan）、一般社団法人日本食育者協会による養殖業を対象とした「AEL[*2]」（Aquaculture Eco－Label）、英国に本部を置く海洋管理協議会による漁業を対象とした「MSC」（Marine Stewardship Council）、オランダに本部を置く水産養殖管理協議会による養殖業を対象とした「ASC」（Aquaculture Stewardship Council）などの水産エコラベル認証が主に活用されており、それぞれによる漁業と養殖業の認証実績があります（図4－11、図4－12）。

図4－11　我が国で主に活用されている水産エコラベル認証

MSC認証

〈イギリス〉
【日本での認証数】
6漁業
・ホタテガイ（北海道）
・カツオ（宮城県、静岡県）
・ビンナガ（宮城県、静岡県）
・カキ（岡山県）
273事業者（流通加工）

漁業

〈日本〉
【日本での認証数】
48漁業、21養殖業
・サケ（北海道）
・カツオ（高知県他）
・サンマ（岩手県）
・サクラエビ（静岡県）　等
58事業者（流通加工）

MEL認証

ASC認証

〈オランダ〉
【日本での認証数】
9養殖業（64養殖場）
・カキ（宮城県）
・ブリ（宮崎県、鹿児島県、大分県）
・カンパチ（鹿児島県）　等
136事業者（流通加工）

養殖業

〈日本〉
【日本での認証数】
42養殖業
・カンパチ（宮崎県）
・ブリ（鹿児島県）
・マダイ（愛媛県）　等
24事業者（流通加工）

AEL認証

※今後、MELに統合

海外発の認証　　日本発の認証

※認証数は令和2年3月31日時点（水産庁調べ）

＊1　特別用途食品、栄養機能食品、アルコールを含有する飲料及び脂質、飽和脂肪酸、コレステロール、糖類（単糖
　　類又は二糖類であって、糖アルコールでないものに限る。）及びナトリウムの過剰な摂取につながるものを除く。
＊2　（一社）日本食育者協会のAEL及び（一社）マリン・エコラベル・ジャパン協議会のMELは、平成30（2018）年
　　3月、双方が運営する養殖業の認証スキームをMELに統合することで基本合意した。

図4－12　国内の水産エコラベルの認証状況

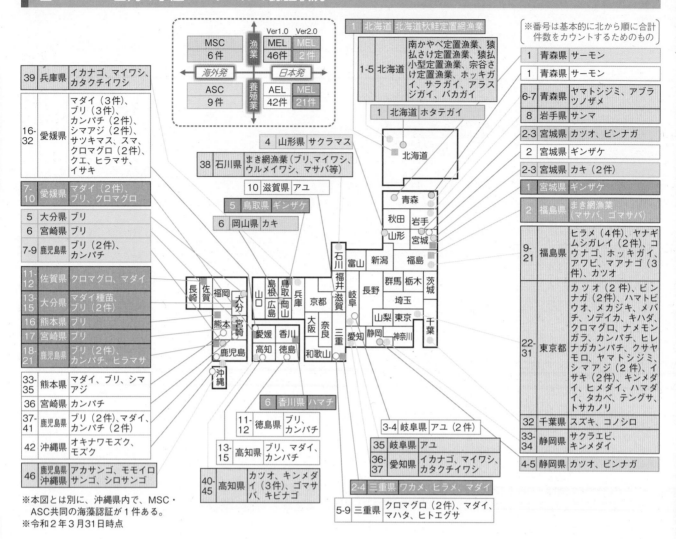

39	兵庫県	イカナゴ、マイワシ、カタクチイワシ
16-32	愛媛県	マダイ（3件）、ブリ（3件）、カンパチ（2件）、シマアジ（2件）、サツキマス、スマ、クロマグロ（2件）、クエ、ヒラマサ、イサキ
7-10	愛媛県	マダイ（2件）、ブリ、クロマグロ
5	大分県	ブリ
6	宮崎県	ブリ
7-9	鹿児島県	ブリ（2件）、カンパチ
11-12	佐賀県	クロマグロ、マダイ
13-15	大分県	マダイ種苗、ブリ（2件）
16	熊本県	ブリ
17	宮崎県	ブリ
18-21	鹿児島県	ブリ（2件）、カンパチ、ヒラマサ
33-35	熊本県	マダイ、ブリ、シマアジ
36	宮崎県	カンパチ
37-41	鹿児島県	ブリ（2件）、マダイ、カンパチ（2件）
42	沖縄県	オキナワモズク、モズク
46	鹿児島県 沖縄県	アカサンゴ、モモイロサンゴ、シロサンゴ

※本図とは別に、沖縄県内で、MSC・ASC共同の海藻認証が1件ある。
※令和2年3月31日時点

	Ver1.0	Ver2.0
漁業 MSC 6件	MEL 46件	MEL 2件
海外発		日本発
養殖業 ASC 9件	AEL 42件	MEL 21件

4	山形県	サクラマス
38	石川県	まき網漁業（ブリ、マイワシ、ウルメイワシ、マサバ等）
10	滋賀県	アユ
5	鳥取県	ギンザケ
6	岡山県	カキ

6	香川県	ハマチ
11-12	徳島県	ブリ、カンパチ
13-15	高知県	ブリ、マダイ、カンパチ
40-45	高知県	カツオ、キンメダイ（3件）、ゴマサバ、キビナゴ

3-4	岐阜県	アユ（2件）
35	岐阜県	アユ
36-37	愛知県	イカナゴ、マイワシ、カタクチイワシ
2-4	三重県	ワカメ、ヒラメ、マダイ
5-9	三重県	クロマグロ（2件）、マダイ、マハタ、ヒトエグサ

※番号は基本的に北から順に合計件数をカウントするためのもの

1	北海道	北海道秋鮭定置網漁業
1-5	北海道	南かやべ定置漁業、猿払さけ小型定置漁業、宗谷さけ定置漁業、ホッキガイ、サラガイ、アラスジガイ、バカガイ
1	北海道	ホタテガイ

1	青森県	サーモン
1	青森県	サーモン
6-7	青森県	ヤマトシジミ、アブラツノザメ
8	岩手県	サンマ
2-3	宮城県	カツオ、ビンナガ
2	宮城県	ギンザケ
2-3	宮城県	カキ（2件）
1	宮城県	ギンザケ
2	福島県	まき網漁業（マサバ、ゴマサバ）
9-21	福島県	ヒラメ（4件）、ヤナギムシガレイ（2件）、コウナゴ、ホッキガイ、アワビ、マアナゴ（3件）、カツオ
22-31	東京都	カツオ（2件）、ビンナガ（2件）、ハマトビウオ、メカジキ、メバチ、ソデイカ、キハダ、クロマグロ、ナメモンガラ、カンパチ、ヒレナガカンパチ、クサヤモロ、ヤマトシジミ、シマアジ（2件）、イサキ（2件）、キンメダイ、ヒメダイ、ハマダイ、タカベ、テングサ、トサカノリ
32	千葉県	スズキ、コノシロ
33-34	静岡県	サクラエビ、キンメダイ
4-5	静岡県	カツオ、ビンナガ

　水産エコラベルは、FAO水産委員会が採択した水産エコラベルガイドラインに沿った取組を指すことが基本です。しかし、世界には様々な水産エコラベルがあることから、水産エコラベルの信頼性確保と普及改善を図るため、「世界水産物持続可能性イニシアチブ（GSSI:Global Sustainable Seafood Initiative）」が平成25（2013）年に設立され、GSSIから承認を受けることが、国際的な水産エコラベル認証スキームとして通用するための潮流となっています。MSCは平成29（2017）年に、ASCは平成30（2018）年にGSSIからの承認を受けており、MELについても令和元（2019）年12月にGSSIからの承認を受けました[*1]。

　また、認証の取得を促進するための取組として、国立研究開発法人水産研究・教育機構を代表とする共同機関が、認証審査に必要な資料の収集・整理・登録を容易にし、認証取得に要する費用や時間の縮減を支援するシステム「水産エコラベル認証審査支援システム（MuSESC）」を開発し、運用に向けた準備を進めています。

　一方で、日本の水産物が持続可能で環境に配慮されたものであることを消費者に情報提供し、消費者が水産物を購入する際の判断の参考とするための取組として、（研）水産研究・

[*1]　ASCは、令和2（2020）年2月、従来のサーモンに加えて、エビが承認の対象に追加された。MELの承認の対象は、漁業Ver2.0、養殖Ver1.0、流通加工Ver2.0。

教育機構が「SH"U"N（Sustainable, Healthy and "Umai" Nippon seafood）プロジェクト」を始動・拡大させており、令和2（2020）年3月現在、25種35海域の水産物について、魚種ごとに資源や漁獲の情報、健康と安全・安心といった食べ物としての価値に関する情報を、Webサイトに公表しています。

エ　地理的表示保護制度
（令和元（2019）年度は新たに4件が地理的表示に登録）

　地理的表示（GI）保護制度は、品質や社会的評価等の特性が産地と結び付いている産品について、その名称を知的財産として保護する制度です。我が国では、「特定農林水産物等の名称の保護に関する法律（地理的表示法）[*1]」に基づいて平成27（2015）年から開始されました。この制度により、生産者にとっては、その名称の不正使用からの保護が図られるほか、副次的効果として地域ブランド産品としての付加価値の向上等が見込まれます。消費者にとっても、地理的表示保護制度により保護された名称の下で流通する一定の品質が維持された産品を選択できるという利点があります。また、地理的表示と併せて「GIマーク[*2]」を付すことで、当該名称を知らない者に対する真正な特産品であることの証明になります。

　我が国のGI産品等の保護のため、引き続き、国際協定による諸外国とのGIの相互保護に向けた取組を進めるほか、海外における我が国のGI等の名称の使用状況を調査し、都道府県等の関係機関と共有するとともにGIに対する侵害対策等の支援を行い、海外における知的財産侵害対策の強化を図ることで、農林水産物・食品等の輸出促進が期待されます。水産物に関しては、令和2（2020）年3月末までに、「下関ふく」、「十三湖産大和しじみ」、「みやぎサーモン」、「田子の浦しらす」、「若狭小浜小鯛ささ漬」、「岩手野田村荒海ホタテ」、「小川原湖産大和しじみ」、「越前がに」、「豊島タチウオ」、「田浦銀太刀」、「大野あさり」及び「檜山海参」の12件が地理的表示に登録されています（表4-2）。

＊1　平成26（2014）年法律第84号
＊2　登録された産品の地理的表示と併せて付すことができるもので、産品の確立した特性と地域との結び付きが見られる真正な地理的表示産品であることを証するもの。

表4－2　登録されている水産物の地理的表示（令和2（2020）年3月末現在）

〈登録産品一覧（水産関係）〉

登録番号	名称	写真	特定農林水産物等の生産地	特定農林水産物の特性
19	下関ふく		山口県下関市及び福岡県北九州市門司区	活かし込みにより身質が引き締まり、高い技術により高い鮮度を保ったみがき処理（除毒等）が行われているみがきふぐ（とらふぐ）。全国各地からの集荷と仲卸業者の確かな目利きにより、全国の需要者のニーズに応じた出荷が可能となっている。
23	十三湖産大和しじみ		青森県五所川原市（十三湖を含む。）、つがる市、北津軽郡中泊町	汽水湖であり、生息環境に優れた「十三湖」で漁獲されたヤマトシジミ。しじみの出汁、旨味が良く出ることが特徴。その品質の高さと年間を通しての安定した出荷は市場からも高く評価されている。
31	みやぎサーモン		宮城県石巻市、女川町、南三陸町、気仙沼市	おいしさを保つため活け締め処理を施した高鮮度な養殖ギンザケ。身にツヤと張りがあり、包丁を入れると刃をつかむような感触。生鮮で刺身で食べられるほか、生臭くなく、他の食材や様々な調理法にも合わせやすい。
36	田子の浦しらす		静岡県田子の浦沖（富士市沖、沼津市沖）	鮮度が良く、形の良い状態で水揚げされるため、透明でぷりぷりした食感が特徴。冷凍したものを解凍しても水揚げ時と区別がつかない。新鮮で身に傷が少ないため、釜揚げにすると「し」の字の形となり、ふっくらとした旨味の濃いものができる。
45	若狭小浜小鯛ささ漬		福井県小浜市	日本海産の小鯛を三枚におろして薄塩にし、酢あるいは調味酢に漬けた後、樽詰め等にしたもの。皮の色が美しいピンク色に輝き、身はつやを伴った淡い飴色または透明感のある白色で身の締まりと適度な塩気と酸味を有している。塩や酢の使い方により保存性を有しながら生に近い風味を持つ。
47	岩手野田村荒海ホタテ		岩手県野田村野田湾	プランクトンが豊富で自由に泳ぎ回れる環境下で養殖されたホタテガイ。身は肉厚で旨味が濃く、貝柱は繊維がしっかりとして弾力がある。貝殻は表面に付着した生物が丁寧に除去されているため美しい。

52	小川原湖産大和しじみ		青森県上北郡東北町（小川原湖を含む。）、上北郡六ヶ所村、三沢市	大粒で濃厚な出汁が出るだけでなく、身もしっかり味わえることが特徴のヤマトシジミ。外見も良く、出荷後にも鮮度の良い状態が保持できる。また、しじみ専用の市場で品質がチェックされるため、品質にばらつきがなく安定した品質を維持。
69	越前がに		福井県	漁獲後水揚げまでの間、冷温で保管されるため、鮮度が良く、身質が良く、鮮度低下の早いカニミソや内子（卵巣）も濃厚な旨味を持ち、品質が高いずわいがに。福井県により90年以上にわたり皇室に特産品として献上され、同県を代表する水産物として全国的に高い知名度を有し、重量当たりの単価は全国平均を上回っている。
84	豊島タチウオ		広島県呉市豊浜町豊島沖周辺海域	豊島の漁師に受け継がれてきた一本釣り漁法、鮮度保持技術により、傷のない美しい外観、高い鮮度を有しているタチウオ。その見た目の美しさ、鮮度の良さが市場から高く評価されている。
88	田浦銀太刀		熊本県葦北郡芦北町田浦沖及びその周辺海域（八代海）	芦北町田浦漁港に水揚げされる釣りたちうお。肉付きが良く、脂がほどよく乗る割に白身魚の旨みも良好に備わり、身の締まった身質で魚体は光沢のある鮮やかな銀白色の美しい外観が保たれている。品質の良さは市場関係者に高く評価され、熊本市内の地方卸売市場で他のたちうおと比べ約5割高値で取引されている。
89	大野あさり		広島県廿日市市	ほとんどが殻長35mm以上で45mmを超えるサイズも珍しくない大型のあさり。身質は肉厚でふっくらとし、あさりのうま味が強く、出汁も濃厚な味わいとなる。また、砂かみが少なく品質が安定している。どのような料理でも見栄えが良く、味が引き立つと需要者に高く評価され、高値で取引されている。
92	檜山海参		北海道久遠郡せたな町、二海郡八雲町、爾志郡乙部町、檜山郡江差町及び上ノ国町、奥尻郡奥尻町	生産地の地先海面で漁獲されたなまこを同地域で加工した干しなまこ。疣足（いぼあし）の突起に覆われたような形態で姿が良い。水戻し後は、姿を良好に保ちながら、肉厚で身崩れせず、適度な粘りと弾力を有し食感が良い。塩抜きの手間が省け調理しやすい。中国料理で価値の高い「刺参」に相当し、需要者から高く評価。

詳しくは下記のアドレスを御覧ください。
https://www.maff.go.jp/j/shokusan/gi_act/register/

（4） 水産物貿易の動向

ア　水産物輸入の動向
（水産物輸入金額は１兆7,404億円）

　我が国の水産物輸入量（製品重量ベース）は、国際的な水産物需要の高まりや国内消費の減少等に伴っておおむね減少傾向で推移していましたが、令和元（2019）年は前年から４％増の247万トンとなりました（図４−13）。また、令和元（2019）年の水産物輸入金額は、前年から３％減の１兆7,404億円となりました。

　輸入金額の上位を占める品目は、サケ・マス類、カツオ・マグロ類、エビ等です（図４−14）。輸入相手国・地域は品目に応じて様々ですが、サケ・マス類はチリ、ノルウェー等、カツオ・マグロ類は台湾、中国、マルタ等、エビはベトナム、インド、インドネシア等から多く輸入されています（図４−15）。

図４−13　我が国の水産物輸入量・輸入金額の推移

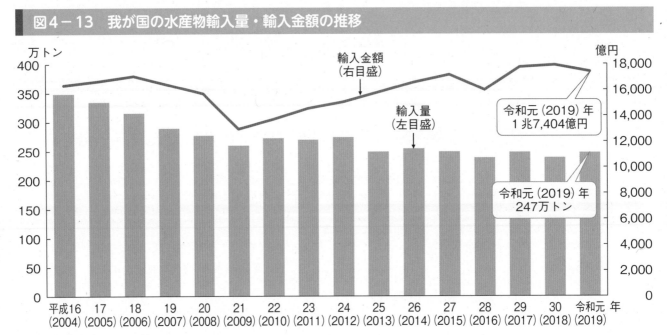

資料：財務省「貿易統計」に基づき水産庁で作成

図4-14　我が国の水産物輸入相手国・地域及び品目内訳

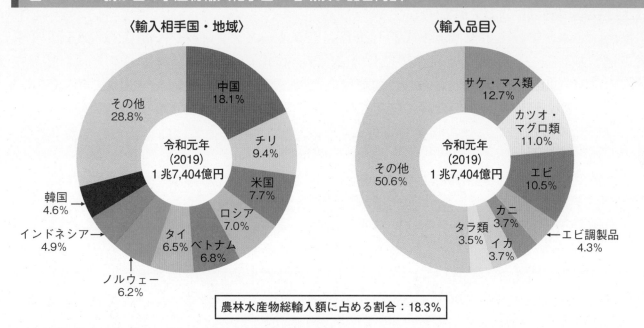

〈輸入相手国・地域〉

令和元年
（2019）
1兆7,404億円

- 中国 18.1%
- チリ 9.4%
- 米国 7.7%
- ロシア 7.0%
- ベトナム 6.8%
- タイ 6.5%
- ノルウェー 6.2%
- インドネシア 4.9%
- 韓国 4.6%
- その他 28.8%

〈輸入品目〉

令和元年
（2019）
1兆7,404億円

- サケ・マス類 12.7%
- カツオ・マグロ類 11.0%
- エビ 10.5%
- エビ調製品 4.3%
- イカ 3.7%
- カニ 3.7%
- タラ類 3.5%
- その他 50.6%

農林水産物総輸入額に占める割合：18.3%

資料：財務省「貿易統計」（令和元（2019）年）に基づき水産庁で作成

図4-15　我が国の主な輸入水産物の輸入相手国・地域

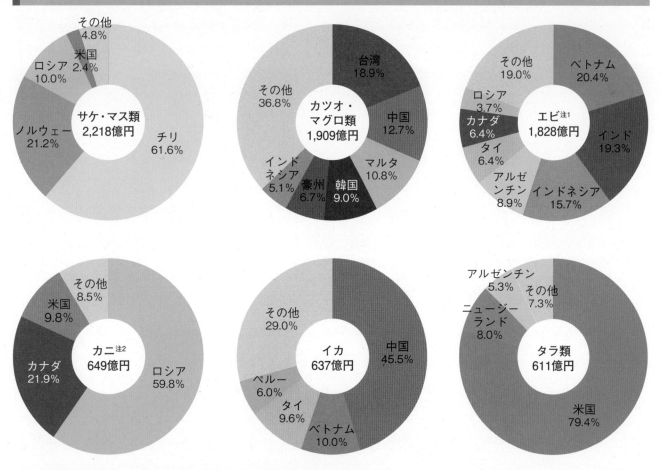

サケ・マス類
2,218億円
- チリ 61.6%
- ノルウェー 21.2%
- ロシア 10.0%
- 米国 2.4%
- その他 4.8%

カツオ・マグロ類
1,909億円
- 台湾 18.9%
- 中国 12.7%
- マルタ 10.8%
- 韓国 9.0%
- 豪州 6.7%
- インドネシア 5.1%
- その他 36.8%

エビ注1
1,828億円
- ベトナム 20.4%
- インド 19.3%
- インドネシア 15.7%
- アルゼンチン 8.9%
- タイ 6.4%
- カナダ 6.4%
- ロシア 3.7%
- その他 19.0%

カニ注2
649億円
- ロシア 59.8%
- カナダ 21.9%
- 米国 9.8%
- その他 8.5%

イカ
637億円
- 中国 45.5%
- ベトナム 10.0%
- タイ 9.6%
- ペルー 6.0%
- その他 29.0%

タラ類
611億円
- 米国 79.4%
- ニュージーランド 8.0%
- アルゼンチン 5.3%
- その他 7.3%

資料：財務省「貿易統計」（令和元（2019）年）に基づき水産庁で作成
注：1）エビについては、このほかエビ調製品（744億円）が輸入されている。
　　2）カニについては、このほかカニ調製品（72億円）が輸入されている。

イ　水産物輸出の動向

（水産物輸出金額は2,873億円）

　我が国の水産物輸出金額は、平成20（2008）年のリーマンショックや平成23（2011）年の東京電力福島第一原子力発電所の事故による諸外国の輸入規制の影響等により落ち込んだ後、平成24（2012）年以降はおおむね増加傾向となっています。令和元（2019）年は、主力であるサバ等の漁獲量減少のほか、輸出先第1位である香港の情勢不安等の影響により、輸出量（製品重量ベース）は前年から15%減の64万トン、輸出金額は前年から5%減の2,873億円となりました（図4-16）。

　主な輸出相手国・地域は香港、中国、米国で、これら3か国・地域で輸出金額の約6割を占めています（図4-17）。品目別では、中国等向けに輸出されるホタテガイ、主に香港向けに輸出される真珠等が上位となっています（図4-18）。

　令和元（2019）年は輸出拡大には不利な条件が重なる年でしたが、米国におけるブリの消費拡大に見られるような海外マーケットにおける日本産水産物の需要の増加や、国際見本市の出展者数の増加等、国内事業者の輸出への機運が高まったと見られ、平成以降の水産物輸出では、第2位の輸出額となりました。

図4-16　我が国の水産物輸出量・輸出金額の推移

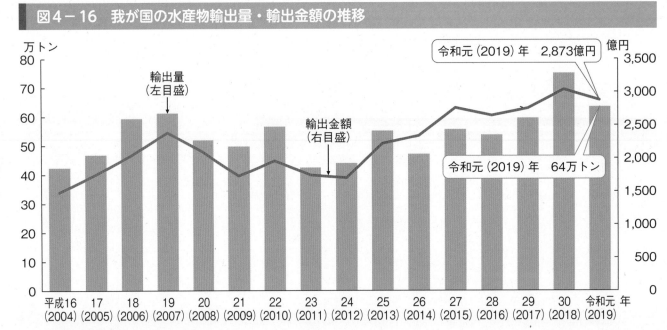

資料：財務省「貿易統計」に基づき水産庁で作成

図4-17　我が国の水産物輸出相手国・地域及び品目内訳

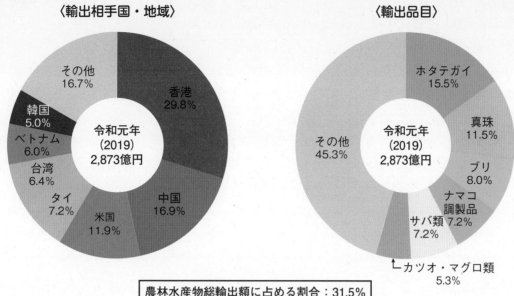

〈輸出相手国・地域〉

〈輸出品目〉

令和元年
(2019)
2,873億円

その他
16.7%
香港
29.8%
韓国
5.0%
ベトナム
6.0%
台湾
6.4%
タイ
7.2%
米国
11.9%
中国
16.9%

令和元年
(2019)
2,873億円

ホタテガイ
15.5%
真珠
11.5%
ブリ
8.0%
ナマコ
調製品 7.2%
サバ類 7.2%
カツオ・マグロ類
5.3%
その他
45.3%

農林水産物総輸出額に占める割合：31.5%

資料：財務省「貿易統計」（令和元（2019）年）に基づき水産庁で作成

図4-18　我が国の主な輸出水産物の輸出相手国・地域

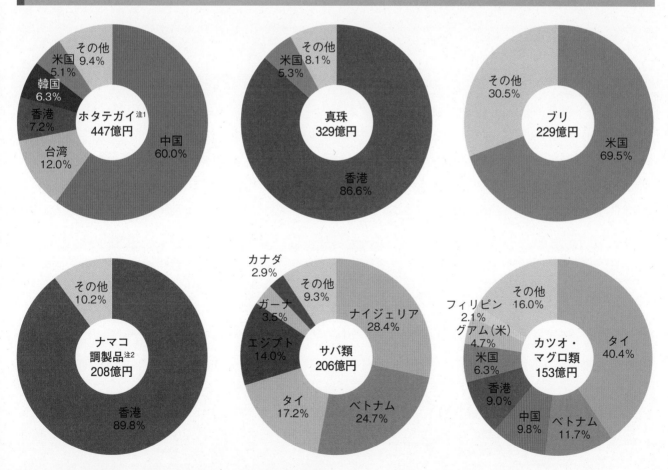

ホタテガイ注1
447億円

その他
9.4%
米国
5.1%
韓国
6.3%
香港
7.2%
台湾
12.0%
中国
60.0%

真珠
329億円

その他
8.1%
米国
5.3%
香港
86.6%

ブリ
229億円

その他
30.5%
米国
69.5%

ナマコ
調製品注2
208億円

その他
10.2%
香港
89.8%

サバ類
206億円

カナダ
2.9%
ガーナ
3.5%
エジプト
14.0%
タイ
17.2%
その他
9.3%
ナイジェリア
28.4%
ベトナム
24.7%

カツオ・
マグロ類
153億円

フィリピン
2.1%
グアム（米）
4.7%
米国
6.3%
香港
9.0%
中国
9.8%
ベトナム
11.7%
その他
16.0%
タイ
40.4%

資料：財務省「貿易統計」（令和元（2019）年）に基づき水産庁で作成
注：1）ホタテガイについては、このほかホタテガイ調製品（76億円）が輸出されている。
　　2）ナマコについては、このほかナマコ（調製品以外）（41億円）が輸出されている。

第1部

第4章

ウ　水産物輸出の拡大に向けた取組

（特集第3節（2）ウ）

（水産物輸出目標は、令和12（2030）年までに1.2兆円）

　国内の水産物市場が縮小する一方で、世界の水産物市場はアジアを中心に拡大しています。このため、我が国の漁業者等の所得向上を図り、水産業が持続的に発展していくためには、水産物の輸出の大幅な拡大を図り、世界の食市場を獲得していくことが不可欠です。

　このような中で、海外市場の拡大を図るため、独立行政法人日本貿易振興機構（JETRO）や水産物・水産加工品輸出拡大協議会によるオールジャパンでのプロモーション活動・商談会の開催、日本食品海外プロモーションセンター（JFOODO）によるプロモーション等が行われています。加えて、輸出先国・地域の衛生基準等に適合した輸出環境を整備するため、国では、欧米への輸出時に必要とされる水産加工施設等のHACCP対応や、輸出増大が見込まれる漁港における高度な衛生管理体制の構築、海外の規制・ニーズに対応したグローバル産地形成の取組等を進めています。

　また、令和元（2019）年11月には、農林水産業・食品産業の持続的な発展に寄与することを目的とし、我が国で生産された農林水産物・食品の輸出の促進を図るため、「農林水産物及び食品の輸出の促進に関する法律[*1]」が公布され、本法に基づき、令和2（2020）年4月に「農林水産物・食品輸出本部」が農林水産省に創設されることとなりました。この本部においては、輸出を戦略的かつ効率的に促進するための基本方針や実行計画（工程表）を策定し、進捗管理を行うとともに、東京電力福島第一原子力発電所の事故に伴う放射性物質に関する輸入規制の緩和・撤廃を始めとした輸出先国との協議の加速化、輸出向けの施設整備と施設認定の迅速化、輸出手続の迅速化、輸出証明書発行等の申請・相談窓口の一元化・利便性向上、輸出に取り組む事業者の支援等を推進することとしています。

　なお、令和2（2020）年3月6日に開催された「農林水産物・食品の輸出拡大のための輸入国規制への対応等に関する関係閣僚会議」において、令和12（2030）年までに農林水産物・食品の輸出額を5兆円とする新たな目標が示され、同月31日に閣議決定された「食料・農業・農村基本計画」において位置付けられました。この目標のうち、水産物の輸出額は1.2兆円とされています。

> **コラム**　**輸出先国のニーズに応じた商流・物流の構築**
>
> 　サバの主要水揚地である千葉県銚子地区においては、これまでは国内向け・国外向けともに内容量が15kgのダンボール容器での出荷・流通が主流となっていました。一方、近年冷凍サバの需要が高まっているベトナム等東南アジア新興国では、小規模店舗が多いことや港などでの荷積みおろしが人力中心で行われていることから、冷凍水産物等の容器形状は、10kg箱製品が主流となっています。そこで令和元年、同地区の株式会社大國屋は、こうした輸出先国の物流の実情に応じた10kg箱の製造ラインを新たに整備しました。また、トラックドライバーや輸送車両の不足による陸送手段の縮小等によって輸出できる量が制限されているといった事態も生じていたことから、同地区の株式会社三協では、コンテナトランス

[*1]　令和元（2019）年法律第57号

第4章　我が国の水産物の需給・消費をめぐる動き

ファーステーションを整備し、冷凍コンテナによる保管を実施し、効果的に出荷できるようにしました。このように生産（銚子市漁業協同組合）、加工（全銚子市加工業協同組合連合会、株式会社大國屋）、流通（株式会社三協）、輸出（全国水産加工業協同組合連合会、有限会社サトーシーフーズ）の関係者が連携し輸出先国のニーズに合わせた流通改善に取り組みました。

　水産庁では、水産物の輸出の拡大を図るため、このような国際マーケットに通用するモデル的な商流・物流の構築の取り組みを今後も支援していきます。

輸出先国でニーズの高い規格の商品の製造ライン
（写真提供：株式会社大國屋）

第1部

第1部

第4章

199

第5章

安全で活力ある漁村づくり

（1） 漁村の現状と役割

ア　漁村の現状

（漁港背後集落人口は184万人）

　海岸線の総延長が約3万5千km[*1]に及ぶ我が国の国土は、約7千の島々から成り立っています。この海岸沿いの津々浦々に存在する漁業集落の多くは、リアス海岸、半島、離島に立地しており、漁業生産に有利な条件である反面、自然災害に対してぜい弱であるなど、漁業以外の面では不利な条件下に置かれています。漁業集落のうち漁港の背後に位置する漁港背後集落[*2]の状況を見ると、半島地域にあるものが34％、離島地域にあるものが19％となっており、また、その立地特性においては、背後に崖や山が迫る狭隘な土地にあるものが60％あり、急傾斜地にあるものが28％を占めています（表5－1、図5－1）。

表5－1　漁港背後集落の状況

漁港背後集落総数	離島地域・半島地域・過疎地域のいずれかに指定されている地域			
		うち離島地域	うち半島地域	うち過疎地域
4,090 (100%)	3,150 (77.0%)	787 (19.2%)	1,405 (34.4%)	2,780 (68.0%)

資料：水産庁調べ（令和元（2019）年）
注：1）離島地域、半島地域及び過疎地域は離島振興法、半島振興法及び過疎地域自立促進特別措置法に基づき重複して地域指定されている場合がある。
　　2）岩手県、宮城県及び福島県の3県を除く。

図5－1　漁港背後集落の立地特性

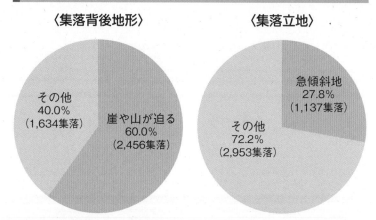

〈集落背後地形〉

その他 40.0% (1,634集落)
崖や山が迫る 60.0% (2,456集落)

〈集落立地〉

急傾斜地 27.8% (1,137集落)
その他 72.2% (2,953集落)

資料：水産庁調べ（令和元（2019）年）
注：1）急傾斜地とは、傾斜度が30度以上かつ斜面の高さが5m以上の崖地。
　　2）岩手県、宮城県及び福島県の3県を除く。

---

*1　国土交通省「海岸統計」による。
*2　漁港の背後に位置する人口5千人以下かつ漁家2戸以上の集落。

　このような立地条件にある漁村では、高齢化率が全国平均を約10ポイント上回るとともに、人口は一貫して減少しており、平成31（2019）年３月末現在の漁港背後集落人口は184万人となっています（図5-2）。

図5-2　漁港背後集落の人口と高齢化率の推移

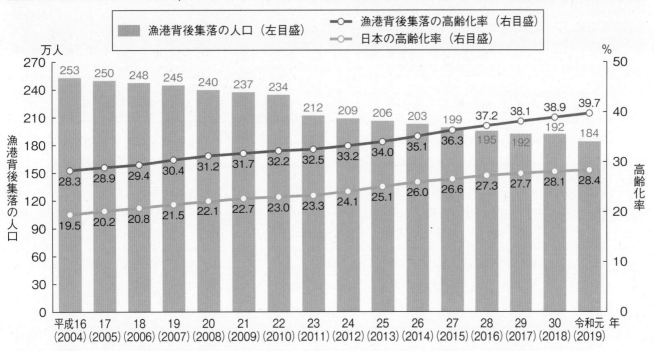

資料：水産庁調べ（漁港背後集落の人口及び高齢化率）、総務省「人口推計」（日本の高齢化率、国勢調査実施年は国勢調査人口による）
　注：1)　高齢化率とは、区分ごとの総人口に占める65歳以上の人口の割合。
　　　2)　平成23（2011）～令和元（2019）年の漁港背後集落の人口及び高齢化率は、岩手県、宮城県及び福島県の３県を除く。

イ　漁業・漁村が有する多面的機能

（特集第３節（2）オ）

（漁業者等が行う多面的機能の発揮に資する取組を支援）

　漁業及び漁村は、漁業生産活動を行い、国民に魚介類を供給する役割だけでなく、1）自然環境を保全する機能、2）国民の生命・財産を保全する機能、3）交流等の場を提供する機能、及び、4）地域社会を形成し維持する機能等の多面的な機能も果たしており、その恩恵は、漁業者や漁村の住民に留まらず、広く国民一般にも及びます（図5-3）。

第1部

第5章

図5-3　漁業・漁村の多面的機能

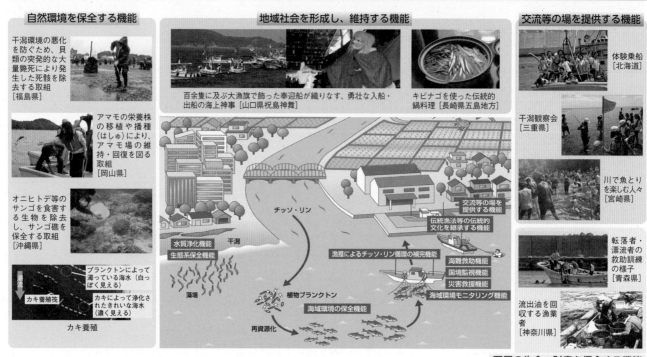

自然環境を保全する機能

干潟環境の悪化を防ぐため、貝類の突発的な大量斃死により発生した死骸を除去する取組[福島県]

アマモの栄養株の移植や播種（はしゅ）により、アマモ場の維持・回復を図る取組[岡山県]

オニヒトデ等のサンゴを食害する生物を除去し、サンゴ礁を保全する取組[沖縄県]

プランクトンによって濁っている海水（白っぽく見える）

カキによって浄化されたきれいな海水（濃く見える）

カキ養殖筏

カキ養殖

地域社会を形成し、維持する機能

百余隻に及ぶ大漁旗で飾った奉迎船が織りなす、勇壮な入船・出船の海上神事[山口県祝島神舞]

キビナゴを使った伝統的鍋料理[長崎県五島地方]

チッソ・リン

水質浄化機能
生態系保全機能

干潟

藻場

漁獲によるチッソ・リン循環の補完機能

植物プランクトン

海域環境の保全機能

再資源化

交流等の場を提供する機能

伝統漁法等の伝統的文化を継承する機能

海難救助機能
国境監視機能
災害救援機能

海域環境モニタリング機能

交流等の場を提供する機能

体験乗船[北海道]

干潟観察会[三重県]

川で魚とりを楽しむ人々[宮崎県]

転落者・漂流者の救助訓練の様子[青森県]

流出油を回収する漁業者[神奈川県]

国民の生命・財産を保全する機能

資料：日本学術会議答申を踏まえて農林水産省で作成（水産業・漁村関係のみ抜粋）

　このような漁業・漁村の多面的機能は、人々が漁村に住み、漁業が健全に営まれることによって初めて発揮されるものですが、漁村の人口減少や高齢化が進めば、漁村の活力が衰退し、多面的機能の発揮にも支障が生じます。平成29（2017）年4月に閣議決定された「水産基本計画」において、水産業・漁村の持つ多面的機能が将来にわたって発揮されるよう、一層の国民の理解の増進を図りつつ効率的・効果的な取組を促進するとともに、特に国境水域監視の機能については、漁村と漁業者による「巨大な海の監視ネットワークが形成されている」ことが明記されました（表5-2）。また、「漁業法等の一部を改正する等の法律[*1]」による改正後の「漁業法[*2]」において、国及び都道府県は、漁業・漁村が多面的機能を有していることに鑑み、漁業者等の活動が健全に行われ、漁村が活性化するよう十分配慮することが規定されました。このため、国では、漁村を取り巻く状況に応じて多面的機能が効率的・効果的に発揮できるよう、漁業者を始めとした関係者に創意工夫を促しつつ、藻場や干潟の保全、内水面生態系の維持・保全・改善、海難救助や国境・水域監視等の漁業者等が行う多面的機能の発揮に資する取組が引き続き活発に行われるよう、国民の理解の増進を図りながら支援していくこととしています。

*1　平成30（2018）年法律第95号
*2　昭和24（1949）年法律第267号

表5−2　水産基本計画における「水産多面的機能」に関する記述

> 第二　水産に関し総合的かつ計画的に講ずべき施策
>
> Ⅰ　浜プランを軸とした漁業・漁村の活性化
>
> 6　多面的機能の発揮の促進（抄）
> 　水産業・漁村の持つ多面的な機能が将来にわたって発揮されるよう、一層の国民の理解の増進を図りつつ効率的・効果的な取組を促進する。
> 　特に国境監視の機能については、全国に存在する漁村と漁業者による巨大な海の監視ネットワークが形成されていることから、国民の理解を得つつ、漁業者と国や地方公共団体の取締部局との協力体制の構築を含め、その機能を高めるための具体的な方策について関係府省が連携して検討し、成案を得る。（以下略）

事例　アマモ場の再生（熊本県芦北町）

　熊本県南部に位置する芦北町には大関山を源とする佐敷川と湯浦川があり、町の中心部を流れ野坂の浦を通じて八代海へ注いでいます。野坂の浦には、かつて広大なアマモ場がありましたが、坑木林業の衰退とマツの害虫被害によって山林が荒れた上、みかん畑の開墾によって河川から濁水や土砂が流入し堆積したため大きく衰退しました。

　芦北町漁業協同組合所属の漁業者や芦北高校林業科の生徒などにより構成される「芦北地域アマモ場再生・保全活動組織」は、残存するアマモ群落を活用してアマモ場の再生活動に取り組んでいます。これまでに移植法と播種法に試行錯誤を重ね、現在は、芦北高校林業科が独自に考案した播種「ロープ式下種更新法」を用いた取組を主に行っています。

　活動当初、野坂の浦にはアマモ場が0.25ha残存するだけでしたが徐々に拡大し、平成21（2009）年には面積が0.44haとなりました。その後、アマモ場は、ロープ式下種更新法の技術確立に伴い急激に拡大し、平成30（2018）年には活動当初の20倍、5.0haまで広がり、大きな成果を挙げています。

　アマモ再生活動は、林業科学生にとって机上では経験できない貴重な体験になっています。また、全国アマモサミットや日本学校農業クラブ全国大会で発表したり、小学生や園児を対象にアマモ教室を開催するなど活動の幅を広げています。

芦北高校アマモ班
（写真提供：ひとうみJP）

（2）　安心して暮らせる安全な漁村づくり

ア　漁港・漁村における防災対策の強化と減災対策の推進

（特集第1節（6）ウ）

（防災・減災、国土強靱化のための対策を推進）

　海に面しつつ背後に崖や山が迫る狭隘な土地に形成された漁村は、地震や津波、台風等の自然災害に対してぜい弱な面を有しており、人口減少や高齢化に伴って、災害時の避難・救助体制にも課題を抱えています。

　南海トラフ地震等の大規模地震が発生する危険性が指摘されており、今後とも、漁港・漁村における防災機能の強化と減災対策の推進を図っていく必要があります。国では、東日本大震災の被害状況等を踏まえ、防波堤と防潮堤による多重防護、粘り強い構造を持った防波堤や漁港から高台への避難路の整備等を推進しています。加えて、平成30（2018）年の北海道胆振東部地震を始めとした度重なる大規模な自然災害の発生を踏まえ、平成30（2018）年度補正予算から、防災・減災、国土強靱化のための3か年緊急対策として、拠点漁港における防波堤等の強化や、荷さばき所等の主要電源の浸水対策、緊急性の高い箇所の高潮対策等を推進しています。

　また、気候変動に伴い台風・低気圧災害のリスクの増大が懸念されています。このため、平成29（2017）年3月に閣議決定された「漁港漁場整備長期計画」においては、大規模自然災害に備えた対応力強化を重点課題として位置付けているところであり、引き続き波浪・高潮に対する防波堤等の性能を向上させていく必要があります。

イ　台風19号等自然災害による水産被害とその支援対策
（地震や大雨、台風など自然災害による水産業の被害総額は約190億円）

　令和元（2019）年は、山形県沖地震や台風第15号、台風第19号を始めとする風水害により、全国各地域の水産業に被害がもたらされました。漁船や漁具、養殖施設、漁港施設等の被害の総額は、約190億円（令和2（2020）年3月末現在）となりました。

　水産庁では、これらの被害について、被害情報の収集と技術的支援を行うため職員の現地派遣を行いました。

　また、被災した漁業者が意欲を失わず1日も早く経営再建できるよう、被害施設の復旧への支援、漁業共済・漁船保険の共済金・保険金の早期支払、災害関連資金の特例措置の実施、漁具・漁船・流通機器の導入への支援、漁場等に堆積・漂流する流木等の撤去等に係る漁業者等の取組支援などの対策を実施しました。

ウ　漁村における生活基盤の整備
（集落道や漁業集落排水の整備等を推進）

　狭い土地に家屋が密集している漁村では、自動車が通れないような狭い道路もあり、下水道普及率も低く、生活基盤の整備が立ち後れています。生活環境の改善は、若者や女性の地域への定着を図る上でも重要であり、国では、集落道や漁業集落排水の整備等を推進しています。

エ　インフラの長寿命化

（特集第1節（6）ウ）

（計画的なインフラの維持管理と更新を推進）

　漁港施設、漁場の施設や環境施設等の水産庁が所管するインフラは、昭和50（1975）年前後に整備されたものが多く、老朽化が進行して修繕・更新すべき時期を迎えたものも多くなってきています。我が国の財政状況が厳しさを増す中、インフラの老朽化対策は政府横断的な課題の1つとなっています。水産庁では平成26（2014）年に「水産庁インフラ長寿命化計画」を策定し、予防保全的な対策を盛り込んだ計画的なインフラの維持管理と更新を推進しています。

（3）　漁村の活性化

（伝統的な生活体験や漁村地域の人々との交流を楽しむ「渚泊」を推進）

　漁村は、豊かな自然環境、四季折々の新鮮な水産物や特徴的な加工技術、伝統文化、親水性レクリエーションの機会等の様々な地域資源を有しています。漁村の活性化のためには、それぞれが有する地域資源を十分に把握し最大限に活用することで、観光客などの来訪者を増やし、交流を促進することも重要な方策の1つです。そのためには、地域資源に加え、アクセスのしやすさや受入れ体制の状況等を含むその漁村の特性に即した対策を実施すること、さらに、漁業関係者のみならず飲食業、宿泊業、観光業、商工会等の関係者と連携し、地域一体となって取り組むことは、効果的かつ継続的な漁村の活性化のためには重要なことです（図5－4）。

　国では、日本ならではの伝統的な生活体験や農山漁村地域の人々との交流を楽しむ滞在（農山漁村滞在型旅行）である「農泊」をビジネスとして実施できる体制を持った地域を、令和2（2020）年までに500地域創出することとしています。このうち、漁村地域においては「渚泊」として推進しており、地域資源を魅力ある観光コンテンツとして磨き上げる取組等のソフト対策への支援や、古民家等を活用した滞在施設や農林漁業・農山漁村体験施設等のハード対策への支援を行っています。

　さらに、地域の漁業所得向上を目指して行われている「浜の活力再生プラン」及び「浜の活力再生広域プラン」の取組により、漁業振興を通じた漁村の活性化が図られることも期待されます。

　こうした取組により、地域における雇用の創出や漁家所得の向上だけでなく、生きがい・やりがいの創出や地域の知名度の向上等を通して、地域全体の活性化につながることが期待されます。

図5-4　漁村の特性と取組例

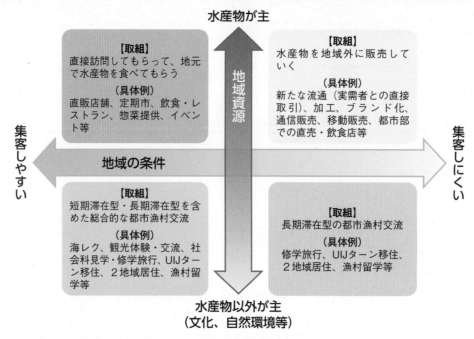

水産物が主

【取組】
直接訪問してもらって、地元で水産物を食べてもらう
（具体例）
直販店舗、定期市、飲食・レストラン、惣菜提供、イベント等

【取組】
水産物を地域外に販売していく
（具体例）
新たな流通（実需者との直接取引）、加工、ブランド化、通信販売、移動販売、都市部での直売・飲食店等

地域資源

集客しやすい　←　地域の条件　→　集客しにくい

【取組】
短期滞在型・長期滞在型を含めた総合的な都市漁村交流
（具体例）
海レク、観光体験・交流、社会科見学・修学旅行、UIJターン移住、2地域居住、漁村留学等

【取組】
長期滞在型の都市漁村交流
（具体例）
修学旅行、UIJターン移住、2地域居住、漁村留学等

水産物以外が主
（文化、自然環境等）

資料：（一財）漁港漁場漁村総合研究所「漁村活性化の実践に向けた取組のポイント」（水産業強化対策推進交付金産地協議会活動支援事業）に基づき水産庁で作成

事例　## 漁業における新しい6次産業化の取組　〜株式会社ゲイト〜

　平成20年代から、漁業・漁村の6次産業化が進められてきましたが、その多くは、漁業に従事する生産者が主体となって、水産物の加工や直売、レストランの運営などに取り組むものでした。しかし、近年では、外食企業が漁業や水産加工業に参入する事例も見られるようになってきています。その1つが、平成30（2018）年に三重県で定置網漁業を始めた株式会社ゲイトです。

　東京都で居酒屋を営む（株）ゲイトの五月女圭一代表取締役は、消費者の産地への関心の薄さや、生産地の衰退に、危機感を抱いていました。そのような中、実際に漁村を訪れ、後継者不足に直面する漁村の現状を見て、外食産業として他人事ではない問題と捉え、漁業への参入を決意しました。（株）ゲイトは三重県で漁業権を取得して定置網漁業を行い、さらに、漁場近くの自社加工場で加工し、都内の飲食店に提供しています。

　（株）ゲイトの定置網漁業では、Uターンした地元出身の女性たちが主体的に参加しており、未利用魚を含む漁獲物を現地で加工した上で都会に流通させることにより、地域の経済に貢献しています。また、定置網漁業や水産加工場の現場に、約140名の社員が交代で訪れ、実際に作業を体験することで、食材の価値や魅力を自身で感じ、来店客に知ってもらえるように努めています。さらに、漁業の実態を多くの人に知ってもらうために、各地での講演や水産業・漁村体験といった活動にも力を入れています。

三重県での操業の様子　　　　　　　　　　漁業体験の様子

（写真提供：株式会社ゲイト）

第1部

第5章

事例　京都府伊根町における渚泊の取組

　京都府の日本海側に位置する伊根地区は、沿岸部では昔から漁業が営まれ、周囲約5kmの伊根湾に沿って約230軒の舟屋と呼ばれる1階が舟置き場、2階が二次的な居室となっている建物が建ち並んでいます。この風光明媚な町並みと自然が残る地域は、重要伝統的建造物群保存地区にも選定されています。

　近年は、その舟屋を宿泊施設に改修した1日1組限定の「舟屋の宿」が複数開業し、舟屋に宿泊することを目的とした観光客が増えています。また、平成28（2016）年から、観光案内所に町内の外国人を雇用する等、外国人観光客への対応を強化したことで、アジア各国・地域などの外国人観光客も増加しており、都会とは異なる伊根地区ならではの魅力で国内のみならず海外の観光客を惹きつけています。

　（外国人観光客の観光案内所対応者数：179人（平成27（2015）年）→3,912人（令和元（2019）年））

　（外国人宿泊者数：70人（平成27（2015）年）→3,147人（平成30（2018）年））

　また、舟屋に「泊まる」だけでなく、伊根湾の新鮮な魚介類や、伊根名物のサバのへしこ（ぬか漬）等を「味わう」ことや、舟屋ガイドと回れる体験ツアーや伊根湾での釣り体験、漁師に教わるロープワークとビン玉縄編み体験、刺身づくり体験などの「体験する」ことも合わせて、地域を満喫する渚泊の取組を実践しています。

海沿いに立ち並ぶ舟屋群

舟屋を活用した「舟屋の宿」

ビン玉縄編み体験

刺身づくり体験

（写真提供：伊根町観光協会）

209

第6章

東日本大震災からの復興

（1） 水産業における復旧・復興の状況

（震災前年比で水揚金額76%、水揚量66%まで回復）◇◇◇◇◇◇◇◇◇◇◇◇◇◇◇◇◇◇◇◇◇◇◇◇◇◇

平成23（2011）年3月11日に発生した東日本大震災による津波は、豊かな漁場に恵まれている東北地方太平洋沿岸地域を中心に、水産業に甚大な被害をもたらしました。

同年7月に政府が策定した「東日本大震災からの復興の基本方針」において、復興期間を令和2（2020）年度までの10年間と定め、平成27（2015）年度までの5年間を「集中復興期間」と位置付けた上で復興に取り組んできました。また、平成27（2015）年6月には「平成28年度以降の復旧・復興事業について」を決定し、平成28（2016）年度からの後期5か年を「復興・創生期間」と位置付けています。

令和2（2020）年3月で、東日本大震災の発生から9年間が経過しましたが、この間、被災地域では、漁港施設、漁船、養殖施設、漁場等の復旧が積極的に進められてきました（図6-1）。

国では、引き続き、被災地の水産業の復旧・復興に取り組んでいます。

図6-1 水産業の復旧・復興の進捗状況（令和2（2020）年3月取りまとめ）

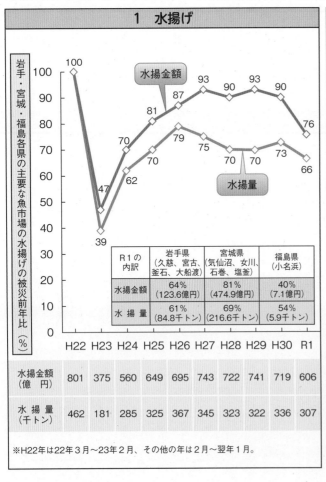

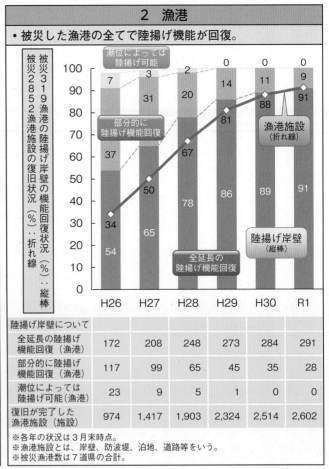

3　漁船

- 今後再開を希望する福島県の漁船について計画的に復旧。

復旧隻数

	H24	H25	H26	H27	H28	H29	H30	R1	R2
復旧隻数	9,195	15,308	17,065	17,947	18,257	18,486	18,651	18,679	18,694
うち岩手	4,217	7,768	8,542	8,805	8,852	8,852	8,852	8,852	8,852
宮城	3,186	5,358	6,293	6,861	7,106	7,310	7,465	7,465	7,565
福島	―	256	289	340	358	383	393	421	436

グラフ内の注記：
- 岩手県、宮城県においては、平成27年度末までに希望する漁業者に対する漁船の復旧は完了。
- 平成28年度以降は原発事故の影響で復旧が遅れている福島県について計画的に復旧を目指している。

※各年の隻数はH24年からH31年は3月末。R2年は1月末。
※復旧隻数は21都道県の合計。

4　養殖

- 再開を希望する養殖施設はH29年6月末に全て整備完了。

岩手県・宮城県の主要な養殖品目の漁協共販数量の被災前年比（%）

ギンザケ養殖、ワカメ養殖、ホタテ養殖、コンブ養殖、カキ養殖

（単位：トン）	H22漁期	H23漁期	H24漁期	H25漁期	H26漁期	H27漁期	H28漁期	H29漁期	H30漁期
ワカメ養殖※1	34,439	3,742	27,379	30,414	23,354	25,799	25,002	27,047	24,462
コンブ養殖※2	13,817	0	5,633	8,502	6,904	7,205	5,433	6,250	6,674
カキ養殖※3	4,031	354	719	1,476	2,207	2,386	2,316	2,503	2,423
ホタテ養殖※4	14,873	56	5,130	9,245	11,677	12,313	10,871	6,810	4,476
ギンザケ養殖※5	14,750	0	9,448	11,619	11,978	13,007	12,159	13,486	15,982

※ コンブ養殖は、同一施設で生産できるワカメ養殖への転業や低気圧被害等により、生産が伸び悩んでいる。
※ カキ養殖は、むき身加工の人手不足等により、生産が伸び悩んでいる。
※ ホタテ養殖は、良質な種苗の不足等が原因と推測されるへい死の増加や貝毒による出荷自主規制の影響により、生産が減少している。

※1 漁期は2月～5月。　※3 漁期は9月～翌年5月。　※5 漁期は3月～8月。
※2 漁期は3月～8月。　※4 漁期は4月～翌年3月。

5　加工流通施設

- 再開を希望する水産加工施設の9割以上が業務再開。

被災3県で被害があった産地市場（34施設）の業務再開状況（%）及び再開を希望する水産加工施設（781施設）の業務再開状況（%）

水産加工施設：65, 79, 83, 86, 91, 95, 96, 97
産地市場：55, 68, 68, 68, 68, 68, 76, 79

（水産加工施設）
- 被災3県において、再開を希望する水産加工施設の9割以上が業務再開。

（産地市場）
- 岩手県及び宮城県は、22施設全てが再開。
- 福島県は、12施設のうち、5施設が再開。

	H24	H25	H26	H27	H28	H29	H30	R1
業務再開した水産加工施設（施設）※1	418	645	672	705	729	749	754	754
業務再開した産地市場（施設）※2	22	23	23	23	23	23	26	27

※1 各年の数字は、H24年が3月末、H25年からH29年は12月末、H30年は9月末、R1年は12月末時点（R1年は再開を希望する水産加工施設数が減少（785→781）したため業務再開状況（%）が上昇した）。
※2 各年の数字は、H24年が4月末、H25年が12月末、H26年からH30年は2月末、R1年はR2年1月末時点。

6　がれき

- がれきにより漁業活動に支障のあった定置及び養殖漁場のほとんどで撤去が完了。

被災3県でがれきにより漁業活動に支障のある漁場のうち、がれき処理済みの漁場（%）

定置漁場：97, 99, 100, 100, 100, 100, 100
養殖漁場：95, 98, 98, 99, 99, 99, 99

R2内訳	岩手県	宮城県	福島県
定置漁場	100%（138か所）	100%（850か所）	要望なし
養殖漁場	100%（165か所）	99%（960か所）	100%（11か所）

漁場（か所）		H26	H27	H28	H29	H30	R1	R2
がれきにより漁業活動に支障のある漁業	定置漁場	1,004	987	992	990	988	988	988
	うち処理済み	976	980	988	988	988	988	988
	養殖漁場	1,101	1,100	1,129	1,131	1,135	1,135	1,136
	うち処理済み	1,045	1,077	1,103	1,116	1,124	1,128	1,129

※支障のある箇所数が増減するのは、気象海象によりがれきが当該漁場に流入したり、流出したりするためである。
※各年の数字は3月末時点（R2のみ1月末時点）。

第1部

第6章

　被災した漁港のうち、水産業の拠点となる漁港においては、流通・加工機能や防災機能の強化対策として、高度衛生管理型の荷さばき所や耐震強化岸壁等の整備を行うなど、新たな

213

水産業の姿を目指した復興に取り組んでいます。このうち、高度衛生管理型の荷さばき所の整備については、流通の拠点となる8漁港（八戸、釜石、大船渡、気仙沼、女川、石巻、塩釜、銚子）において実施し、令和2（2020）年3月末現在、全漁港で供用が開始されています。

　一方、被災地域の水産加工業においては、令和2（2020）年1月に実施した「水産加工業者における東日本大震災からの復興状況アンケート（第7回）の結果」によれば、生産能力が震

石巻漁港（石巻魚市場）

災前の8割以上まで回復したと回答した水産加工業者が約6割となっているのに対し、売上げが震災前の8割以上まで回復したと回答した水産加工業者は約5割であり、依然として生産能力に比べ売上げの回復が遅れています。県別に見ると、生産能力、売上げとも、福島県の回復が他の5県に比べ遅れています（図6-2）。また、売上げが戻っていない理由としては、「販路の不足・喪失・風評被害」と「原材料の不足」の2項目で回答の約8割を占めています（図6-3）。このため、国では、引き続き、加工・流通の各段階への個別指導、セミナー・商談会の開催、省力化や加工原料の多様化、販路の回復・新規開拓に必要な加工機器の整備等により、被災地における水産加工業者の復興を支援していくこととしています。

図6-2　水産加工業者における生産能力及び売上の回復状況

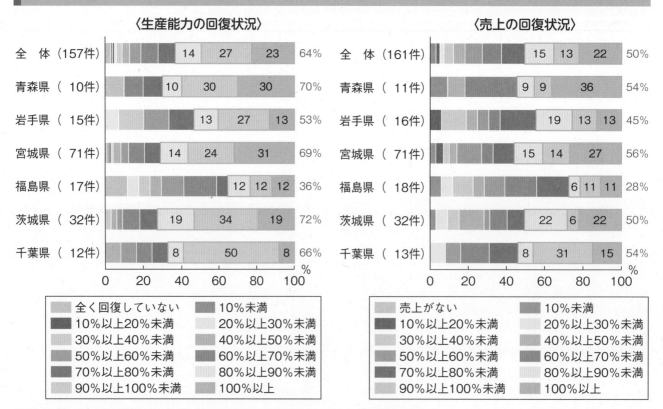

資料：水産庁「水産加工業者における東日本大震災からの復興状況アンケート（第7回）の結果」
注：赤字は80%以上回復した割合。

図6-3　水産加工業者の売上が戻っていない理由

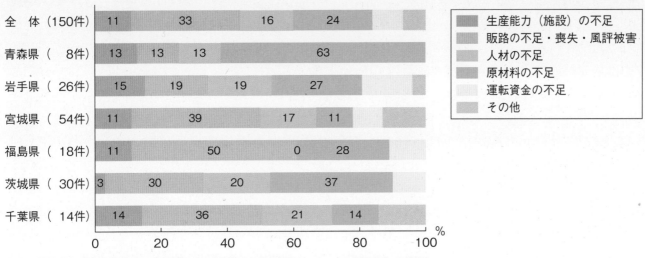

凡例：
- 生産能力（施設）の不足
- 販路の不足・喪失・風評被害
- 人材の不足
- 原材料の不足
- 運転資金の不足
- その他

資料：水産庁「水産加工業者における東日本大震災からの復興状況アンケート（第7回）の結果」

（2）　東京電力福島第一原子力発電所事故の影響への対応

ア　水産物の放射性物質モニタリング
（基準値超過検体数は、福島県の海産種ではゼロ）

　東日本大震災に伴って起きた東京電力福島第一原子力発電所（以下「東電福島第一原発」といいます。）の事故の後、消費者に届く水産物の安全性を確保するため、「検査計画、出荷制限等の品目・区域の設定・解除の考え方」に基づき、国、関係都道県、漁業関係団体が連携して水産物の計画的な放射性物質モニタリングを行っています。水産物のモニタリングは、区域ごとの主要魚種や、前年度に50ベクレル/kg以上の放射性セシウムが検出された魚種、出荷規制対象種を主な対象としており、生息域や漁期、近隣県におけるモニタリング結果等も考慮されています。モニタリング結果は公表され、基準値100ベクレル/kgを超過した種は、出荷自粛要請や出荷制限指示の対象となります（図6-4）。

図6-4　水産物の放射性物質モニタリングの枠組み

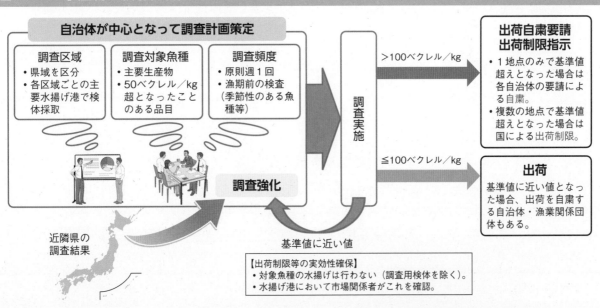

東電福島第一原発の事故以降、令和2（2020）年3月末までに、福島県及びその近隣県において、合計15万463検体の検査が行われてきました。基準値（100ベクレル/kg）超の放射性セシウムが検出された検体（以下「基準値超過検体」といいます。）の数は、時間の経過とともに減少する傾向にあります。令和元（2019）年度の基準値超過検体数は、福島県においては、海産種ではゼロ、淡水種では4検体となっています。また、福島県以外においては、海産種では平成26（2014）年9月以降の基準値超過検体はありませんが、淡水種では令和元（2019）年度は2検体となっています（図6－5）。

さらに、令和元（2019）年度に検査を行った水産物の検体のうち、91.3％が検出限界[*1]未満となりました。

図6－5　水産物の放射性物質モニタリング結果

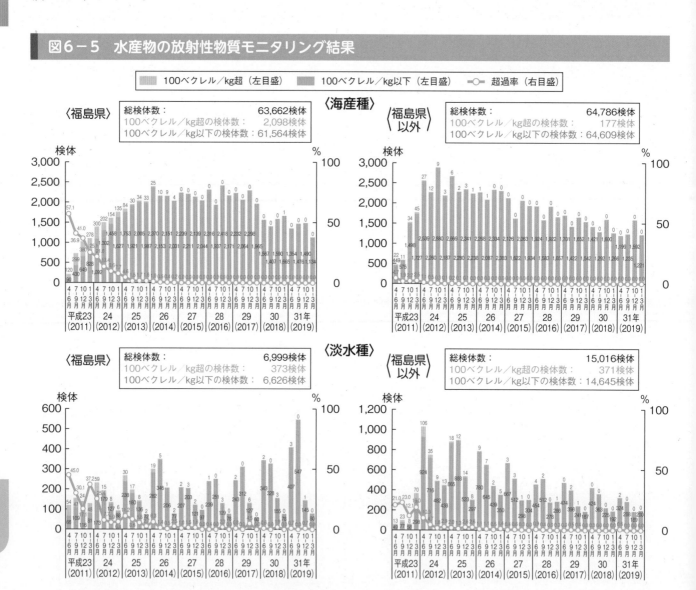

イ　市場流通する水産物の安全性の確保等
（福島県沖の全ての海産種の出荷制限が解除）

　放射性物質モニタリングにおいて、基準値を超える放射性セシウムが検出された水産物については、国、関係都道府県、漁業関係団体等の連携により流通を防止する措置が講じられて

[*1]　分析機器が検知できる最低濃度であり、検体の重量や測定時間によって変化する。厚生労働省のマニュアル等に従い、基準値（100ベクレル/kg）から十分低い値になるよう設定。

いるため、市場を流通する水産物の安全性は確保されています（図6－6）。

　一方、時間の経過に伴う放射性物質濃度の低下を踏まえ、検査結果が基準値を下回った種についての出荷制限の解除が順次行われてきました。令和元（2019）年度には福島県沖のカサゴやコモンカスベ等、海産種で5件の出荷制限が解除され、今まで出荷制限の対象となった海産種については、全て解除されています。

　しかしながら、淡水種については、令和2（2020）年3月末現在、7県の河川や湖沼の一部において、合計15種が出荷制限又は自治体による出荷・採捕自粛措置の対象となっています。

図6－6　出荷制限又は自主規制措置の実施・解除に至る一般的な流れ

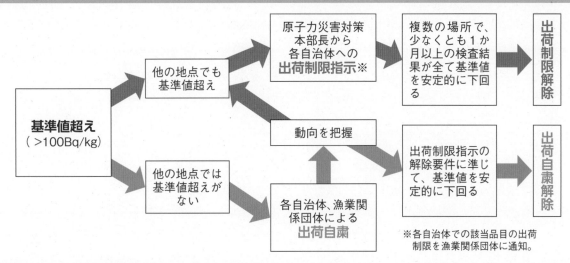

ウ　福島県沖での試験操業・販売の状況
（試験操業の参加漁船数及び漁獲量は増加）

　福島県沖では、東電福島第一原発の事故の後、沿岸漁業及び底びき網漁業の操業が自粛され、漁業の本格再開に向けた基礎情報を得るため、平成24（2012）年から、試験操業・販売が実施されています。

　試験操業・販売の対象となる魚種は、放射性物質モニタリングの結果等を踏まえ、漁業関係者、研究機関、行政機関等で構成される福島県地域漁業復興協議会での協議に基づき決定されてきたほか、試験操業で漁獲される魚種及び加工品ともに放射性物質の自主検査が行われるなど、市場に流通する福島県産水産物の安全性を確保するための慎重な取組が行われています。

　令和2（2020）年3月末現在、試験操業の対象海域は東電福島第一原発から半径10km圏内を除く福島県沖全域となっており、福島県沖の魚介類は全て出荷対象となっています。また、試験操業への参加漁船数は当初の6隻から延べ1,957隻となり、漁獲量も平成24（2012）年の122トンから令和元（2019）年には3,641トンまで徐々に増加しました。

　福島県産の魚介類の販路を拡大するため、多くの取組やイベントが開催されています。福島県漁業協同組

水揚げの様子
（写真提供：福島県）

合連合会では、全国各地でイベントや福島県内で魚料理講習会を開催しています。こうした着実な取組により、福島県の本格的な漁業の再開につながっていくことが期待されます。

エ　風評被害の払拭
（最新の放射性物質モニタリングの結果や福島県産水産物の魅力等の情報発信）

　消費者庁が平成25（2013）年2月から実施している「風評被害に関する消費者意識の実態調査」によれば、「放射性物質の含まれていない食品を買いたいので福島県産の食品を買うことをためらう」とする消費者の割合は減少傾向にあり、令和2（2020）年2月の調査では、10.7％とこれまでの調査で最小となりましたが、依然として一部の消費者が福島県産の食品に対して懸念を抱いていることがうかがわれます（図6-7）。

図6-7　「放射性物質の含まれていない食品を買いたいので福島県産の食品を買うことをためらう」とする消費者の割合

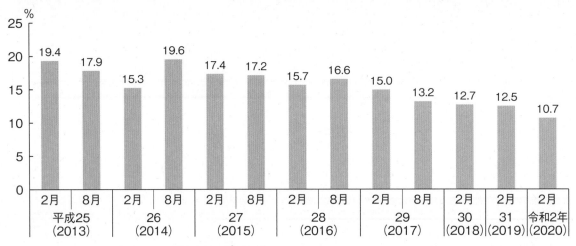

資料：消費者庁「風評被害に関する消費者意識の実態調査」

　風評被害を防ぎ、1日も早く復興を目指すため、水産庁では、最新の放射性物質モニタリングの結果や水産物と放射性物質に関するQ&A等をWebサイトで公表し、消費者、流通業者、国内外の報道機関等への説明会を行うなど、正確で分かりやすい情報提供に努めています。

　また、福島県産水産物の販路回復・風評払拭のため、大型量販店において「福島鮮魚便」として常設で販売し、専門の販売スタッフが安全・安心とおいしさをPRするとともに、首都圏の外食店において「ふくしま常磐ものフェア」として、福島県産水産物を使ったオリジナルメニューの提供が実施され、国は、これらの取組を支援しました。さらに、令和元（2019）年11月から12月にかけて、東急電鉄、都営地下鉄内の車内ビジョンや大型量販店において、福島県を含む被災県産水産物の安全性と魅力をPRする動画を放映しました。これらの取組を通じ、消費者だけではなく、漁業関係者や流通関係者にも正確な情報や福島県産水産物の魅力等の発信を行い、風評被害の払拭に努めていきます。

事例 復活！常磐もの！ 〜ふくしま常磐ものフェア〜

福島県沖を含む海域は、親潮と黒潮がぶつかる「潮目の海」であり、日本有数の漁場として知られています。この海域で獲れる魚介類は「常磐もの」と呼ばれ、高く評価されてきました。福島県と福島県漁業協同組合連合会は、常磐ものを広くPRするため、株式会社フーディソン及び株式会社カカクコム（食べログ）とタイアップし、令和元（2019）年度に、首都圏の飲食店で福島県産水産物が食べられる「ふくしま常磐ものフェア」を開催しました。常磐ものの代表例であるヒラメやメヒカリ、マガレイなどが、各店舗の料理人により、期間限定のオリジナルメニューとして提供され、福島県産水産物の魅力とおいしさが広くPRされました。

「ふくしま常磐ものフェア」の
ロゴマーク
（資料提供：福島県）

「ふくしま常磐ものフェア」を通して、多くの人が福島県産水産物の魅力やおいしさを知り、消費の拡大、販路の拡大につながっていくことが期待されます。

福島県産のヒラメなどを使用した期間限定のオリジナルメニュー
（写真提供：福島県）

フェア開催店舗の様子
（写真提供：福島県）

オ 諸外国・地域による輸入規制への対応

（特集第3節（2）ウ）

（EU等が検査証明書の対象範囲を縮小するなど、規制内容の緩和が進む）

　我が国の水産物の安全性については、海外に向けても適切に情報提供を行っていくことが必要です。このため、水産庁では、英語、中国語及び韓国語の各言語で水産物の放射性物質モニタリングの結果を公表しているほか、各国政府や報道機関に対し、調査結果や水産物の安全確保のために我が国が講じている措置等を説明し、輸入規制の緩和・撤廃に向けた働き

かけを続けています。

　この結果、東電福島第一原発事故直後に水産物の輸入規制を講じていた53か国・地域（うち18か国・地域は一部又は全ての都道府県からの水産物の輸入を停止）のうち、35か国は令和2（2020）年3月末までに輸入規制を完全撤廃し、輸入規制を撤廃していない国・地域についても、EU等が放射性物質検査証明書の対象範囲を縮小するなど、規制内容の緩和が行われてきています（表6−1）。

　一方、依然として輸入規制を維持している国・地域に対しては、我が国では出荷規制により基準値を超過する食品は流通させない体制を構築し、徹底したモニタリングを行っていることを改めて伝え、様々な場を活用しつつ規制の緩和・撤廃に向けた働きかけを継続していくことが必要です（表6−2）。

表6−1　原発事故に伴う諸外国・地域による輸入規制の緩和・撤廃の動向（水産物）

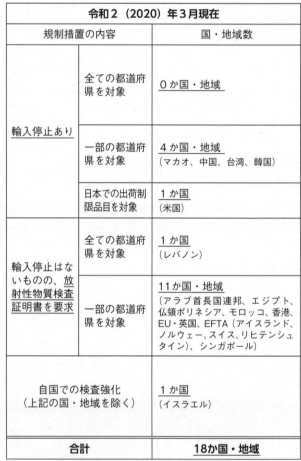

平成23（2011）年5月現在

規制措置の内容		国・地域数
輸入停止あり	全ての都道府県を対象	**11か国・地域** （アラブ首長国連邦、イラク、エジプト、ギニア、クウェート、コンゴ民主共和国、仏領ニューカレドニア、仏領ポリネシア、モーリシャス、モロッコ、レバノン）
	一部の都道府県を対象	**7か国・地域** （マカオ、中国、ロシア、ブルネイ、台湾、サウジアラビア、シンガポール）
	日本での出荷制限品目を対象	**2か国** （米国、韓国）
輸入停止はないものの、放射性物質検査証明書を要求	全ての都道府県を対象	**8か国** （アルゼンチン、インドネシア、オマーン、カタール、チリ、バーレーン、ブラジル、ボリビア）
	一部の都道府県を対象	**13か国・地域** （香港、メキシコ、EU、EFTA（アイスランド、ノルウェー、スイス、リヒテンシュタイン）、セルビア、タイ、カナダ、マレーシア、コロンビア、ペルー）
自国での検査強化 （上記の国・地域を除く）		**12か国** （イスラエル、イラン、インド、ウクライナ、トルコ、ネパール、パキスタン、フィリピン、ミャンマー、ニュージーランド、ベトナム、豪州）
合計		**53か国・地域**

※レバノン及びブラジルは4月、米国、韓国、メキシコ及びチリは6月、ボリビア及びコロンビアは8月時点。

令和2（2020）年3月現在

規制措置の内容		国・地域数
輸入停止あり	全ての都道府県を対象	**0か国・地域**
	一部の都道府県を対象	**4か国・地域** （マカオ、中国、台湾、韓国）
	日本での出荷制限品目を対象	**1か国** （米国）
輸入停止はないものの、放射性物質検査証明書を要求	全ての都道府県を対象	**1か国** （レバノン）
	一部の都道府県を対象	**11か国・地域** （アラブ首長国連邦、エジプト、仏領ポリネシア、モロッコ、香港、EU・英国、EFTA（アイスランド、ノルウェー、スイス、リヒテンシュタイン）、シンガポール）
自国での検査強化 （上記の国・地域を除く）		**1か国** （イスラエル）
合計		**18か国・地域**

※最近規制撤廃した主な国・地域：フィリピン（R2.1.8）、インドネシア（R2.2.7）など
　最近規制緩和した主な国・地域：EU・EFTA（R1.11.14）、シンガポール（R2.1.16）など
※EU27か国と英国は事故後、一体として輸入規制を設けたことから、一地域としてカウントしている。

表6−2　我が国の水産物に対する主な海外の輸入規制の状況（令和2（2020）年3月末現在）

国・地域名	対象となる都道府県等		主な規制内容
中　国	宮城、福島、茨城、栃木、群馬、埼玉、千葉、東京、新潟、長野（10都県）		輸入停止
	上記10都県以外の道府県		政府による放射性物質検査証明書及び産地証明書の要求
台　湾	福島、茨城、栃木、群馬、千葉（5県）		輸入停止
	岩手、宮城、東京、愛媛（4都県）		放射性物質検査報告書の要求（注：H27.5.14以前は放射性物質検査報告書の添付が不要）
	上記9都県以外の道府県		産地証明書の要求（注：H27.5.14以前は産地証明書の添付が不要）
香　港	福島、茨城、栃木、群馬、千葉（5県）		政府による放射性物質検査証明書の要求
韓　国	青森、岩手、宮城、福島、茨城、栃木、群馬、千葉（8県）		輸入停止
	北海道、東京、神奈川、愛知、三重、愛媛、熊本、鹿児島（8都道県）		政府による放射性物質検査証明書の要求
	上記16都道県以外の府県		政府による産地証明書の要求
	輸入停止8県以外の都道府県		上記に加え、韓国側の検査で、少しでもセシウム又はヨウ素が検出された場合にはストロンチウム、プルトニウム等の検査証明書を追加で要求
シンガポール	福島		放射性物質検査報告書、政府による都道府県単位の産地証明書又は商工会議所によるサイン証明の要求
	福島県以外の都道府県		政府による産地証明書又は商工会議所によるサイン証明の要求（商用インボイスで代替可）
エジプト	岩手、宮城、福島、茨城、栃木、群馬、千葉（7県）		政府による放射性物質検査証明書の要求
	上記7県以外の都道府県		政府による産地証明書の要求
Ｅ　Ｕ	福島		政府による放射性物質検査証明書の要求（活魚、甲殻類、軟体動物、海藻類及び一部の魚種は除く）
	福島県以外の都道府県		政府による産地証明書の要求（活魚、甲殻類、軟体動物、海藻類及び一部の魚種は除く）
米　国	日本国内で出荷制限措置がとられている品目		輸入停止

　なお、我が国が韓国に申立てを行っていた「韓国による日本産水産物等の輸入規制」に関し、平成31（2019）年4月、WTOは上級委員会報告書を公表しました。この報告書においては、上級委員会は、韓国の輸入規制措置が、WTO協定に照らし、日本産水産物等を恣意的又は不当に差別していることや、必要以上に貿易制限的なものであることを認定したパネル報告書の判断について、本来考慮すべき全ての事項を十分に考慮しておらず不十分であるとして取り消しました。WTO紛争解決には差戻し制度がないため、不十分とされたパネルの審理をやり直すことはできません。

　一方、日本産食品が韓国の定める安全性の数値基準（日本と同様100ベクレル／kg）を十分クリアできるものとしたパネルの事実認定については、上級委員会でも取り消しておらず、日本産食品が安全であることに変わりはありません。これも踏まえ、韓国に対しては、二国間協議等の機会を通じ、措置の撤廃を引き続き働きかけているところであり、日本産農林水産物・食品の輸入規制措置を継続している他の国・地域に対しても、我が国の食品の安全性及び安全管理の取組を改めて説明しつつ、引き続き輸入規制の緩和・撤廃を求めています。

水産業・漁村地域の活性化を目指して
－令和元（2019）年度農林水産祭受賞者事例紹介－

天皇杯受賞（水産部門）

技術・ほ場（資源管理・資源増殖）
宮城県漁業協同組合志津川支所戸倉出張所カキ部会　（会長：後藤　清広　氏）

　宮城県南三陸町は、県北東部に位置し、眼前に広がる志津川湾では、カキやワカメ、ギンザケなどの養殖業や採介藻漁業などが盛んに行われています。昭和30（1955）年に発足した宮城県漁業協同組合志津川支所戸倉出張所カキ部会では、カキの養殖生産技術の向上や品質の改善、販売促進などの方策が活発に話し合われてきました。東日本大震災の後には、震災以前に過密状態であったカキの養殖体制から脱却するため、同部会で年間100回にも及ぶ話合いを重ね、養殖施設（筏）の間隔を広くし、台数を削減することを決めました。その結果、養殖期間の劇的な短縮と品質の向上につながり、1経営体当たりの年間の生産量及び生産金額が向上しました。また、台数削減によって、経費の低減及び労働時間の短縮が図られ、養殖カキのより丁寧な管理が可能となり、都市部に移住していた子弟がUターンしてくるなど、後継者の確保にもつながりました。

　さらに、養殖の水産エコラベルであるASC認証の取得に向けてチャレンジし、環境負荷の低下や持続可能な養殖業の姿を明確に示すことにより、平成28（2016）年に日本で初めて認証されました。

　養殖施設数の削減という減収にもなり得る経営上のリスクを乗り越え、経営改善と後継者確保につなげた成果は、これからの持続可能な養殖業の姿を指し示す羅針盤になり得るものであり、同様の困難な状況にある地域に多くの示唆をもたらすモデルとなることが期待されます。

内閣総理大臣賞受賞（水産部門）

産物（水産加工品）
日本遠洋旋網漁業協同組合　（代表理事組合長：加藤　久雄　氏）

　長崎県北松浦半島の北東部に位置する松浦市は、北は玄界灘から伊万里湾に面し、東は佐賀県伊万里市に接している製造業と水産業が盛んな町です。伊万里湾の内海やその周辺海域、外海では、様々な漁業が行われており、四季を通じて多くの魚が水揚げされています。

　昭和35（1960）年創業の日本遠洋旋網漁業協同組合は、60年の歳月をかけて、漁獲生産、製氷・冷凍工場、原料買付け、HACCP対応の水産加工場、販売体制の一貫したバリューチェーン構築に力を

注いできました。平成24（2012）年に取得した水産加工場は、「新鮮な魚を新鮮なままに・・・消費者へ届けたい。」をモットーに衛生施設の充実・温度管理・検査体制の徹底を図り、消費者に安全・安心な商品を提供しています。

受賞品である「松浦港の海鮮丼ぶりセット」は、長崎県で水揚げされた「旬さば」、「天然あじ」、「天然ぶり」を醤油ベースの胡麻ダレに漬け込んだものです。全国有数の水揚量を誇るあじ・さば等をもっと手軽に食べてもらうために、誰でも簡単に調理でき、おいしい商品づくりを模索していたところ、古くは漁師の賄い飯から始まった「漬け丼」をヒントに昔ながらの味付けで製造しました。平成25（2013）年からは「胡麻さば」の本格生産に取り組み、平成26（2014）年には天然あじ、天然ぶりも同様のタレに漬け込んだ製品をセットで販売するギフト展開も始めました。

今後は、業務用の商品開発が期待されています。

日本農林漁業振興会会長賞（水産部門）

産物（水産加工品）

JF江崎（えさき）フレッシュかあちゃん （代表：兒玉（こだま） カズヱ 氏）

山口県萩市（はぎ）江崎地区は、島根県との県境に位置し、穏やかな天然の入り江が特徴的で、定置網漁業のほか、アマダイなどのはえ縄漁業が行われています。平成17（2005）年に設立されたJF江崎フレッシュかあちゃんは、地元水産物を使用した惣菜を製造し、地元の道の駅やスーパーで自ら販売を行っています。

受賞品である「江崎のかあちゃんたちが自信をもってお送りするふっくら・ジューシー無添加減塩ソフトひもの（レンコダイ）」は、アマダイのはえ縄漁業で混獲され、身は硬くパサパサしているため商品価値が低いレンコダイを加工し、ジューシーでふっくらした干物を造りたいという思いから開発された商品です。

原料のレンコダイは、地元の漁業者が漁獲した新鮮なものに限って使用しており、オゾン殺菌機能付き冷風乾燥機を使用することで、従来に比べて短時間でふっくらジューシーなソフト干物製造が可能となっています。

レンコダイだけでなく、定置網漁業の漁獲物で市場価値の低い未利用魚を原料とした、干物製造による付加価値向上を目指した製品開発も行っており、今後の活動に当たっては、女性部以外の地元の方々に参加してもらい、漁村地域全体の活性化につながることが期待されています。

参 考 図 表

目次

第1部

参考図表

第
1
部

参
考
図
表

1 水産基本指標

項　目		データ	備　　考
経済指標	排他的経済水域等	447万km²	国土面積37.8万km²、国土面積の約12倍
	国内総生産（GDP）	水産業は8,567億円（平成30年）	総生産は547兆円
水産物需給	自給率	・食用魚介類：59% 　　　　　（平成30年度概算値） ・魚介類全体：55% 　　　　　（平成30年度概算値） ・海　藻　類：68% 　　　　　（平成30年度概算値）	・食用魚介類自給率目標（水産基本計画、重量ベース） 　令和9年度　70% ・食用魚介類自給率ピーク 　昭和39年度　113%
	漁業・養殖業生産量	442万トン（平成30年）	生産量ピーク　1,282万トン（昭和59年）
	漁業生産額 　漁業産出額 　種苗の生産額	1兆5,579億円（平成30年） 1兆5,335億円（平成30年） 245億円（平成30年）	生産額ピーク　2兆9,772億円（昭和57年）
	生産漁業所得	7,944億円（平成30年）	
貿易	輸入額	1兆7,404億円（令和元年）	農林水産合計　9兆5,198億円
	輸出額	2,873億円（令和元年）	農林水産合計　9,121億円
漁業経営	沿岸漁家の漁労所得	273万円（平成30年）	
	沿岸漁船漁家	186万円（平成30年）	
	海面養殖業漁家	763万円（平成30年）	
生産構造	漁業経営体数	7.9万経営体（平成30年）	昭和38年は26.7万経営体
	漁業就業者数	15.2万人（平成30年）	昭和36年は69.9万人
	漁業協同組合数	1,845組合 （沿海地区漁協は945組合） （平成30年度末）	昭和41年は2,476組合 （漁業協同組合合併助成法の施行直前の沿海地区漁協数）
	漁船数	132,201隻（平成30年）	昭和43年は345,606隻
	漁港数	2,806港（平成31年4月）	平均すると海岸線約12.6kmごとに存在
	漁業集落数	6,298集落（平成30年）	平均すると海岸線約5.6kmごとに存在

注：1）漁業生産額は、漁業産出額（漁業・養殖業の生産量に産地市場卸売価格等を乗じて推計したもの）に種苗の生産額を加算したもの。
　　2）生産漁業所得とは、漁業産出額から物的経費（減価償却費及び間接税を含む。）を控除し、経常補助金を加算したもの。

2 水産物需給

2－1 漁業・養殖業部門別生産量・生産額の推移

［単位：数量：千トン／金額：億円］

		平成20年 (2008)	25 (2013)	26 (2014)	27 (2015)	28 (2016)	29 (2017)	30 (2018)	増減率（%） 30／20 (2018/2008)	増減率（%） 30／29 (2018/2017)
生産量	合　　計	5,592	4,774	4,765	4,631	4,359	4,306	4,421	▲20.9	2.7
	海　　面	5,520	4,713	4,701	4,561	4,296	4,244	4,364	▲20.9	2.8
	漁　　業	4,373	3,715	3,713	3,492	3,264	3,258	3,359	▲23.2	3.1
	遠洋漁業	474	396	369	358	334	314	349	▲26.3	11.4
	沖合漁業	2,581	2,169	2,246	2,053	1,936	2,051	2,042	▲20.9	▲ 0.5
	沿岸漁業	1,319	1,151	1,098	1,081	994	893	968	▲26.6	8.5
	養　殖　業	1,146	997	988	1,069	1,033	986	1,005	▲12.3	1.9
	内　水　面	73	61	64	69	63	62	57	▲21.8	▲ 8.5
	漁　　業	33	31	31	33	28	25	27	▲17.4	6.9
	養　殖　業	40	30	34	36	35	37	30	▲25.4	▲19.0
生産額	合　　計	16,275	14,358	15,034	15,859	15,856	16,061	15,579	▲ 4.3	▲ 3.0
	海　　面	15,424	13,503	14,105	14,823	14,718	14,864	14,438	▲ 6.4	▲ 2.9
	漁　　業	11,250	9,439	9,663	9,957	9,620	9,614	9,379	▲16.6	▲ 2.4
	養　殖　業	4,174	4,064	4,443	4,866	5,098	5,250	5,060	21.2	▲ 3.6
	（うち種苗）	176	182	184	193	210	271	199	13.1	▲26.6
	内　水　面	851	855	929	1,036	1,138	1,197	1,141	34.0	▲ 4.7
	漁　　業	239	168	177	184	198	198	185	▲22.9	▲ 7.0
	養　殖　業	612	687	751	853	940	998	956	56.3	▲ 4.2
	（うち種苗）	34	37	41	44	47	49	46	36.6	▲ 6.5

資料：農林水産省「漁業・養殖業生産統計」及び「漁業産出額」
注：1) 遠洋漁業とは、遠洋底びき網漁業、以西底びき網漁業、大中型遠洋かつお・まぐろ1そうまき網漁業、遠洋まぐろはえ縄漁業、遠洋かつお一本釣漁業及び遠洋いか釣漁業をいう。なお、平成24（2012）年以降は、遠洋底びき網漁業、以西底びき網漁業、大中型遠洋かつお・まぐろ1そうまき網漁業、太平洋底刺し網等漁業、遠洋まぐろはえ縄漁業、大西洋等はえ縄等漁業、遠洋かつお一本釣漁業及び遠洋いか釣漁業をいう。
　　2) 沖合漁業とは、10トン以上の動力漁船を使用する漁業のうち、遠洋漁業、定置網漁業及び地びき網漁業を除いたものをいう。平成24（2012）年以降は、沖合底びき網1そうびき漁業、沖合底びき網2そうびき漁業、小型底びき網漁業、大中型近海かつお・まぐろ1そうまき網漁業、大中型その他の1そうまき網漁業、大中型2そうまき網漁業、中・小型まき網漁業、さけ・ます流し網漁業、かじき等流し網漁業、さんま棒受網漁業、近海まぐろはえ縄漁業、沿岸まぐろはえ縄漁業、東シナ海はえ縄漁業、近海かつお一本釣漁業、沿岸かつお一本釣漁業、近海いか釣漁業、沿岸いか釣漁業、日本海べにずわいがに漁業及びずわいがに漁業をいう。
　　3) 沿岸漁業とは、漁船非使用漁業、無動力漁船及び10トン未満の動力漁船を使用する漁業並びに定置網漁業及び地びき網漁業をいう。平成24（2012）年以降は、船びき網漁業、その他の刺網漁業（遠洋漁業に属するものを除く。）、大型定置網漁業、さけ定置網漁業、小型定置網漁業、その他の網漁業、その他のはえ縄漁業（遠洋漁業又は沖合漁業に属するものを除く。）、ひき縄釣漁業、その他の釣漁業、採貝・採藻漁業及びその他の漁業（遠洋漁業又は沖合漁業に属するものを除く。）をいう。
　　4) 海面養殖業とは、海面又は陸上に設けられた施設において、海水を利用して水産動植物を集約的に育成し、収穫する事業をいう。なお、海面養殖業には、海面において、魚類を除く水産動植物の採苗を行う事業を含む。
　　5) 内水面漁業とは、公共の内水面において、水産動植物を採捕する事業をいう。
　　6) 内水面養殖業とは、一定区画の内水面又は陸上において、淡水を使用して水産動植物（種苗を含む。）を集約的に育成し、収穫する事業をいう。
　　7) 海面漁業生産額の合計には、捕鯨業を含む。
　　8) 内水面漁業・養殖業生産量は、平成20（2008）年は主要106河川24湖沼、平成25（2013）年は主要108河川24湖沼、平成26（2014）年以降は主要112河川24湖沼の値である。平成20（2008）年以降の内水面養殖業は、ます類、あゆ、こい及びうなぎの4魚種の収獲量である。また、収獲量には、琵琶湖、霞ヶ浦及び北浦において養殖されたその他の収獲量を含む。
　　9) 平成20（2008）年以降の内水面漁業の漁獲量、生産額には、遊漁者（レクリエーションを主な目的として水産動植物を採捕する者）による採捕は含まれない。
　　10) 生産額は、種苗の生産額を含む。

229

2-2　海面漁業主要魚種別生産量及び産出額の推移

〔単位 数量：千トン／金額：億円〕

		平成20年(2008)	25(2013)	26(2014)	27(2015)	28(2016)	29(2017)	30(2018)	増減率（%） 30／20(2018／2008)	30／29(2018／2017)
生産量	合　　　計	4,373	3,715	3,713	3,492	3,264	3,258	3,359	▲23.2	3.1
	ま　ぐ　ろ　類	217	188	190	190	168	169	165	▲23.8	▲2.3
	か　じ　き　類	19	16	15	15	14	13	12	▲36.2	▲6.1
	か　つ　お　類	336	300	266	264	240	227	260	▲22.6	14.5
	さ　け・ま　す　類	180	170	151	140	112	72	95	▲47.1	32.9
	い　わ　し　類	498	611	579	642	710	769	739	48.4	▲3.9
	うち、まいわし	35	215	196	311	378	500	522	1,398.6	4.5
	うち、かたくちいわし	345	247	248	169	171	146	111	▲67.8	▲23.7
	あ　　じ　　類	207	175	162	167	153	165	135	▲34.7	▲18.0
	さ　　ば　　類	520	375	482	530	503	518	542	4.2	4.7
	さ　　ん　　ま	355	150	229	116	114	84	129	▲63.7	53.8
	ぶ　　り　　類	76	117	125	123	107	118	100	31.6	▲15.1
	ひらめ・かれい類	63	53	52	49	50	54	48	▲24.5	▲12.1
	た　　ら　　類	251	293	252	230	178	174	178	▲28.9	2.7
	うち、すけとうだら	211	230	195	180	134	129	127	▲39.6	▲1.4
	ほ　　っ　　け	170	53	28	17	17	18	34	▲80.2	89.4
	た　　い　　類	26	23	25	25	25	25	25	▲3.5	2.3
	い　　か　　類	290	228	210	167	110	103	84	▲71.2	▲19.2
	うち、するめいか	217	180	173	129	70	64	48	▲78.1	▲25.1
	ほ　た　て　が　い	310	348	359	234	214	236	305	▲1.8	29.2
	上 記 以 外 の 魚 種	855	616	587	583	548	515	508	▲40.5	▲1.2
産出額	合　　　計	11,250	9,439	9,663	9,957	9,620	9,614	9,379	▲16.6	▲2.4
	ま　ぐ　ろ　類	1,618	1,078	1,167	1,324	1,167	1,229	1,237	▲23.5	0.7
	か　じ　き　類	125	90	96	107	104	100	96	▲23.8	▲4.6
	か　つ　お　類	815	724	609	666	645	691	608	▲25.4	▲12.0
	さ　け・ま　す　類	786	722	726	723	668	666	601	▲23.5	▲9.8
	い　わ　し　類	585	548	593	647	650	672	760	30.0	13.1
	うち、まいわし	44	132	130	173	198	254	236	432.7	▲7.2
	うち、かたくちいわし	238	172	169	140	130	132	112	▲53.2	▲15.5
	あ　　じ　　類	441	370	359	358	323	309	279	▲36.6	▲9.6
	さ　　ば　　類	464	403	481	451	435	450	501	7.9	11.4
	さ　　ん　　ま	245	230	256	253	259	244	251	2.5	2.6
	ぶ　　り　　類	279	273	339	342	299	311	296	6.0	▲4.8
	ひらめ・かれい類	402	252	255	261	256	254	231	▲42.4	▲8.8
	た　　ら　　類	367	232	291	323	261	234	225	▲38.6	▲3.6
	うち、すけとうだら	237	129	152	164	116	100	98	▲58.6	▲1.9
	ほ　　っ　　け	111	53	55	47	43	35	39	▲65.0	11.6
	た　　い　　類	184	152	150	153	151	151	156	▲15.0	3.2
	い　　か　　類	789	775	716	654	663	658	553	▲30.0	▲16.0
	うち、するめいか	439	514	488	395	390	375	277	▲36.8	▲26.0
	ほ　た　て　が　い	366	613	621	584	632	597	556	51.7	▲6.8
	上 記 以 外 の 魚 種	3,673	2,923	2,950	3,062	3,063	3,014	2,990	▲18.6	▲0.8

資料：農林水産省「漁業・養殖業生産統計」及び「漁業産出額」

2－3　海面養殖業主要魚種別生産量及び生産額の推移

〔単位｜数量：千トン／金額：億円〕

		平成20年(2008)	25(2013)	26(2014)	27(2015)	28(2016)	29(2017)	30(2018)	増減率（%）30/20(2018/2008)	増減率（%）30/29(2018/2017)
生産量	合計	1,146	997	988	1,069	1,033	986	1,005	▲12.3	1.9
	ぶり類	155	150	135	140	141	139	138	▲10.9	▲0.6
	まだい	72	57	62	64	67	63	61	▲15.2	▲3.4
	ほたてがい	226	168	185	248	215	135	174	▲22.9	28.8
	かき類（殻付き）	190	164	184	164	159	174	177	▲7.2	1.6
	こんぶ類	47	35	33	39	27	32	34	▲28.6	3.3
	わかめ類	55	51	45	49	48	51	51	▲7.5	▲0.7
	のり類	339	316	276	297	301	304	284	▲16.2	▲6.8
	上記以外の魚種	63	56	69	68	76	87	87	37.8	▲0.1
生産額	合計	4,174(176)	4,064(182)	4,443(184)	4,866(193)	5,098(210)	5,250(271)	5,060(199)	21.2	▲3.6
	ぶり類	1,161(15)	1,115(30)	1,193(30)	1,201(29)	1,177(28)	1,192(31)	1,269(29)	9.4	6.4
	まだい	496(45)	492(42)	439(40)	439(38)	536(39)	552(46)	633(42)	27.8	14.8
	ほたてがい	318(78)	323(82)	412(85)	608(98)	624(107)	457(157)	520(95)	63.7	13.9
	かき類	306(6)	301(5)	363(4)	384(4)	354(6)	334(7)	341(6)	11.5	1.8
	こんぶ類	110(—)	80(—)	78(—)	88(—)	77(—)	95(—)	102(—)	▲6.6	8.2
	わかめ類	102(1)	71(1)	66(1)	80(0)	103(0)	107(0)	102(0)	0.2	▲5.2
	のり類	808(6)	724(5)	728(5)	851(4)	1,002(4)	1,167(5)	949(5)	17.5	▲18.6
	上記以外の魚種	875(25)	958(18)	1,163(19)	1,216(20)	1,224(25)	1,346(24)	1,143(22)	30.5	▲15.1

資料：農林水産省「漁業・養殖業生産統計」及び「漁業産出額」
注：1)　生産量の海藻類は生換算、貝類は殻付き重量である。
　　2)　海面養殖業の生産額は、種苗の生産額も含む。なお、（　）内は、種苗の生産額である。

2－4　内水面漁業・養殖業主要魚種別生産量及び産出額の推移

〔単位｜数量：千トン／金額：億円〕

		平成20年(2008)	25(2013)	26(2014)	27(2015)	28(2016)	29(2017)	30(2018)	増減率（%）30/20(2018/2008)	増減率（%）30/29(2018/2017)
生産量	合計	73	61	64	69	63	62	57	▲21.8	▲8.5
	内水面漁業	33	31	31	33	28	25	27	▲17.4	6.9
	さけ・ます類	10	13	11	13	8	6	8	▲26.0	24.8
	あゆ	3	2	2	2	2	2	2	▲37.8	▲1.3
	しじみ	10	8	10	10	10	10	10	▲1.9	▲2.2
	上記以外の魚種	9	7	8	8	7	7	7	▲16.5	6.5
	内水面養殖業	40	30	34	36	35	37	30	▲25.4	▲19.0
	ます類	10	8	8	8	8	8	7	▲26.2	▲3.9
	あゆ	6	5	5	5	5	5	4	▲27.4	▲14.7
	こい	3	3	3	3	3	3	3	▲1.6	▲2.8
	うなぎ	21	14	18	20	19	21	15	▲27.9	▲28.0
産出額	合計	818	818	887	992	1,091	1,148	1,095	33.9	▲4.6
	内水面漁業	239	168	177	184	198	198	185	▲22.9	▲7.0
	さけ・ます類	22	18	17	19	16	14	15	▲31.4	4.2
	あゆ	93	61	63	67	84	87	81	▲12.6	▲7.6
	しじみ	66	53	60	55	56	58	50	▲24.9	▲13.5
	上記以外の魚種	58	36	37	42	42	39	39	▲33.6	▲0.4
	内水面養殖業	578	650	710	809	894	949	911	57.4	▲4.1
	ます類	77	69	72	76	86	87	87	13.0	0.0
	あゆ	68	70	67	69	69	73	65	▲4.9	▲11.0
	こい	14	14	15	15	15	14	14	▲4.2	▲0.7
	うなぎ	388	468	497	581	650	697	670	72.5	▲3.9
	上記以外の魚種	30	30	59	67	74	78	75	149.0	▲4.7
（参考）種苗生産額		34	37	41	44	47	49	46	36.6	▲6.5

資料：農林水産省「漁業・養殖業生産統計」及び「漁業産出額」
注：1)　内水面漁業の漁獲量は、平成20（2008）年は主要106河川24湖沼、平成25（2013）年は主要108河川24湖沼、平成26（2014）年以降は主要112河川24湖沼の値である。
　　2)　平成20（2008）年以降の内水面漁業の漁獲量及び産出額には、遊漁者（レクリエーションを主な目的として水産動植物を採捕する者）による採捕は含まれない。
　　3)　内水面養殖業の産出額には、種苗の生産額を含まない。

2−5　水産物の主要品目別輸入量及び金額の推移

〔単位 数量：千トン／金額：億円〕

		平成21年 (2009)	26 (2014)	29 (2017)	30 (2018)	令和元年 (2019)	増減率（％） 令和元／21 (2019／2009)	増減率（％） 令和元／30 (2019／2018)
	水　産　物　合　計	2,596	2,543	2,479	2,384	2,468	▲ 4.9	3.5
数	さ　け・ま　す　類	240	220	227	235	241	0.4	2.5
	かつお・まぐろ類	248	236	247	221	220	▲11.3	▲ 0.8
	え　　　　び	203	167	175	158	159	▲21.6	0.4
	え　び　調　製　品	65	60	63	64	66	1.5	2.5
	い　　　　か	78	95	125	103	106	35.6	3.2
	たら類（すり身含む）	76	162	183	167	154	102.8	▲ 7.8
	か　　　　に	64	44	30	27	28	▲56.7	3.1
	た　　　　こ	56	40	45	35	35	▲37.7	1.2
	真　珠　（トン）	56	50	52	47	45	▲18.6	▲ 3.9
	うなぎ調製品	20	9	15	15	15	▲26.0	1.0
量	た　ら　の　卵	35	46	43	42	44	25.9	5.2
	う　な　ぎ（活）	12	5	7	9	7	▲43.9	▲23.6
	魚　　　　粉	279	248	174	189	213	▲23.6	12.7
	い　か　調　製　品	45	50	50	45	49	8.6	9.5
	ひらめ・かれい類	50	55	41	36	36	▲28.4	▲ 1.1
	うなぎ稚魚（活）（トン）	2	6	1	7	12	506.4	82.5
	そ　　の　　他	1,125	1,106	1,053	1,038	1,096	▲ 2.6	1.5
	水　産　物　合　計（A）	12,967	16,569	17,751	17,910	17,404	34.2	▲ 2.8
金	さ　け・ま　す　類	1,339	1,901	2,235	2,257	2,218	65.7	▲ 1.7
	かつお・まぐろ類	1,690	1,903	2,052	2,001	1,909	13.0	▲ 4.6
	え　　　　び	1,720	2,262	2,205	1,941	1,828	6.3	▲ 5.8
	え　び　調　製　品	517	767	750	760	744	43.9	▲ 2.1
	い　　　　か	341	475	776	701	637	86.9	▲ 9.0
	たら類（すり身含む）	225	505	593	622	611	171.4	▲ 1.8
	か　　　　に	465	614	596	614	649	39.5	5.7
	た　　　　こ	278	325	416	424	354	27.2	▲16.6
	真　　　　珠	296	387	404	411	381	28.7	▲ 7.3
	うなぎ調製品	232	240	335	367	349	50.4	▲ 4.9
額	た　ら　の　卵	329	356	332	315	282	▲14.3	▲10.5
	う　な　ぎ（活）	166	152	182	309	247	48.6	▲20.2
	魚　　　　粉	259	387	265	303	317	22.6	4.9
	い　か　調　製　品	170	256	307	297	307	80.4	3.1
	ひらめ・かれい類	188	279	252	252	241	28.2	▲ 4.2
	うなぎ稚魚（活）	12	59	15	210	236	1,862.7	12.3
	そ　　の　　他	4,740	5,701	6,036	6,127	6,096	28.6	▲ 0.5
	我が国の総輸入額（B）	514,994	859,091	753,792	827,033	785,995	60.6	▲ 5.0
	（A）／（B）（％）	2.5	1.9	2.4	2.2	2.2		

資料：財務省「貿易統計」
注：1）　数量は、通関時の形態による重量である（以下「貿易統計」においては同じ。）。
　　2）　カニについては、このほかにカニ調製品が輸入されている。
　　3）　真珠については、各種製品を除く。

2−6　輸入金額上位3か国からの主要輸入品目の金額

（単位：億円）

	平成30年 (2018)	令和元年 (2019)	増減率（％） 令和元／30 (2019／2018)
中　　国（香港、マカオを除く）	3,244	3,148	▲ 3.0
うなぎ調製品	358	342	▲ 4.3
いか	322	290	▲10.0
かつお・まぐろ類（冷凍）	259	242	▲ 6.5
チ　　リ	1,528	1,630	6.7
さけ・ます類（生鮮冷蔵・冷凍）	1,248	1,366	9.5
うに（生鮮冷蔵・冷凍）	75	93	25.3
魚粉	45	38	▲14.5
米　　国	1,573	1,339	▲14.9
たら類（すり身含む、冷凍）	503	485	▲ 3.5
たらの卵	132	142	7.7
ひらめ・かれい類	71	71	▲ 0.6

資料：財務省「貿易統計」

2−7　水産物の主要品目別輸出量及び金額の推移

単位〔数量：千トン／金額：億円〕

		平成21年(2009)	26(2014)	29(2017)	30(2018)	令和元年(2019)	増減率（%） 令和元／21(2019/2009)	増減率（%） 令和元／30(2019/2018)
数量	水産物合計	498	471	595	750	635	27.6	▲15.3
	ほたてがい	12	56	48	84	84	574.6	▲ 0.5
	真珠（トン）	22	23	32	31	34	53.9	10.6
	ぶり	4	6	9	9	30	740.6	227.9
	なまこ調製品（トン）	249	711	749	627	613	146.5	▲ 2.3
	さば	84	106	232	250	169	101.6	▲32.1
	かつお・まぐろ類	53	63	37	56	42	▲21.0	▲25.7
	水産練り製品	7	9	11	13	13	84.2	▲ 1.4
	いわし	1	14	62	99	96	14,680.3	▲ 3.8
	貝柱調製品（トン）	2,353	506	762	827	840	▲64.3	1.6
	ほたてがい調製品（トン）	—	2,506	1,147	1,435	1,172	—	▲18.3
	さけ・ます類	56	38	12	10	10	▲81.6	0.4
	たい	4	3	4	5	4	▲ 4.6	▲19.2
	すけとうだら	74	41	10	9	14	▲81.1	60.4
	ほや	7	2	5	4	6	▲22.5	34.6
	さんま	75	9	8	8	7	▲90.1	▲11.5
	その他	117	119	154	199	158	34.5	▲20.6
金額	水産物合計（A）	1,728	2,337	2,749	3,031	2,873	66.2	▲ 5.2
	ほたてがい	143	447	463	477	447	212.9	▲ 6.3
	真珠	177	245	323	346	329	86.3	▲ 4.9
	ぶり	55	100	154	158	229	315.7	45.4
	なまこ調製品	97	208	207	211	208	113.5	▲ 1.4
	さば	75	115	219	267	206	175.2	▲22.8
	かつお・まぐろ類	119	158	143	179	153	28.2	▲14.9
	水産練り製品	55	70	95	107	112	103.8	4.7
	いわし	1	13	53	83	80	10,284.4	▲ 3.6
	貝柱調製品	103	15	63	78	80	▲22.8	2.5
	ほたてがい調製品	—	131	94	96	76	—	▲21.1
	さけ・ます類	131	114	56	49	42	▲67.7	▲13.8
	たい	25	17	31	47	35	41.1	▲24.0
	すけとうだら	95	46	19	18	21	▲77.9	16.7
	ほや	16	5	11	8	12	▲23.3	53.8
	さんま	50	12	10	12	10	▲80.2	▲19.8
	その他	588	642	808	896	834	41.9	▲ 7.0
	我が国の総輸出額（B）	541,706	730,930	782,865	814,788	769,317	42.0	▲ 5.6
	（A）／（B）（%）	0.3	0.3	0.4	0.4	0.4		

資料：財務省「貿易統計」
注：1）　真珠は、各種製品を除く。
　　2）　なまこ調製品は、干しなまこを含む。

2−8　輸出金額上位３か国（地域）への主要輸出品目の金額

（単位：億円）

	平成30年(2018)	令和元年(2019)	増減率（%） 令和元／30(2019/2018)
香港	894	857	▲ 4.1
真珠	310	304	▲ 1.9
なまこ調製品	198	187	▲ 5.9
貝柱調製品	61	59	▲ 4.1
中国（香港、マカオ除く）	482	487	0.9
ほたてがい（生鮮冷蔵・冷凍）	285	268	▲ 6.0
水産練り製品	15	19	32.3
なまこ調製品	3	17	541.2
米国	333	343	3.0
ぶり（生鮮冷蔵・冷凍）	128	159	24.3
水産練り製品	35	38	8.9
ほたてがい（生鮮冷蔵・冷凍）	29	22	▲21.9

資料：財務省「貿易統計」
注：なまこ調製品は、干しなまこを含む。

2-9 主要品目別産地価格の推移

(単位：円／kg)

	平成21年 (2009)	26 (2014)	29 (2017)	30 (2018)	令和元年 (2019)	増減率（％） 令和元／21 (2019/2009)	増減率（％） 令和元／30 (2019/2018)
水産物平均（下記加重平均）	131	170	173	159	162	23.9	1.6
まぐろ 生 鮮	1,533	1,789	1,898	2,021	1,657	8.1	▲18.0
冷 凍	1,686	1,986	1,784	1,713	1,738	3.1	1.4
びんなが 生 鮮	278	330	384	425	479	72.2	12.6
冷 凍	279	316	345	368	448	60.7	21.9
めばち 生 鮮	1,086	1,384	1,339	1,423	1,275	17.4	▲10.4
冷 凍	834	956	1,143	1,065	974	16.8	▲ 8.5
きはだ 生 鮮	674	871	937	877	894	32.6	1.9
冷 凍	552	404	447	474	389	▲29.5	▲17.9
かつお 生 鮮	353	368	378	316	303	▲14.3	▲ 4.3
冷 凍	140	172	256	192	171	22.2	▲10.9
まいわし	103	67	49	42	43	▲58.6	1.9
うるめいわし	53	65	57	68	76	43.0	10.7
かたくちいわし	31	51	52	63	59	91.3	▲ 6.1
ま あ じ	154	197	175	199	229	49.0	15.1
むろあじ	109	137	93	106	116	6.7	9.5
さ ば 類	73	99	85	96	105	44.0	9.1
さ ん ま	67	115	278	185	323	382.4	75.0
ほ っ け	44	184	152	96	78	77.2	▲19.0
するめいか 生 鮮	149	276	569	567	657	341.1	16.0
冷 凍	219	338	618	609	875	298.9	43.6
うち（冷凍、近海）	220	338	618	609	875	297.5	43.6
うち（冷凍、遠洋）	176	331	—	—	—	…	…

資料：平成21（2009）年は農林水産省「水産物流通統計年報」に、平成26（2014）～令和元（2019）年は水産庁「水産物流通調査」に基づき水産庁で作成
注：1）　特に表示のない品目は、生鮮品・冷凍品の分類を行っていない。
　　2）　平成21（2009）年は42漁港、平成26（2014）年は210漁港、平成29（2017）及び30（2018）年は209漁港、令和元（2019）年は48漁港の価格である。

2-10 魚介類国内消費仕向量及び自給率の推移

(単位：千トン)

	平成20年 (2008)	25 (2013)	28 (2016)	29 (2017)	30 (2018) (概算)	増減率（％） 30／20 (2018/2008)	増減率（％） 30／29 (2018/2017)
合 計	9,418	7,868	7,365	7,382	7,157	▲24.0	▲ 3.0
食 用 魚 介 類	7,154	6,280	5,848	5,818	5,692	▲20.4	▲ 2.2
生鮮・冷凍	2,935	2,448	2,180	2,250	2,094	▲28.7	▲ 6.9
塩干・くん製・その他	3,909	3,501	3,325	3,228	3,253	▲16.8	0.8
かん詰	310	331	343	340	345	11.3	1.5
非 食 用（飼 肥 料）	2,264	1,588	1,517	1,564	1,465	▲35.3	▲ 6.3
国民1人・1年当たり供給純食料（kg）	31.4	27.4	24.8	24.4	23.9	▲23.9	▲ 2.0
食用魚介類自給率（％）	62	60	56	56	59	▲ 4.8	5.4
（参考）非食用を含む自給率（％）	53	55	53	52	55	3.8	5.8

資料：農林水産省「食料需給表」
注：1）　自給率＝（国内生産量/国内消費仕向量）×100
　　2）　数値は原魚換算したものであり（国民1人・1年当たり供給純食料を除く。）、海藻類、捕鯨業により捕獲されたもの及び鯨類科学調査の副産物を含まない。
　　3）　純食料とは、粗食料から通常の食習慣において廃棄される部分（魚の頭、内臓、骨等）を除いた可食部分のみの数量であり、粗食料とは、廃棄される部分も含んだ食用魚介類の数量。

2－11　年間1人当たりの魚介類品目別家計消費の推移（全国）

〔単位〕数量：g／金額：円

	平成21年(2009)	26(2014)	27(2015)	28(2016)	29(2017)	30(2018)	令和元年(2019)	増減率（%）令和元／21(2019/2009)	令和元／30(2019/2018)
生鮮魚介計	11,664	9,441	9,267	9,106	8,312	7,874	7,733	▲33.7	▲1.8
鮮魚小計	10,539	8,608	8,440	8,299	7,556	7,167	7,000	▲33.6	▲2.3
まぐろ	796	763	723	756	712	647	650	▲18.4	0.4
あじ	505	348	374	408	376	313	284	▲43.8	▲9.1
いわし	247	227	257	256	244	215	185	▲24.9	▲14.0
かつお	331	319	332	326	269	273	298	▲10.0	8.8
かれい	417	346	315	297	276	239	235	▲43.5	▲1.6
さけ	1,013	850	903	918	835	841	848	▲16.2	0.9
さば	441	379	364	323	304	324	291	▲34.1	▲10.3
さんま	792	516	468	408	308	381	258	▲67.4	▲32.2
たい	257	199	192	195	178	142	138	▲46.5	▲3.0
ぶり	637	640	650	614	629	543	517	▲18.8	▲4.7
いか	932	688	657	527	411	387	371	▲60.2	▲4.1
たこ	272	225	225	231	234	181	181	▲33.2	0.3
えび	679	439	460	466	449	452	452	▲33.4	0.0
かに	265	182	184	163	147	120	122	▲54.1	1.5
貝類小計	1,119	829	818	802	749	699	720	▲35.7	2.9
あさり	347	302	299	294	285	237	244	▲29.6	3.2
しじみ	109	96	99	94	91	96	103	▲5.4	7.7
かき	204	166	160	158	168	157	140	▲31.4	▲10.6
ほたてがい	332	171	161	147	111	132	152	▲54.1	15.4
塩干魚介計	3,027	2,631	2,674	2,608	2,549	2,331	2,262	▲25.3	▲2.9
塩さけ	519	468	522	510	476	429	445	▲14.2	3.8
(参考)生鮮肉計	13,878	14,868	15,053	15,787	16,038	16,459	16,395	18.1	▲0.4
牛肉	2,261	2,166	2,053	2,148	2,208	2,254	2,201	▲2.6	▲2.3
豚肉	5,993	6,369	6,578	6,829	6,976	7,221	7,131	19.0	▲1.2
魚介類支出計	27,626	26,346	26,933	26,668	25,939	24,834	24,869	▲10.0	0.1
生鮮魚介計	16,186	15,100	15,382	15,324	14,647	13,926	13,935	▲13.9	0.1
鮮魚小計	14,687	13,848	14,124	14,097	13,467	12,805	12,805	▲12.8	▲0.0
まぐろ	1,851	1,894	1,875	1,915	1,845	1,746	1,754	▲5.3	0.4
あじ	473	405	434	460	438	383	361	▲23.7	▲5.7
いわし	195	194	218	215	206	184	156	▲20.3	▲15.2
かつお	507	531	534	542	468	472	486	▲4.3	2.8
かれい	493	422	393	383	370	324	308	▲37.5	▲4.8
さけ	1,330	1,383	1,502	1,560	1,507	1,579	1,622	22.0	2.7
さば	371	357	366	322	316	328	312	▲15.9	▲4.8
さんま	475	417	404	359	295	372	246	▲48.1	▲33.8
たい	425	361	375	394	368	298	284	▲33.2	▲4.6
ぶり	1,024	1,034	1,088	1,056	1,070	969	939	▲8.3	▲3.1
いか	854	743	774	694	627	594	588	▲31.1	▲1.0
たこ	450	442	453	471	478	408	423	▲5.9	3.6
えび	1,162	976	1,052	1,041	1,012	951	962	▲17.2	1.1
かに	694	638	632	575	583	472	528	▲23.8	11.9
貝類小計	1,499	1,252	1,258	1,228	1,180	1,120	1,130	▲24.6	0.9
あさり	334	303	309	306	298	247	254	▲23.9	2.9
しじみ	146	127	141	136	133	133	134	▲8.0	0.6
かき	341	314	313	322	320	294	261	▲23.4	▲11.1
ほたてがい	517	356	346	316	274	316	346	▲33.1	9.4
塩干魚介計	5,092	4,815	4,964	4,868	4,816	4,589	4,500	▲11.6	▲1.9
塩さけ	684	694	777	742	756	723	735	7.4	1.7
魚肉練製品	2,992	2,879	2,990	2,922	2,903	2,763	2,822	▲5.7	2.1
他の魚介加工品	3,357	3,553	3,597	3,555	3,573	3,556	3,612	7.6	1.6
(参考)生鮮肉計	19,927	22,370	23,510	23,924	24,464	24,671	24,086	20.9	▲2.4
牛肉	6,485	6,970	6,995	7,303	7,369	7,339	7,131	10.0	▲2.8
豚肉	7,971	9,117	9,839	9,854	10,077	10,266	9,979	25.2	▲2.8

（上段：数量、下段：金額）

資料：総務省「家計調査年報」（二人以上の世帯）に基づき水産庁で作成

3 国 際

3－1 世界の漁業・養殖業生産量の推移

（単位：万トン）

		昭和35年 (1960)	45 (1970)	55 (1980)	平成2 (1990)	12 (2000)	22 (2010)	29 (2017)	30 (2018)	増減率（%） 平成30／12 (2018／2000)	増減率（%） 30／29 (2018／2017)
世界計		3,687	6,759	7,600	10,320	13,769	16,617	20,649	21,209	54.0	2.7
	漁　業	3,476	6,387	6,821	8,592	9,468	8,819	9,427	9,758	3.1	3.5
	養 殖 業	211	371	779	1,728	4,301	7,798	11,222	11,451	166.2	2.0
中国		317	397	625	1,511	4,457	6,284	7,994	8,097	81.6	1.3
	漁　業	222	249	315	671	1,482	1,505	1,558	1,483	0.1	▲ 4.8
	養 殖 業	96	148	311	839	2,975	4,779	6,436	6,614	122.3	2.8
インドネシア		76	126	188	324	515	1,167	2,290	2,203	327.6	▲ 3.8
	漁　業	68	115	165	264	416	539	678	726	74.6	7.0
	養 殖 業	8	11	23	60	99	628	1,612	1,477	1,386.5	▲ 8.4
インド		116	176	245	388	567	851	1,174	1,241	119.0	5.8
	漁　業	112	164	208	286	373	472	555	534	43.4	▲ 3.8
	養 殖 業	4	12	37	102	194	379	618	707	264.0	14.3
ベトナム		47	62	56	94	214	495	715	750	250.0	4.9
	漁　業	44	55	46	78	163	225	332	335	105.4	1.0
	養 殖 業	4	7	10	16	51	270	383	415	708.8	8.4
ペルー		350	1,248	271	687	1,067	439	429	731	▲31.4	70.6
	漁　業	350	1,248	271	687	1,066	431	419	721	▲32.4	72.2
	養 殖 業	0	0	0	1	1	9	10	10	1,470.6	3.1
EU（28か国）		583	823	854	914	825	676	704	685	▲16.9	▲ 2.7
	漁　業	557	775	781	808	685	550	568	549	▲19.8	▲ 3.4
	養 殖 業	27	48	74	106	141	126	136	137	▲ 2.9	0.4
ロシア		…	…	…	766	410	420	506	532	29.6	5.2
	漁　業	…	…	…	740	403	408	487	512	27.1	5.0
	養 殖 業	…	…	…	26	8	12	19	20	164.5	9.4
米国		282	296	387	594	525	481	548	523	▲ 0.4	▲ 4.6
	漁　業	271	279	370	562	479	432	504	476	▲ 0.7	▲ 5.6
	養 殖 業	10	17	17	32	46	50	44	47	2.5	6.5
日本		619	931	1,112	1,105	638	531	431	442	▲30.7	2.7
	漁　業	589	872	1,004	968	509	416	328	339	▲33.5	3.1
	養 殖 業	30	60	109	137	129	115	102	103	▲19.9	1.2
フィリピン		50	110	172	253	302	505	413	436	44.2	5.5
	漁　業	44	100	138	186	192	250	189	205	6.9	8.6
	養 殖 業	6	10	33	67	110	255	224	230	109.3	3.0
バングラデシュ		40	69	65	85	166	304	413	428	157.4	3.4
	漁　業	35	63	56	65	100	173	180	187	86.3	3.9
	養 殖 業	5	6	9	19	66	131	233	241	266.1	3.1
ノルウェー		139	298	254	195	338	386	385	401	18.6	4.2
	漁　業	139	298	253	180	289	284	254	266	▲ 8.1	4.5
	養 殖 業	0	0	1	15	49	102	131	136	175.8	3.6

資料：FAO「Fishstat（Capture Production）、（Aquaculture Production）」（日本以外の国）及び農林水産省「漁業・養殖業生産統計」（日本）に基づき水産庁で作成

3-2　食用魚介類供給量の推移

（1）主要国別供給量の推移

（単位：万トン）

	昭和36年 (1961)	45 (1970)	55 (1980)	平成2 (1990)	12 (2000)	22 (2010)	25 (2013)	29 (2017)	増減率（%） 平成29／昭和36 (2017／1961)	増減率（%） 平成29／25 (2017／2013)
世　　界	2,748	3,961	5,047	7,105	9,574	12,714	13,293	15,017	446.5	13.0
中　　国	284	309	432	1,217	3,082	4,373	4,775	5,420	1,811.3	13.5
インドネシア	93	119	176	267	431	655	704	1,182	1,170.3	67.9
EU(28か国)	562	711	722	899	1,014	1,154	1,145	1,180	109.9	3.0
イ　ン　ド	85	156	217	326	466	690	631	924	985.7	46.4
米　　国	247	304	358	557	627	680	688	727	194.9	5.6
日　　本	476	636	767	880	853	677	628	582	22.3	▲ 7.4
そ　の　他	1,002	1,726	2,376	2,959	3,101	4,486	4,721	5,003	399.4	6.0

資料：FAO「Food Balance Sheets」（日本以外の国）及び農林水産省「食料需給表」（日本）
　注：中国は香港、マカオ及び台湾を除く数値。

（2）国民1人1年当たりの供給量の推移

（単位：kg／人年）

	昭和36年 (1961)	45 (1970)	55 (1980)	平成2 (1990)	12 (2000)	22 (2010)	25 (2013)	29 (2017)	増減率（%） 平成29／昭和36 (2017／1961)	増減率（%） 平成29／25 (2017／2013)
世 界 平 均	9.0	10.8	11.5	13.5	15.9	18.8	19.0	19.2	113.5	1.4
日　　　本	50.4	61.3	65.5	71.2	67.2	52.8	49.3	45.9	▲ 8.9	▲ 6.9
インドネシア	10.2	10.4	12.1	14.9	20.6	27.2	28.2	44.7	336.2	58.6
中　　　国	4.3	3.8	4.4	10.4	24.1	32.2	34.5	38.1	789.0	10.6
EU(28か国)	14.6	17.2	16.6	20.1	20.8	22.8	22.5	22.4	54.2	▲ 0.2
米　　　国	13.0	14.5	15.5	21.9	22.0	21.8	21.5	22.4	71.7	4.0
イ　ン　ド	1.9	2.8	3.1	3.8	4.5	5.7	5.0	6.9	271.0	36.9

資料：FAO「Food Balance Sheets」（日本以外の国）及び農林水産省「食料需給表」（日本）
　注：中国は香港、マカオ及び台湾を除く数値。

3-3 マグロ類に関する情報

（1）国・地域別漁獲量

（単位：トン）

	昭和35年 (1960)	45 (1970)	55 (1980)	平成2 (1990)	12 (2000)	22 (2010)	29 (2017)	30 (2018)	増減率（%）	
									平成30／12 (2018/2000)	平成30／29 (2018/2017)
インドネシア	2,837	7,172	27,827	82,308	199,616	150,403	219,487	284,331	42.4	29.5
EU（28か国）	78,047	83,381	156,869	288,523	269,713	183,979	213,363	215,078	▲20.3	0.8
日　　　　本	381,365	278,944	361,340	277,518	275,474	207,094	168,214	164,343	▲40.3	▲2.3
台　　　　湾	8,200	95,664	109,618	191,111	238,410	169,283	169,820	152,366	▲36.1	▲10.3
フィリピン	13,579	32,000	45,934	90,312	111,598	109,653	89,222	125,572	12.5	40.7
メキシコ	3,500	7,000	21,118	118,114	105,708	109,319	127,299	114,573	8.4	▲10.0
そ　の　他	151,116	253,299	346,873	510,914	812,372	911,409	1,198,862	1,117,412	37.5	▲6.8
合　　　　計	638,644	757,460	1,069,579	1,558,800	2,012,891	1,841,140	2,186,267	2,173,675	8.0	▲0.6

資料：FAO「Fishstat（Capture Production）」（日本以外の国・地域）及び農林水産省「漁業・養殖業生産統計」（日本）
注：クロマグロ、ミナミマグロ、キハダ、メバチ及びビンナガの合計値である。

（2）魚種別漁獲量

（単位：トン）

	昭和35年 (1960)	45 (1970)	55 (1980)	平成2 (1990)	12 (2000)	22 (2010)	29 (2017)	30 (2018)	増減率（%）	
									平成30／12 (2018/2000)	平成30／29 (2018/2017)
キ　ハ　ダ	296,867	368,109	563,390	1,014,556	1,250,677	1,202,170	1,522,747	1,470,862	17.6	▲3.4
メ　バ　チ	81,032	146,831	232,284	268,485	470,744	358,545	383,083	425,187	▲9.7	11.0
ビ　ンナガ	161,276	169,953	195,189	230,667	220,196	240,196	229,030	223,836	1.7	▲2.3
クロマグロ	95,924	64,980	67,309	39,578	55,630	29,871	39,090	38,735	▲30.4	▲0.9
ミナミマグロ	3,545	7,587	11,407	5,514	15,644	10,358	12,317	15,055	▲3.8	22.2
合　　　　計	638,644	757,460	1,069,579	1,558,800	2,012,891	1,841,140	2,186,267	2,173,675	8.0	▲0.6

資料：FAO「Fishstat（Capture Production）」（日本以外の国）及び農林水産省「漁業・養殖業生産統計」（日本）
注：我が国のミナミマグロは、平成7（1995）年にクロマグロから分離された。平成6（1994）年まではクロマグロの漁獲量に含まれる。

（3）冷凍マグロ4種の消費地市場（東京都）価格の推移

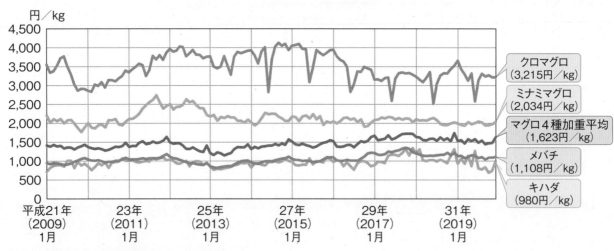

資料：東京都中央卸売市場資料に基づき水産庁で作成

（4）我が国への供給量の推移

（単位：万トン）

	平成20年 (2008)	25 (2013)	26 (2014)	27 (2015)	28 (2016)	29 (2017)	30 (2018)	増減率（%）	
								30／20 (2018/2008)	30／29 (2018/2017)
国内生産量	21.5	19.8	20.4	20.4	18.1	18.4	18.2	▲15.5	▲1.1
輸　入　量	19.5	18.0	18.3	20.6	21.0	19.7	18.3	▲6.3	▲6.9
国内供給量	41.0	37.8	38.7	41.0	39.0	38.1	36.5	▲11.1	▲4.1

資料：農林水産省「漁業・養殖業生産統計」及び財務省「貿易統計」に基づき水産庁で作成
注：1）平成24（2012）年以降、「漁業・養殖業生産統計」の海面養殖業において、「くろまぐろ」の項目が「その他の魚類」の項目から分離されたため、国内生産量及び国内供給量にはその値が含まれている。このため、それ以前とは連続しない。
　　2）クロマグロ、ミナミマグロ、キハダ、メバチ及びビンナガの合計値である。
　　3）輸入量は、生鮮冷蔵・冷凍の製品重量である。

4 漁業経営・生産構造

4－1 漁業経営体数の推移

（単位：経営体）

		平成10年 （1998）	15 （2003）	20 （2008）	25 （2013）	30 （2018）	増減率（％） 30／10 (2018/1998)	増減率（％） 30／25 (2018/2013)
合	計	150,586	132,417	115,196	94,507	79,067	▲47.5	▲16.3
海面漁業	計	122,980	109,350	95,550	79,563	65,117	▲47.1	▲18.2
	漁船非使用	4,365	3,883	3,694	3,032	2,595	▲40.5	▲14.4
	無動力漁船	285	198	157	97	47	▲83.5	▲51.5
	船外機付漁船	…	…	24,161	20,709	17,364	…	▲16.2
	動力漁船計	111,999	99,692	62,877	51,606	41,875	▲62.6	▲18.9
	1トン未満	34,460	30,951	3,448	2,770	2,002	▲94.2	▲27.7
	1～3	26,255	22,254	18,077	14,109	10,652	▲59.4	▲24.5
	3～5	32,169	29,010	25,628	21,080	16,810	▲47.7	▲20.3
	5～10	11,207	10,494	9,550	8,247	7,495	▲33.1	▲ 9.1
	10～20	5,071	4,602	4,200	3,643	3,339	▲34.2	▲ 8.3
	20～30	769	661	610	559	494	▲35.8	▲11.6
	30～50	561	537	485	466	430	▲23.4	▲ 7.7
	50～100	555	455	351	293	252	▲54.6	▲14.0
	100～200	380	313	275	252	233	▲38.7	▲ 7.5
	200～500	283	197	115	76	64	▲77.4	▲15.8
	500～1,000	150	107	67	55	50	▲66.7	▲ 9.1
	1,000～3,000	131	104	68	53	52	▲60.3	▲ 1.9
	3,000トン以上	8	7	3	3	2	▲75.0	▲33.3
	大型定置網	1,068	969	1,086	1,252	943	▲11.7	▲24.7
	小型定置網	5,042	4,457	3,575	2,867	2,293	▲54.5	▲20.0
	地びき網	221	151	…	…	…	…	…
海面養殖業	計	27,606	23,067	19,646	14,944	13,950	▲49.5	▲ 6.7
	の り	7,733	6,065	4,868	3,819	3,214	▲58.4	▲15.8
	か き	3,352	3,308	2,879	2,018	2,067	▲38.3	2.4
	真 珠	1,699	1,358	971	680	594	▲65.0	▲12.6
	真珠母貝	1,143	683	448	276	248	▲78.3	▲10.1
	わかめ	3,205	2,383	2,356	2,029	1,835	▲42.7	▲ 9.6
	ぶ り	1,284	1,023	839	632	520	▲59.5	▲17.7
	ほたてがい	4,363	3,859	3,411	2,466	2,496	▲42.8	1.2
	まだい	1,258	1,009	753	535	445	▲64.6	▲16.8
	まぐろ類	…	…	39	63	69	…	9.5
	その他	3,569	3,379	3,082	2,426	2,462	▲31.0	1.5
沿岸漁業経営体計		142,678	125,434	109,022	89,107	74,151	▲48.0	▲16.8
中小漁業経営体計		7,769	6,872	6,103	5,344	4,862	▲37.4	▲ 9.0
大規模漁業経営体計		139	111	71	56	54	▲61.2	▲ 3.6

資料：農林水産省 「漁業センサス」
注：1) 漁業経営体とは、過去1年間に利潤又は生活の資を得るために、生産物を販売することを目的として、海面において水産動植物の採捕又は養殖の事業を行った世帯又は事業所をいう（ただし、過去1年間における漁業の海上作業従事日数が30日未満の個人経営体は除く）。
　　2) 沿岸漁業経営体とは、漁船非使用、無動力漁船、船外機付漁船、使用動力漁船合計総トン数10トン未満、定置網及び海面養殖の経営体をいい、中小漁業経営体とは、使用動力漁船合計総トン数10トン以上1,000トン未満の経営体をいい、大規模漁業経営体とは、使用動力漁船合計総トン数1,000トン以上の経営体をいう。
　　3) 平成15（2003）年以前については、船外機付漁船は1トン未満の動力漁船に含まれ、海面養殖業のまぐろ類はその他に含まれる。
　　4) 大型定置網には、さけ定置網を含める。
　　5) 平成20（2008）及び25（2013）年の地びき網については、階層区分から除外し、使用した漁船の状況について該当する階層に振り分けた。
　　6) 平成30（2018）年の海面養殖業のまぐろ類はくろまぐろ養殖である。

第1部

参考図表

4-2　経営組織別漁業経営体数の推移

（単位：経営体）

	平成20年 (2008)	25 (2013)	28 (2016)	29 (2017)	30 (2018)	増減率（％）	
						30／20 (2018／2008)	30／29 (2018／2017)
計	115,196	94,507	81,880	78,890	79,067	▲31.4	0.2
個 人 経 営 体	109,451	89,470	77,370	74,470	74,526	▲31.9	0.1
団 体 経 営 体	5,745	5,037	4,500	4,420	4,541	▲21.0	2.7
会 社	2,715	2,534	…	…	2,548	▲ 6.2	…
漁業協同組合	206	211	…	…	163	▲20.9	…
漁業生産組合	105	110	…	…	94	▲10.5	…
共 同 経 営	2,678	2,147	…	…	1,700	▲36.5	…
そ の 他	41	35	…	…	36	▲12.2	…

資料：農林水産省「漁業センサス」（平成20（2008）年、25（2013）年及び30（2018）年）及び「漁業就業動向調査」（平成28
　　　（2016）～29（2017）年）
注：1）　漁業経営体とは、4-1の注：1）に同じ。
　　2）　漁業協同組合には、漁業協同組合と漁業協同組合の支所等によるものを含む。

4-3　漁業用生産資材価格指数の推移（平成27（2015）年＝100）

	国内企業 物価指数	Ａ重油	漁　　網	ロ ー プ	プラスチック (不飽和ポリエ ステル樹脂)	ガラス長 繊維製品	塗　　料
平成27（2015）年	100.0	100.0	100.0	100.0	100.0	100.0	100.0
31（2019）年 1 月	100.9	116.8	104.7	106.6	110.2	101.0	100.5
2 月	101.2	123.1	104.7	106.6	110.2	101.0	101.8
3 月	101.5	129.2	104.7	106.6	110.2	101.0	102.5
4 月	101.9	133.8	104.7	106.6	110.2	101.0	101.4
令和元（2019）年 5 月	101.8	136.2	104.7	106.6	110.2	101.0	101.2
6 月	101.2	124.5	104.7	106.6	109.6	101.0	101.1
7 月	101.1	124.2	104.7	106.6	109.6	101.0	101.1
8 月	100.9	119.5	104.7	106.6	109.6	101.0	101.3
9 月	100.9	120.3	104.7	106.6	109.6	101.0	100.8
10 月	102.1	122.9	106.6	108.6	111.7	102.9	103.2
11 月	102.2	126.7	106.6	108.6	111.7	102.9	102.9
12 月	102.3	131.3	106.6	108.6	111.7	102.9	102.7
令和2（2020）年 1 月	102.4	135.9	106.6	108.6	111.7	102.9	101.8
2 月	102.0	123.2	106.6	108.6	111.7	102.9	101.9
3 月	101.1	102.0	106.6	108.6	111.7	102.9	101.9

資料：日本銀行「物価関連統計」

4-4　沿岸漁家の漁労所得の推移

（単位：万円）

	平成20年 (2008)	25 (2013)	26 (2014)	27 (2015)	28 (2016)	29 (2017)	30 (2018)
沿岸漁家平均	262.5	239.5	253.6	350.9	338.3	347.8	272.6
沿 岸 漁 船 漁 家	238.8	189.5	199.0	261.2	234.9	218.7	186.4
海面養殖業漁家	365.7	505.9	540.7	821.5	1,003.6	1,165.5	763.1

資料：農林水産省「漁業経営調査報告」及び「漁業センサス」に基づき水産庁で作成
注：1）　沿岸漁家平均は、「漁業経営調査報告」の個人経営体調査の結果を「漁業センサス」の10トン未満の漁船漁業、小型定
　　　置網漁業及び海面養殖業の経営体の比に応じて加重平均して算出した。
　　2）　沿岸漁船漁家は、「漁業経営調査報告」の個人経営体調査の漁船漁業の結果から、10トン未満分を再集計した。
　　3）　平成25（2013）～30（2018）年調査の漁船漁業については、東日本大震災により漁業が行えなかったこと等から、
　　　福島県の経営体を除く結果である。平成25（2013）年調査ののり類養殖業は、宮城県の経営体を除く結果である。
　　4）　平成28（2016）年調査において、調査体系の見直しが行われたため、平成28（2016）年以降、わかめ類養殖と真珠
　　　養殖を除く結果である。
　　5）　漁労収入には、補助金・補償金（漁業）を含めていない。

4－5　沿岸漁船漁家の漁業経営状況の推移

（単位：千円）

	平成20年 (2008)	25 (2013)	26 (2014)	27 (2015)	28 (2016)	29 (2017)	30 (2018)
漁 労 収 入	6,645	5,954	6,426	7,148	6,321	6,168	5,794
漁 労 支 出	4,257(100.0)	4,060(100.0)	4,436(100.0)	4,536(100.0)	3,973(100.0)	3,981(100.0)	3,930(100.0)
雇 用 労 賃	474(11.1)	503(12.4)	562(12.7)	671(14.8)	494(12.4)	581(14.6)	557(14.2)
漁船・漁具費	325(7.6)	299(7.4)	359(8.1)	392(8.7)	289(7.3)	284(7.1)	298(7.6)
修 繕 費	262(6.2)	302(7.4)	344(7.8)	358(7.9)	396(10.0)	342(8.6)	350(8.9)
油 費	984(23.1)	820(20.2)	867(19.5)	717(15.8)	601(15.1)	620(15.6)	675(17.2)
販売手数料	415(9.8)	375(9.2)	420(9.5)	484(10.7)	432(10.9)	409(10.3)	382(9.7)
減価償却費	649(15.2)	576(14.2)	610(13.7)	595(13.1)	568(14.3)	586(14.7)	541(13.8)
そ の 他	1,148(27.0)	1,186(29.2)	1,274(28.7)	1,319(29.1)	1,193(30.0)	1,159(29.1)	1,127(28.7)
漁 労 所 得	2,388	1,895	1,990	2,612	2,349	2,187	1,864
漁労外事業所得	75	184	159	209	181	204	183
事 業 所 得	2,463	2,078	2,149	2,821	2,530	2,391	2,047

資料：農林水産省「漁業経営調査報告」及び「漁業センサス」に基づき水産庁で作成
　注：1)　「漁業経営調査報告」の個人経営体調査の結果を基に、「漁業センサス」の沿岸漁船漁家の10トン未満分の経営体数で
　　　　加重平均した。
　　　　（　）内は漁労支出の構成割合（％）である。
　　　2)　平成25（2013）〜30（2018）年調査は、東日本大震災により漁業が行えなかったこと等から、福島県の経営体を除
　　　　く結果である。
　　　3)　漁労収入には、補助・補償金（漁業）を含めていない。

4－6　海面養殖業漁家の経営状況の推移

（単位：千円）

	平成20年 (2008)	25 (2013)	26 (2014)	27 (2015)	28 (2016)	29 (2017)	30 (2018)
漁 労 収 入	20,348	23,317	25,537	30,184	32,928	36,629	32,506
漁 労 支 出	16,691(100.0)	18,258(100.0)	20,129(100.0)	21,969(100.0)	22,892(100.0)	24,974(100.0)	24,875(100.0)
雇 用 労 賃	1,903(11.4)	2,793(15.3)	3,166(15.7)	3,305(15.0)	2,647(11.6)	2,936(11.8)	3,331(13.4)
油 費	1,280(7.7)	1,240(6.8)	1,311(6.5)	1,122(5.1)	1,002(4.4)	1,202(4.8)	1,317(5.3)
販売手数料	776(4.6)	691(3.8)	751(3.7)	962(4.4)	1,220(5.3)	1,258(5.0)	1,157(4.7)
減価償却費	2,030(12.2)	2,019(11.1)	2,368(11.8)	2,537(11.5)	2,681(11.7)	2,813(11.3)	2,874(11.6)
そ の 他	10,702(64.1)	11,515(63.1)	12,533(62.3)	14,043(56.2)	15,342(61.4)	16,765(67.1)	16,196(65.0)
漁 労 所 得	3,657	5,059	5,407	8,215	10,036	11,655	7,631

資料：農林水産省「漁業経営調査報告」及び「漁業センサス」に基づき水産庁で作成
　注：1)　「漁業経営調査報告」の個人経営体調査の結果を基に、「漁業センサス」の養殖種類ごとの経営体数で加重平均した。
　　　　（　）内は漁労支出の構成割合（％）である。
　　　2)　平成25（2013）年調査ののり類養殖業は、宮城県の経営体を除く結果である。
　　　3)　平成28（2016）年調査において、調査体系の見直しが行われたため、平成28（2016）年以降、わかめ類養殖と真珠
　　　　養殖を除く結果である。
　　　4)　漁労収入には、補助金・補償金（漁業）を含めていない。

4－7　会社経営体（漁船漁業）の漁労収益の状況（平成30（2018）年度）

（単位：千円）

	漁労収入（漁労売上高）	漁労支出				漁労利益		経常利益	売上利益率（%）	
		合計	雇用労賃（労務費）	油費	減価償却費	減価償却前	減価償却後		減価償却前	減価償却後
平均	331,956	359,622	111,054(30.9)	54,639(15.2)	33,813(9.4)	6,147	▲27,666	13,206	1.9	▲ 8.3
10～ 20トン	68,846	74,338	23,510(31.6)	10,234(13.8)	5,535(7.4)	43	▲ 5,492	674	0.1	▲ 8.0
20～ 50トン	64,632	71,805	22,447(31.3)	8,953(12.5)	7,254(10.1)	81	▲ 7,173	▲ 2,777	0.1	▲11.1
50～100トン	135,569	144,895	51,645(35.6)	15,635(10.8)	14,119(9.7)	4,793	▲ 9,326	4,597	3.5	▲ 6.9
100～200トン	306,833	324,393	111,296(34.3)	42,591(13.1)	27,110(8.4)	9,550	▲17,560	18,954	3.1	▲ 5.7
200～500トン	692,437	708,829	214,614(30.3)	99,846(14.1)	74,580(10.5)	58,188	▲16,392	31,614	8.4	▲ 2.4
500トン以上	1,737,686	1,893,249	570,071(30.1)	302,509(16.0)	197,227(10.4)	41,664	▲155,563	76,187	2.4	▲ 9.0

資料：農林水産省「漁業経営調査報告」に基づき水産庁で作成
注：1）　トン数階層は、経営体が使用した動力漁船の合計トン数である。
　　2）　漁労支出＝漁労売上原価＋漁労販売費及び一般管理費
　　3）　漁労利益＝漁労収入－漁労支出
　　4）　売上利益率＝（漁労利益÷漁労収入）×100
　　5）　表頭の（　）内は、「漁業経営調査報告」の会社経営体調査の項目名である。
　　6）　表中の（　）内は、漁労支出の構成割合（%）である。

4－8　会社経営体（漁船漁業）の収益状況の推移

（単位：千円）

	項　　　目	平成20年度（2008）	25（2013）	26（2014）	27（2015）	28（2016）	29（2017）	30（2018）
規模	使用動力船総トン数（トン）	244.7	213.8	192.3	204.4	218.9	223.1	219.9
	最盛期の従事者数（人）	21.7	20.0	19.0	19.3	19.6	20.0	19.4
	漁獲量（トン）	1,858	1,523	1,397	1,788	1,781	1,883	2,048
漁業損益	漁労収入（漁労売上高）	330,192	281,446	285,787	327,699	337,238	368,187	331,956
	漁労支出	334,883	300,050	305,295	335,955	354,546	378,576	359,622
	雇用労賃（労務費）	104,405	89,355	92,981	105,940	114,969	121,838	111,054
	漁船・漁具費	13,627	13,778	14,753	18,155	23,187	28,520	21,398
	油　費	73,530	61,745	60,854	54,299	43,119	47,110	54,639
	販売手数料	13,521	11,889	11,941	14,650	14,073	15,143	14,011
	その他の漁労支出	105,398	96,713	98,292	108,717	120,837	128,843	124,707
	減価償却費	24,402	26,570	26,474	34,194	38,361	37,122	33,813
	漁労利益	▲ 4,691	▲18,604	▲19,508	▲ 8,256	▲17,308	▲10,389	▲27,666
	経常利益	6,705	1,698	9,396	27,237	20,441	24,020	13,206
	償却前経常利益	31,107	28,268	35,870	61,431	58,802	61,142	47,019
分析指標	売上高償却前利益率（%）	9.4	10.0	12.6	18.7	17.4	16.6	14.2
	1人当たり労賃	4,811	4,468	4,894	5,489	5,866	6,092	5,724
	1人当たり売上高	15,216	14,072	15,041	16,979	17,206	18,409	17,111

資料：農林水産省「漁業経営調査報告」に基づき水産庁で作成
注：1）　漁労支出＝漁労売上原価＋漁労販売費及び一般管理費
　　2）　漁労利益＝漁労収入－漁労支出
　　3）　経常利益＝漁労利益＋漁労外売上高－（漁労外売上原価＋漁労外販売費及び一般管理費）＋営業外収益－営業外費用
　　4）　償却前経常利益＝経常利益＋減価償却費
　　5）　売上高償却前利益率＝（償却前経常利益÷漁労収入）×100
　　6）　1人当たり労賃＝雇用労賃÷最盛期の従事者数
　　7）　1人当たり売上高＝漁労収入÷最盛期の従事者数
　　8）　表側の（　）内は「漁業経営調査報告」の項目名である。

4－9 会社経営体（漁船漁業）の財務状況等の推移

		平成20年度 (2008)	25 (2013)	26 (2014)	27 (2015)	28 (2016)	29 (2017)	30 (2018)
経常利益	（千円）	6,705	1,698	9,396	27,237	20,441	24,020	13,206
売上高経常利益率	（％）	1.7	0.5	2.6	6.7	4.9	5.4	3.2
総資本経常利益率	（％）	1.8	0.4	2.5	6.8	4.7	5.2	2.9
総資本回転率	（回）	1.0	0.8	0.9	1.0	0.9	1.0	0.9
総資産（負債・純資産）	（千円）	378,546	405,633	369,915	398,782	433,649	465,734	460,084
固定資産	（千円）	185,794	191,265	190,059	189,644	223,856	230,942	230,528
流動資産	（千円）	192,419	212,630	177,848	207,016	208,710	234,051	228,726
負　債	（千円）	405,721	358,722	314,758	315,115	315,965	333,497	330,001
固定負債	（千円）	171,903	191,032	164,517	170,951	174,295	167,212	180,258
流動負債	（千円）	233,818	167,690	150,241	144,164	141,670	166,285	149,743
自己資本	（千円）	▲27,175	46,911	55,157	83,667	117,684	132,237	130,083
固定資産比率	（％）	49.1	47.2	51.4	47.6	51.6	49.6	50.1
固定比率	（％）	▲683.7	407.7	344.6	226.7	190.2	174.6	177.2
流動比率	（％）	82.3	126.8	118.4	143.6	147.3	140.8	152.7
自己資本比率	（％）	▲7.2	11.6	14.9	21.0	27.1	28.4	28.3
漁業部門　漁労収入（漁労売上高）	（千円）	330,192	281,446	285,787	327,699	337,238	368,187	331,956
漁労支出	（千円）	334,883	300,050	305,295	335,955	354,546	378,576	359,622
最盛期の従事者数	（人）	21.7	20.0	19.0	19.3	19.6	20.0	19.4
1人当たり売上高	（千円）	15,216	14,072	15,041	16,979	17,206	18,409	17,111
漁労利益	（千円）	▲4,691	▲18,604	▲19,508	▲8,256	▲17,308	▲10,389	▲27,666
売上利益率	（％）	▲1.4	▲6.6	▲6.8	▲2.5	▲5.1	▲2.8	▲8.3
付加価値生産性	（千円）	7,759	6,579	7,176	8,760	8,858	9,751	8,329
付加価値率	（％）	2.3	2.3	2.5	2.7	2.6	2.6	2.5

資料：農林水産省「漁業経営調査報告」に基づき水産庁で作成
注：1）経常利益＝漁労利益＋漁労外売上高－（漁労外売上原価＋漁労外販売費及び一般管理費）＋営業外収益－営業外費用
　　2）売上高経常利益率＝（経常利益÷事業収入）×100
　　3）総資本経常利益率＝（経常利益÷総資本）×100
　　4）総資本回転率＝売上高合計÷負債・純資産合計
　　5）固定資産比率＝（固定資産÷総資産）×100
　　6）固定比率＝（固定資産÷自己資本）×100
　　7）流動比率＝（流動資産÷流動負債）×100
　　8）自己資本比率＝（自己資本÷負債・純資産合計）×100
　　9）漁労支出＝漁労売上原価＋漁労販売費及び一般管理費
　　10）1人当たり売上高＝漁労収入÷最盛期の従事者数
　　11）漁労利益＝漁労収入－漁労支出
　　12）売上利益率＝（漁労利益÷漁労収入）×100
　　13）付加価値生産性＝（漁労収入－物的経費）÷最盛期の従業者数
　　14）付加価値率＝（付加価値額÷漁労収入）×100

4－10 漁協（沿海地区出資漁協）の事業規模（全国）の推移

（単位：億円）

項　目		平成19年度 (2007)	24 (2012)	25 (2013)	26 (2014)	27 (2015)	28 (2016)	29 (2017)
信用	貯金総額	9,145	8,910	8,663	8,140	7,885	7,921	7,890
	貸付総額	2,273	2,101	1,957	1,709	1,539	1,459	1,412
購買	供給取扱高	2,219	2,069	2,009	1,925	1,697	1,645	1,637
	うち石油類	1,196	1,038	1,093	1,031	782	690	763
	うち資材類	847	929	811	765	824	814	730
	うち生活用品	118	103	105	128	92	141	144
販　売		11,515	10,199	10,483	10,913	11,336	11,087	11,064
共済	長期共済契約保有高	30,058	26,364	25,689	25,132	24,663	24,216	23,673
	短期共済掛金	49	43	43	42	42	41	41

資料：水産庁「水産業協同組合統計表」及び全国共済水産業協同組合連合会調べ
注：共済の長期共済契約保有高は普通厚生共済、生活総合共済及び漁業者老齢福祉共済の保障共済金額の合計。
　　また、短期共済掛金は乗組員厚生共済、団体信用厚生共済及び火災共済の受入共済掛金の合計。

4－11 沿岸、沖合・遠洋漁業別就業者数の推移

(単位：人)

	平成20年(2008)	25(2013)	26(2014)	27(2015)	28(2016)	29(2017)	30(2018)	増減率（％）30/20(2018/2008)	30/29(2018/2017)
計	221,908	180,985	173,030	166,610	160,020	153,490	151,701	▲31.6	▲ 1.2
自営漁業のみ	141,053	109,247	104,710	100,520	95,740	91,950	86,943	▲38.4	▲ 5.4
（うち女性）	(28,679)	(19,823)	(18,710)	(17,860)	(16,980)	(16,640)	(14,011)	▲51.1	▲15.8
（うち沿岸漁業就業者）	…	…	100,880	96,720	92,370	88,670	84,122	…	▲ 5.1
（うち女性）	…	…	(18,450)	(17,640)	(16,850)	(16,540)	(13,802)	…	▲16.6
（うち沖合・遠洋漁業就業者）	…	…	3,830	3,800	3,370	3,280	2,821	…	▲14.0
（うち女性）	…	…	(250)	(220)	(130)	(100)	(209)	…	109.0
漁業雇われ	80,855	71,738	68,320	66,100	64,280	61,530	64,758	▲19.9	5.2
（うち女性）	(5,409)	(4,045)	(3,870)	(4,030)	(3,550)	(4,340)	(3,504)	▲35.2	▲19.3

資料：農林水産省「漁業センサス」（平成20（2008）年、25（2013）年、30（2018）年）及び「漁業就業動向調査」（平成26（2014）～29（2017）年）

注：1）漁業就業者とは、満15歳以上で過去1年間に漁業の海上作業に30日以上従事した者をいう。
　2）自営漁業のみとは、漁業就業者のうち、自営漁業のみに従事し、共同経営の漁業又は雇われての漁業には従事していない者をいう（漁業以外の仕事に従事したか否かは問わない。）。
　3）漁業雇われとは、漁業就業者のうち、「自営漁業のみ」以外の者をいう（漁業以外の仕事に従事したか否かは問わない。）。
　4）沿岸漁業就業者とは、漁船非使用漁業、10トン未満の漁船（無動力漁船及び船外機付漁船を含む。）を使用する漁業、定置網漁業及び海面養殖業に従事した漁業就業者をいう。また、2018年漁業センサスにおいて調査体系の見直しが行われたため、平成30（2018）年の沿岸漁業就業者は、漁船非使用漁業、10トン未満の漁船（無動力漁船及び船外機付漁船を含む。）を使用する漁業を行った漁業経営体に属する就業者並びに海上作業従事日数が最も多かった漁業種類が定置網漁業及び海面養殖業である漁業就業者をいう。
　5）沖合・遠洋漁業就業者とは、沿岸漁業就業者以外の漁業就業者をいう。

4－12 新規漁業就業者数の推移

	平成20年(2008)	25(2013)	26(2014)	27(2015)	28(2016)	29(2017)	30(2018)
新規漁業就業者数（人）	1,784	1,790	1,875	1,915	1,927	1,971	1,943
新規学卒就業者（％）	…	23.7	21.2	19.7	20.7	21.0	23.3
離職転入者（％）	…	65.9	68.1	70.0	64.7	66.8	65.6

資料：平成20（2008）年は農林水産省「漁業センサス」、平成25（2013）年以降は都道府県が実施している新規就業者に関する調査から推計

注：1）新規学卒就業者は、学校等を卒業し他産業に主として従事することなく当該年次に新たに漁業に就業した者である。
　2）離職転入者は、他産業に主として従事していた者で当該年次に新たに漁業に主として従事した者である。
　3）新規学卒就業者及び離職転入者の比率は、新規就業者のうち回答のあった者における割合である。

4－13 我が国の漁船勢力の推移

(単位：隻)

	昭和43年(1968)	48(1973)	53(1978)	58(1983)	63(1988)	平成5(1993)	10(1998)	15(2003)	20(2008)	25(2013)	30(2018)
計	345,606	331,274	320,972	320,949	293,934	267,574	236,484	213,808	185,465	152,998	132,201
無動力漁船	95,701	54,303	30,474	24,815	16,815	12,869	7,840	7,688	5,327	3,779	3,080
船外機付漁船	74,115	99,349	111,860	119,358	114,914	108,121	98,109	91,195	81,076	67,572	59,201
動力漁船	175,790	177,622	178,638	176,776	162,205	146,584	130,535	114,925	99,062	81,647	69,920

資料：農林水産省「漁業センサス」
注：海面漁業で漁業生産のために使用されたものであって、調査日現在に使用しているもの。

5 漁 村

5-1 漁港数の推移

（単位：港）

		平成21年 (2009)	26 (2014)	29 (2017)	30 (2018)	31 (2019)
漁 港 数		2,916	2,909	2,860	2,823	2,806
第1種	その利用範囲が地元の漁業を主とするもの。	2,206	2,179	2,128	2,089	2,069
第2種	その利用範囲が第1種漁港よりも広く、第3種漁港に属しないもの。	496	517	519	521	524
第3種	その利用範囲が全国的なもの。	101	101	101	101	101
特定第3種	第3種漁港のうち水産業の振興上特に重要な漁港で政令で定めるもの。	13	13	13	13	13
第4種	離島その他辺地にあって漁場の開発又は漁船の避難上特に必要なもの。	100	99	99	99	99

資料：水産庁調べ
注：各年4月1日現在の漁港数。

5-2 漁港登録漁船隻数の推移

（単位：隻）

	平成19年 (2007)	24 (2012)	27 (2015)	28 (2016)	29 (2017)
漁港登録動力漁船隻数	221,824	183,382	173,875	170,457	164,915

資料：水産庁調べ
注：1）各年12月31日現在の隻数。
　　2）平成24（2012）年については、被災地における一部漁港を除く。

6 水産物の栄養

1人1日当たり食品群別栄養素等摂取量（平成30（2018）年）

	摂取量 (g)	エネルギー (kcal)	たんぱく質 (g)	脂質 (g)	カリウム (mg)	カルシウム (mg)	マグネシウム (mg)	鉄 (mg)	ビタミンD (μg)	ビタミンE (mg)	ビタミンB12 (μg)
総摂取量	1,994.1	1,900	70.4	60.4	2,290.0	505.0	262.8	7.5	6.6	6.7	5.9
うち魚介類	65.1	101	11.8	4.9	168.9	36.8	18.8	0.7	5.0	0.8	4.0
うち肉　類	104.5	228	16.8	16.7	235.3	5.5	17.7	0.8	0.2	0.3	0.8
うち卵　類	41.1	62	5.2	4.1	53.1	20.8	4.5	0.7	0.7	0.4	0.4
うち乳　類	128.8	103	5.0	5.1	187.2	157.9	14.8	0.1	0.2	0.2	0.4
魚介類からの摂取量の割合	3.3%	5.3%	16.8%	8.1%	7.4%	7.3%	7.2%	9.3%	75.8%	11.9%	67.8%

資料：厚生労働省「国民健康・栄養調査」（平成30（2018）年）

第2部

令和元年度　水産施策

令和元年度に講じた施策

概　　説

※本文中に記載のある（第○章（○））等の表記は、第１部の対応箇所を示しています。

1　施策の重点

　我が国の水産業は、国民に対して水産物を安定的に供給するとともに、漁村地域の経済活動や国土強靱化の基礎をなし、その維持発展に寄与するという極めて重要な役割を担っています。しかし、水産資源の減少によって漁業生産量は長期的な減少傾向にあり、漁業者数も減少しているという厳しい課題を抱えています。

　こうした水産業をめぐる状況の変化に対応して、水産資源の適切な管理と水産業の成長産業化を両立させ、漁業者の所得向上と年齢バランスのとれた漁業就労構造の確立を目指し、「水産基本計画」（平成29（2017）年４月28日閣議決定）及び「農林水産業・地域の活力創造プラン」（平成30（2018）年６月１日改訂。農林水産業・地域の活力創造本部決定）に盛り込んだ「水産政策の改革について」に基づく取組を行いました。その一環として、平成30（2018）年12月に成立した「漁業法等の一部を改正する等の法律」（平成30（2018）年法律第95号）について、漁業者、都道府県等の関係者に丁寧な説明を行い、関係者の意見を聴きながら令和２（2020）年度の施行に向けた準備を進めました。

　また、資源管理の徹底とIUU（違法・無報告・無規制）漁業の撲滅を図り、輸出を促進する等の観点から、①国内漁獲証明制度の創設、②特定の水産動植物への漁獲証明の義務付け、③IUU漁業の懸念がある輸入水産物に係る輸入時の漁獲証明の確認の義務化について、学識経験者、生産者団体、加工・流通・小売団体等から意見を聞きながら検討を進めました。

　さらに、ICTを活用した適切な資源評価・管理、生産活動の省力化、漁獲物の高付加価値化等を図るため、スマート水産業の社会実装に向けた取組を推進しました。

2　財政措置

　水産施策を実施するために必要な関係予算の確保とその効率的な執行を図るとともに、引き続き東日本大震災からの復興を図るため、令和元（2019）年度水産関係当初予算として、2,167億円（一般会計、前年度1,772億円）及び707億円（東日本大震災復興特別会計、前年度576億円）を計上しました。また、①「ＴＰＰ等関連政策大綱」の確実な実施、②水産物輸出拡大のための緊急対策、③漁業構造改革の推進、④新たな資源管理の推進、⑤外国漁船対策等、⑥防災・減災、国土強靱化、⑦災害からの復旧・復興に係る令和元（2019）年度水産関係補正予算として、971億円を計上しました。

第2部

3 税制上の措置

　法人税、法人住民税及び法人事業税については、漁業協同組合（以下「漁協」という。）
の合併に係る課税の特例措置の適用期限を３年延長するとともに、中小企業者等が機械等を
取得した場合の特別償却及び税額控除の適用期限を２年延長することとし、不動産取得税に
ついては、漁協等が一定の貸付けを受けて共同利用施設を取得した場合の課税標準の特例措
置の適用期限を２年延長するなど所要の税制上の措置を講じました。

4 金融上の措置

　水産施策の総合的な推進を図るため、地域の水産業を支える役割を果たす漁協系統金融機
関及び株式会社日本政策金融公庫による制度資金等について、所要の金融上の措置を講じま
した。
　また、都道府県による沿岸漁業改善資金の貸付けを促進し、省エネルギー性能に優れた漁
業用機器の導入等を支援しました。
　さらに、台風等の自然災害により被災した漁業者や新型コロナウイルス感染症の影響を受
けた漁業者に対して、農林漁業セーフティネット資金等について貸付当初５年間を実質無利
子化するなどの支援策を講じるとともに、新型コロナウイルス感染症の影響による売上減少
が発生した水産加工業者に対しては、セーフティーネット保証等の中小企業対策等の枠組み
の活用も含め、ワンストップ窓口等を通じて周知を図りました。

5 政策評価

　効果的かつ効率的な行政の推進及び行政の説明責任の徹底を図る観点から、「行政機関が
行う政策の評価に関する法律」（平成13（2001）年法律第86号）に基づき、農林水産省政策
評価基本計画（５年間計画）及び毎年度定める農林水産省政策評価実施計画により、事前評
価（政策を決定する前に行う政策評価）及び事後評価（政策を決定した後に行う政策評価）
を推進しました。

6 法制上の措置

　第198回国会において、「アイヌの人々の誇りが尊重される社会を実現するための施策の推
進に関する法律」（平成31（2019）年法律第16号）が成立し、同年５月に施行されました。
　また、第200回国会において、「農林水産物及び食品の輸出の促進に関する法律」（令和元
（2019）年法律第57号）が成立しました。

I 漁業の成長産業化に向けた水産資源管理

1 国内の資源管理の高度化と国際的な資源管理の推進

（1）国内の資源管理の高度化

（特集第3節（2）ア、第1章（1）イ、ウ）

　我が国の漁業生産量の減少が続いていることを踏まえ、アジ、サバなどで実施している
TAC（漁獲可能量）制度の適切な運用を図るとともに、「漁業法等の一部を改正する等の法
律」の施行に向けて、持続的に採捕可能な最大の漁獲量（MSY）を目標にするとともに、
その目標を実現していくため、TACを基本とする新たな資源管理システムの構築に向けた
検討を進めました。

　具体的には、サバ類等の4魚種7系群について、先行して資源管理目標の案や漁獲シナリ
オの候補等を公表するとともに、サバ類については資源管理方針に関する検討会を開催しま
した。

　また、新たな資源管理システムへの移行に伴って、必要となる場合の減船・休漁等を支援
する予算を計上しました。

（2）資源管理指針・資源管理計画体制の推進

（特集第1節（5）イ、第3節（2）ア、第1章（2）イ）

　資源状況等に即した適切な資源管理をより一層推進するため、漁業者、試験研究機関及び
行政が一体となって取り組む資源管理指針・資源管理計画を実施する体制の整備等を支援し
ました。

　また、この体制の下、資源状況等に応じ、科学的知見に基づいた資源管理措置の検討や、
資源管理計画の評価・検証による資源管理指針の見直しや資源管理計画の高度化の推進等を
支援するとともに、資源管理計画の取組内容や評価・検証の結果について公表しました。

　さらに、資源管理計画を確実に実施する場合に、漁業収入安定対策によって、漁業者の収
入の安定等を図りました。また、大宗の漁業者が資源管理計画に基づく資源管理に参加する
よう促しました。

　加えて、資源管理計画等の対象魚種について、水産関係公共事業を重点的に実施しました。

　この他、漁業者自身による自主的な資源管理をより効果的なものとすることを目指して、
資源管理指針・資源管理計画の体制を改正漁業法の下に位置付けていくとの方針を示しまし
た。

（3）数量管理等による資源管理の充実

（特集第3節（2）ア、第1章（2）ア）

　新たな資源管理システムの導入及びこれに基づく各種施策に見合った漁獲を達成するた

251

め、漁業許可等による漁獲努力量規制、禁漁期及び禁漁区等の設定を行うほか、都道府県、海区漁業調整委員会及び内水面漁場管理委員会が実施する沿岸・内水面漁業の調整について助言・支援を行いました。

また、TAC魚種の資源動向を踏まえ、漁業経営その他の事情に配慮しつつ、中期的な管理方針に基づいて、TACの設定・配分を行うとともに、その円滑な実施を図り、計画的・効率的なTAC管理を通じて資源管理を推進しました。

TAC魚種の拡大については、令和5（2023）年度までに漁獲量の8割をTAC管理とすることを目指して、漁獲対象魚種が多く定置網を始め魚種選択性の低い漁法が多い我が国漁業の操業実態、資源の状態やそれを取り巻く情勢、科学的知見の蓄積状況等を踏まえつつ、国民生活上又は漁業上重要な広域資源等に関して、関係者の意見を聴きながら、検討を進めました。

IQ（漁獲割当て）方式については、①責任が明確化されることにより、より確実な数量管理が可能となるとともに、②割り当てられた漁獲量を漁業者の裁量で計画的に消化することで効率的な操業と経営の安定が促されるといったメリットがあります。このため、①漁獲される主要魚種の多くがTACにより管理されている大臣許可漁業において、準備が整ったものから順次、改正漁業法の下でのIQによる管理へと移行する、②現行制度で漁獲量の割当てを実施しているものは、当該魚種の漁期に合わせて改正漁業法の下でのIQによる管理に移行することとしました。この際、沿岸漁業については多種多様な資源を来遊に応じて漁獲し、船舶の数も多いという特性があるため、漁獲量の把握が難しいという問題を解消しつつ、導入の可能性を検討しました。

なお、数量管理の充実に当たっては、水揚地において漁獲量を的確に把握する体制整備を検討しました。

また、我が国周辺の漁場においては、異なる漁業種類の多数の漁船が輻輳しながら操業している実態にあり、資源管理や漁業調整上の必要性から漁船のトン数制限等の様々な規制が存在し、これが効率的な操業の実現を妨げている側面があります。このため、沖合漁業については、既存の漁業秩序への影響も勘案しつつ、IQの導入やその他の方法による資源管理措置を確保した上で、漁船の規模に係る規制の在り方等について引き続き検討を行いました。

（4）適切な資源管理システムの基礎となる資源評価の精度向上と理解の醸成

（特集第3節（2）ア、第1章（1）イ、第2章（5））

ア　資源評価の対象種の拡大と精度向上

既に資源評価を実施している沖合の主要魚種に関しては、数量管理の拡充を念頭に、評価精度向上を図るため、これまでの調査船調査や漁獲物調査を確実に継続することに加え、我が国排他的経済水域近辺で操業する外国漁船の動向把握等や新たな観測機器等を用いた調査により情報収集体制の構築に向けた取組を実施しました。

また、沿岸の魚種に関しては、資源評価の対象となっていない有用資源の評価に向け、関係都道府県との連携を強化しつつ、資源評価を行うために必要な操業・海洋観測データ等を収集できる体制を強化し、資源評価対象魚種を拡大しました。

併せて、漁協・市場からの水揚情報を収集するための体制整備に向けた調査・検討を行うとともに、植物プランクトン等の餌料環境や水産資源の生態把握に向けた環境DNA解

析技術の開発を推進しました。

　加えて、これらの活動を含め、生産から流通にわたる多様な場面で得られたデータの集積・共有を、法人や個人情報の取扱に配慮しつつ可能とし、データのフル活用による効率的・先進的な「スマート水産業」の実現に資する仕組みの検討を行い、具体的な取組の方向性や解決すべき課題を整理しました。

イ　資源評価に対する理解の醸成

　国民の資源評価・管理への関心の高まりを踏まえ、資源評価に関する科学的議論を行う会議については、研究者のみの参加とするとともに、議事録を公表することにより、その評価手法や結果の透明性の確保に努めました。

　また、漁業関係者のみならず消費者も含めた国民全般が資源状況と資源評価・管理の方向性について共通の認識を持てるよう、行政及び研究機関が協力して説明を行うとともに、これらの情報を水産庁Webサイト等に理解しやすい形で積極的に公表しました。

（5）資源管理のルールの遵守を担保する仕組みの推進

（第1章（3）ア）

　重要な輸出品目であるナマコ等を含む沿岸域の密漁については、悪質・巧妙な事例や広域での対応が必要となる事例もあることから、都道府県、警察、海上保安庁及び流通関係者を含めた関係機関との緊密な連携等を図るとともに、密漁品の市場流通や輸出からの排除に努める等、地域の特性に応じた効果的な対策を実施しました。

　また、財産上の不正な利益を得る目的による採捕が漁業の生産活動等に深刻な影響をもたらすおそれが大きい水産動植物（以下「特定水産動植物」という。）の採捕を原則として禁止し、違反した者に対する罰則を強化したところであり、ナマコ等について特定水産動植物の指定に向けた検討を行いました。

　さらに、資源管理について、資源状況に関する科学的な知見を基礎としつつ、漁場特性、魚種、漁業種類及び地理的条件等を総合的に勘案しながら、沿岸漁業者と沖合漁業者との間をはじめとする漁業者間の協議や相互理解を促進しました。

（6）海域や魚種ごとの国際的な資源管理の推進

（特集第1節（5）、第1章（2）ウ、第3章（4）、（5）、（6））

ア　公海域等における資源管理の推進

①　クロマグロ、カツオ、マサバ及びサンマを始めとする資源の管理の推進について、魚種ごとに最適な管理がなされるよう、各地域漁業管理機関において、議論を主導するとともに、IUU漁業対策を強化するため、関係国等との連携・協力、資源調査の拡充・強化による適切な資源評価等を推進しました。

②　太平洋クロマグロについては、引き続き、都道府県及び関係団体と協力してWCPFC（中西部太平洋まぐろ類委員会）で採択された30kg未満の小型魚に係る漁獲量の削減措置及び30kg以上の大型魚に係る漁獲量の抑制措置を遵守するよう取り組みました。

③　ウナギについては、中国、韓国及びチャイニーズ・タイペイと共に養殖用種苗の池入

れ数量制限に取り組むとともに、法的拘束力のある国際的な枠組みの作成に取り組みました。

イ　太平洋島しょ国水域での漁場確保

我が国かつお・まぐろ漁船にとって重要漁場である太平洋島しょ国水域への入漁について、厳しさが増していることから、安定的な入漁を確保するため、地域漁業管理機関を通じた国際資源の持続的な利用確保を図りつつ、二国間漁業協議等を通じて我が国漁業の海外漁場の確保を図りました。

ウ　我が国周辺国等との間の資源管理の推進

我が国の周辺水域における適切な資源管理等を推進するため、韓国、中国及びロシアとの政府間協定に基づく漁業交渉を行いました。

また、韓国、中国及び台湾との間の民間協議を支援しました。これらの取組とともに、我が国周辺水域における安定的な操業秩序を確保するため、違法操業対策の一層の強化を図りました。

エ　捕鯨政策の推進

令和元（2019）年7月から大型鯨類（ひげ鯨）を対象とした捕鯨業が31年ぶりに再開されたことに伴い、IWC（国際捕鯨委員会）で採択された方式に沿って算出された捕獲可能量の範囲内で捕獲枠を設定するとともに、漁場の探査や捕獲・解体技術の確立等について必要な支援を行いました。

また、非致死的調査の実施や、捕鯨業を実施する中での科学的データの収集等、鯨類の資源管理に必要な科学的情報の収集を推進しました。

IWC科学委員会への参加や、IWCとの共同調査を実施するなど、国際機関と連携しながら、科学的知見に基づく鯨類の資源管理に貢献しました。

水産資源の持続的な利用という我が国の立場を共有する国々との連携の強化を図りました。

さらに、各地で行われている食の観点も含めた鯨に関する文化を打ち出した取組を支援するとともに、国内外への我が国の鯨類の持続的な利用に関する考え方について情報発信を行いました。

オ　海外漁業協力等の推進

国際的な資源管理の推進及び我が国漁業者の安定的な入漁を確保するため、我が国漁業者にとって重要な海外漁場である太平洋島しょ国を中心に海外漁業協力を戦略的かつ効率的に実施しました。また、入漁国の制度等を踏まえた多様な方式での入漁、国際機関を通じた広域的な協力関係の構築等を推進しました。

（7）漁場環境の保全及び生態系の維持

（特集第3節（2）オ、第1章（4）イ、（5）、（6））

ア　藻場・干潟等の保全・創造

① 水産生物の生活史に対応した良好な生息環境を創出することにより生態系全体の生産力を底上げし、水産資源の回復・増大と持続可能な利用を図るため、漁場の生物相の変化等に対応して漁場の管理や整備事業の在り方を適切に見直していく順応的管理手法を取り入れた水産環境整備を推進するとともに、我が国排他的経済水域における水産資源

の増大を図るため、保護育成礁やマウンド礁の整備を行うフロンティア漁場整備事業を実施しました。

②　実効性のある効率的な藻場・干潟の保全・創造を推進するための基本的考え方を示した「藻場・干潟ビジョン」に基づき、各海域の環境特性を踏まえ、広域的な観点からハード・ソフトを組み合わせた対策を推進するとともに、漁業者や地域の住民等が行う藻場・干潟等の保全活動を支援しました。

③　磯焼け等により効用の低下が著しい漁場においては、海域環境変動に応じた手法による藻場・干潟等の保全・創造と併せて、ウニ・アイゴ等の食害生物の駆除や海藻類の移植・増殖に対して支援を行うとともに、サンゴに関しては、厳しい環境条件下におけるサンゴ礁の面的保全・回復技術の開発に取り組みました。

④　このほか、生物多様性国家戦略2012-2020（平成24（2012）年9月28日閣議決定）及び農林水産省生物多様性戦略（平成24（2012）年2月2日改定）を踏まえ、藻場・干潟等を含む漁場環境の保全の推進等により、里海・海洋の保全施策を総合的に推進しました。

イ　生物多様性に配慮した漁業の推進

海洋の生態系を維持しつつ、持続的な漁業を行うため、各地域漁業管理機関において、サメ類の資源状況及び漁獲状況の把握、完全利用の推進及び保存管理の推進を行いました。

また、海域ごとの実態を踏まえたはえ縄漁業の海鳥混獲回避措置の評価及び改善を行うほか、はえ縄漁業等におけるウミガメの混獲の実態把握及び回避技術の普及に努めました。

ウ　有害生物や赤潮等による漁業被害防止対策の推進

①　トド、ヨーロッパザラボヤ、大型クラゲ等の有害生物による漁業被害は、漁業経営のみならず地域経済にも影響を及ぼしていることから、国と地方公共団体との役割分担を踏まえつつ、トドによる漁業被害軽減技術の開発・実証、我が国、中国及び韓国から成る国際的な枠組みの中で行う大型クラゲのモニタリング調査、有害生物の出現状況・生態の把握及び漁業関係者等への情報提供並びに有害生物の駆除・処理及び改良漁具の導入等の取組が効果的かつ効率的に推進されるよう支援しました。

②　沿岸漁業・養殖業に被害をもたらす赤潮・貧酸素水塊については、海洋微生物解析による早期発生予測技術、その他の赤潮の予察・防除技術の開発及び人工衛星による有害赤潮の種判別を可能とする技術開発を進めました。また、赤潮・貧酸素水塊を早期にかつ的確に把握するため、自動観測装置をネットワーク化し広域な海域に対応したシステムの開発を支援しました。

③　赤潮等への対策と並行して、漁業生産力の低下が懸念される海域における栄養塩と水産資源の関係の定量的な解明及び適正な栄養塩管理モデルの構築に必要な調査を推進しました。

さらに、冬季のノリの色落ち被害を防止するために必要な栄養塩を確保する漁場環境改善等の技術開発を支援しました。

エ　海洋プラスチックごみ問題対策の推進

漁業・養殖業用プラスチック資材について、環境に配慮した素材への転換の検討等を行いました。また、既存の技術及び新たな成果を用いた削減方策について、漁業者も含めた地域での意見交換等を行い、漁業者への普及に努めました。さらに、マイクロプラスチックを摂食した魚介類の生態的情報の調査を行いました。

オ　産卵場の保護や資源回復手段としての海洋保護区の積極的活用

　　海洋保護区は漁業資源の持続的利用に資する管理措置の一つであり、漁業者の自主的な管理によって、生物多様性を保存しながら、資源を持続的に利用していくような海域も効果的な保護区となり得るという基本認識の下、海洋保護区の必要性の浸透を図りつつ、海洋保護区の適切な設定と管理の充実を推進しました。

カ　気候変動の影響への適応

　　海洋環境調査等を活用し、海洋環境の変動が水産資源に与える影響の把握に努めることにより、資源管理の基礎となる資源評価や漁場予測の精度向上を図るとともに、これらの結果を踏まえ、環境の変化に対応した順応的な漁業生産活動を可能とする施策を推進しました。

2　漁業取締体制の強化

（第1章（3））

　資源管理の効果を上げるためには、資源管理のルールの遵守を担保することが必要であり、我が国周辺海域における外国漁船の操業が問題となっている状況を踏まえ、漁業取締本部体制の下、取締船の大型化や増隻を含む取締体制の充実強化、漁業監督官の増員や実務研修等による能力向上を図りました。また、限られた取締勢力を有効活用していくために、VMS（衛星船位測定送信機）の活用や衛星情報等の漁業取締りへの積極的活用、さらには、海上保安庁や都道府県取締機関との連携を通じた取締りの重点化・効率化を図りました。

3　適切な資源管理等に取り組む漁業者の経営安定に資する収入安定対策

（特集第1節（5）イ、第3節（2）ア、第1章（2）イ、（5）イ）

　記録的な不漁や台風が多発する中で、計画的に資源管理等に取り組む漁業者に対して、収入が減少した場合に、漁業者が拠出した積立金と国費により補てんする積立ぷらすを活用し、不慮の事故によって受ける損失を補償する漁業共済と併せて漁業者の経営安定を図りました。

Ⅱ　漁業者の所得向上に資する流通構造の改革

1　競争力ある流通構造の確立

（特集第3節（2）ウ）

　世界の水産物需要が高まる中で、我が国漁業の成長産業化を図るためには、輸出を視野に入れて、品質面・コスト面等で競争力ある流通構造を確立する必要があることから、以下の流通改革を進めました。

　①　漁業者の所得向上に資するとともに、消費者ニーズに応えた水産物の供給を進めるため、品質・衛生管理の強化、産地市場の統合・重点化を推進し、これとの関係で、漁港

機能の再編・集約化や水揚漁港の重点化を推進しました。また、消費地にも産地サイド
の流通拠点の確保等を進めました。

② 　資源管理の徹底とIUU漁業の撲滅を図り、また、輸出を促進する等の観点から、トレー
サビリティの出発点である漁獲証明に係る法制度の整備を進めることについて、学識
経験者、生産者団体、加工・流通・小売団体等から意見を聴きながら検討を行いました。
また、ICT等を最大限活用し、トレーサビリティの取組を推進しました。

2　加工・流通・消費・輸出に関する施策の展開

（1）加工・流通・消費に関する施策の展開

（特集第3節（2）ウ、第2章（5）、（7）、第4章（2）、（3））

ア　多様な消費者ニーズ等に応じた水産物の供給の取組

国産水産物の流通・輸出の促進と消費拡大を図るため、水産加工事業者等向けの現地指
導やセミナー等の開催、新商品開発や学校給食での水産物の利用、輸出の促進に必要な加
工機器等の導入等を支援しました。

このほか、生産者、水産関係団体、流通業者及び行政等、官民の関係者が一体となって
消費拡大に取り組む「魚の国のしあわせ」プロジェクトを引き続き推進するとともに、地
産地消など各地域のニーズに応じた水産物の供給のため、地域の学校や観光分野（郷土料
理、漁業体験、漁家民宿など）等とも連携を図りました。

また、漁業者・漁業者団体が自ら取り組む6次産業化や、漁業者が水産加工・流通業者
等と連携して行う農商工連携等の取組について、引き続き支援しました。

イ　加工・流通・消費の各段階での魚食普及の推進への取組

① 　一般消費者向けに、国産水産物の魅力や水産政策の情報発信をするための全国規模の
展示・発表会の開催を支援しました。

② 　流通事業者向けに、水産物の知識や取扱方法等を伝えるための広域的な研修会等の開
催を支援しました。

③ 　魚食普及に取り組む者や学校給食関係者等向けに国産水産物の利用を促進するための
ノウハウを提供する等のセミナー等の開催を支援しました。

④ 　水産物の安全性に関する情報を分かりやすく紹介したWebサイトの運営や水産物を
含む食品の安全に関する情報のメールマガジンによる配信など、インターネットを活用
した情報提供の充実を図りました。

⑤ 　食品表示に関する規定を一元化した「食品表示法」（平成25（2013）年法律第70号）
に基づき、関係府省庁の連携を強化して立入検査等の執行業務を実施するとともに、産
地判別等への科学的な分析手法の活用等により、効果的・効率的な監視を実施しました。
また、平成29（2017）年9月に改正された「食品表示基準」（平成27（2015）年内閣府
令第10号）に基づく新たな加工食品の原料原産地表示制度については、引き続き、消費
者、事業者等への普及啓発を行い、理解促進を図りました。

⑥ 　農林水産省本省や地方農政局等における「消費者の部屋」において、消費者からの農
林水産業や食生活に関する相談を受けるとともに、消費者への情報提供を通じて、水産

行政に対する消費者の理解を促進しました。

ウ　産地卸売市場を含めた加工・流通構造の改革

① 「食品流通構造改善促進法」（平成3（1991）年法律第59号）に基づき、食品等の流通の合理化を図る取組を支援するとともに、食品等の取引の適正化のため、取引状況に関する調査を行いました。その結果に応じて関係事業者に対する指導・助言を実施しました。また、令和2（2020）年6月の「卸売市場法」（昭和46（1971）年法律第35号）の改正法施行に向け、卸売市場における取引ルール等の議論を促進しました。

② 水産加工・流通業者等が、水産バリューチェーン中に生じた局所的な課題を解消するために実施する取組、輸出を促進する取組等に必要な加工機器等の導入等を支援しました。また、生産者・流通業者・加工業者等が連携して水産物バリューチェーンの生産性の向上に取り組む場合には、連携体制の構築や取組の効果の実証を支援しました。

さらに、漁業者においても漁獲「量」から販売「額」へ意識を転換するとともに、浜全体でマーケットインの発想に基づく取組を行うこと等を推進することにより、漁獲物の付加価値向上と所得向上を図りました。

③ 「水産加工業施設改良資金融通臨時措置法」（昭和52（1977）年法律第93号）に基づき、水産加工業者が行う新製品の開発や新技術の導入に向けた施設の改良等に必要な資金を融通する措置を講じました。

④ 漁業生産の安定・拡大、冷凍・冷蔵施設の整備、水揚げ集中時の調整保管による供給平準化等を通じ、加工原料の安定供給を図りました。

⑤ 全国の主要漁港における主要品目の水揚量、卸売価格、用途別出荷量や、水産物の在庫量等の動向に関する情報の収集・発信を行うとともに、水産物流通について調査・検討を行いました。

⑥ 品質・衛生管理の強化、ICT等の活用、産地市場の統合・重点化、新たな販路の拡大、トレーサビリティの充実などを推進しました。

水産物の流通コストの低減と水産物の高付加価値化を進めるため、産地市場の統合に向けた漁港機能の再編整備を推進しました。

エ　水産エコラベルの推進

我が国の水産物が持続可能な漁業・養殖業由来であることを消費者に伝えていく水産エコラベルについて、トレーサビリティ確保の観点を含め、国内外への普及に向けた官民連携の取組を推進しました。また、日本発の水産エコラベルであるマリン・エコラベル・ジャパン（MEL）について、国際的な評価を獲得するための支援を行い、MELは、令和元（2019）年12月12日に、GSSI（Global Sustainable Seafood Initiative）から承認されました。

オ　水産加工業者向け相談窓口（ワンストップ窓口）

関係道府県に設置された水産加工業者向けワンストップ窓口等を通じて、水産施策や中小企業施策等の各種支援策等が水産加工業者に有効に活用されるよう、適切に周知しました。

（2）我が国水産物の輸出促進施策の展開

（特集第3節（2）ウ、第2章（7）、第4章（3）、（4））

ア　国内生産体制の整備の取組

安定した養殖生産の確保や適切な資源管理等により国内生産体制の整備を行いました。

イ　海外市場の拡大のための取組

　　海外市場の拡大を図るため、早期の成果が見込める販売促進活動等を支援しました。

　　農林水産物・食品のブランディングやプロモーション等を行う組織として平成29
（2017）年度に創設された「日本食品海外プロモーションセンター（JFOODO）」と連携
した取組を行いました。

ウ　輸出先国・地域の規則・ニーズに応じた輸出環境の整備に向けた取組

　①　対EU・対米国輸出施設の認定等を促進するため、研修会の開催や専門家による現地
　　指導への支援、生産海域等のモニタリングへの支援を行いました。また、水産庁による
　　水産加工施設等の対EU輸出施設の認定により、認定施設数の増加を図りました。水産
　　物の輸出促進に資するトレーサビリティの普及に向けて、水産物の水揚げから輸出に至
　　る履歴情報をICT等の活用により管理する取組の実証を支援しました。

　②　輸出拡大が見込まれる大規模な拠点漁港において、一貫した衛生管理の下、集出荷に
　　必要な岸壁、荷さばき所、冷凍・冷蔵施設、製氷施設等の一体的な整備を推進するとと
　　もに、輸出先国・地域の基準に対応するための水産加工・流通施設の改修等の支援や、
　　輸出先国・地域の品質・衛生条件への適合に必要な機器整備の支援に取り組みました。
　　また、輸出先国・地域が求める衛生条件等への対応に必要な調査や輸出先国への承認申
　　請等の取組を支援しました。

　③　輸出先国・地域に対し、検疫や通関等に際し輸出の阻害要因となっている事項につい
　　て必要な改善を要請・折衝したほか、EPA（経済連携協定）交渉等の場において輸出
　　拡大が期待される品目の市場アクセスの改善を求めていくとともに、地理的表示（GI）
　　保護制度を導入している国との間で相互保護に向けた協力などの取組を進め、日本産農
　　林水産物等のブランドの保護を図ることにより、我が国の事業者が積極的に輸出に取り
　　組める環境を整備しました。

（3）水産物貿易交渉への取組

（第3章（3））

　WTO（世界貿易機関）交渉に当たっては、水産物のように適切な管理を行わなければ枯
渇する有限天然資源についてはその適切な保存管理を通じた資源の持続的利用に貢献する貿
易のルールを確立すべきであり、特に漁業補助金の規律の強化については真に過剰漁獲能力
又は過剰漁獲につながる補助金に限定して禁止すべきであるという基本的考え方に基づき、
関係府省庁が十分に連携し、我が国の主張が最大限反映されるよう努めました。

　EPA及びFTA（自由貿易協定）等については、幅広い国々・地域と戦略的かつ多角的に
交渉を進めました。

第
2
部

Ⅲ　担い手の確保や投資の充実のための環境整備

1　浜の活力再生プランの着実な実施とそれに伴う人材の育成

（1）浜の活力再生プラン・浜の活力再生広域プラン

（特集第3節（2）イ、第2章（2）エ）

　水産業や漁村地域の再生を図るため、各浜の実情に即した形で、漁業収入の向上とコスト削減を目指す具体的な行動計画である「浜の活力再生プラン」（以下「浜プラン」という。）及び「浜の活力再生広域プラン」（以下「広域浜プラン」という。）に基づく取組を推進しました。

　また、浜プランの効果・成果検証等見直しに関する活動に対して支援するとともに、浜プランに基づく共同利用施設の整備、水産資源の管理・維持増大、漁港・漁場の機能高度化や防災・減災対策等といった取組を支援しました。さらに、広域浜プランに基づき、中核的漁業者として位置付けられた者の競争力強化のためのリース方式による漁船の導入等を支援しました。

　加えて、漁業就業者の減少・高齢化といった実態も踏まえ、浜の資源を活用し消費者のニーズに応えていくため、浜の資源のフル活用に必要な施策について、検討を行いました。

（2）国際競争力のある漁業経営体の育成とこれを担う人材の確保

（第1章（2）イ、（5）イ、第2章（2））

　持続可能な収益性の高い操業体制への転換を進め、国際競争力を強化していくことが重要な課題となっていることから、このような取組を実施する者については、効率的かつ安定的な漁業経営体となるべく育成し、今後の漁業生産を担っていく主体として重点的に経営施策を支援しました。

　また、漁業収入安定対策に加入する担い手が、漁業生産の大宗を担い、多様化する消費者ニーズに即し、安定的に水産物を供給しうる漁業構造の達成を目指しました。

（3）新規就業者の育成・確保

（特集第3節（2）イ、第2章（3）イ）

　就職氷河期世代を含む新規漁業就業者を育成・確保し、年齢構成のバランスのとれた就業構造を確立するため、通信教育等を通じたリカレント教育の受講プログラムの整備を支援するとともに、道府県等の漁業学校等で漁業への就業に必要な知識の習得を行う若者に対して資金を交付しました。全国各地の漁業の就業情報を提供し、希望者が漁業に就業するための基礎知識を学ぶことができる就業準備講習会や、希望者と漁業の担い手を求める漁協・漁業者とのマッチングを図るための就業相談会を開催しました。

　また、漁業就業希望者に対して、漁業現場における最長3年間の長期研修の実施を支援す

るとともに、収益力向上のための経営管理の知識の習得等を支援しました。

　さらに、全国の地方運輸局において、若年労働力の確保のため、新規学卒者に対する求人・求職開拓を積極的に行うほか、船員求人情報ネットワークの活用や海技者セミナーの開催により、雇用機会の拡大と雇用のミスマッチの解消を図りました。

（4）漁業経営安定対策の推進

（特集第3節（2）ア、第1章（2）イ、（5）イ、第2章（2）イ、ウ）

　計画的に資源管理に取り組む漁業者や漁場環境の改善に取り組む養殖業者の経営の安定を図るため、自然条件等による不漁時等の収入を補てんする漁業収入安定対策及び燃油や配合飼料の価格高騰に対応するセーフティーネット対策を実施しました。

（5）海技士等の人材の育成・確保

（第2章（3）イ、ウ）

　漁船漁業の乗組員不足に対応するため、水産高校等関係機関と連携して、計画的・安定的な人員採用を行う等、継続的な乗組員の確保に努めました。

　特に漁船員の高齢化及び減少に伴い、海技免状保持者の不足が深刻化していることを踏まえ、関係府省庁が連携し、6か月間の乗船実習を含むコースを履修することで、卒業時に海技試験の受験資格を取得し、口述試験を経て海技資格を取得できる新たな仕組みについて、国立研究開発法人水産研究・教育機構水産大学校に乗船実習を含むコースを設置しました。

　また、総トン数20トン以上長さ24m未満の中規模漁船で100海里内の近海を操業するものについて、安全の確保を前提に、併せて必要となる措置等を講じた上で、これまでの海技士（航海）及び海技士（機関）の2名の乗組みを、小型船舶操縦士1名の乗組みで航行が可能となるよう、海技資格制度を見直しました。

（6）水産教育の充実

（第2章（3）イ、ウ）

　国立研究開発法人水産研究・教育機構水産大学校において、水産業を担う人材の育成のための水産に関する学理・技術の教授・研究を推進しました。

　大学における水産学に関する教育研究環境の充実を推進する一方、水産高校等については、地域の水産業界との連携を通じて、将来の地域の水産業を担う専門的職業人の育成を推進しました。

　沿岸漁業や養殖業の操業の現場においては、水産業普及指導員を通じた沿岸漁業の意欲ある担い手に対する経営指導等により、漁業技術及び経営管理能力の向上を図るための自発的な取組を促進しました。

（7）外国人技能実習制度の運用

（特集第２節（3）、第２章（3）オ）

　事業所管省庁並びに監理団体・実習実施者及び技能実習生の関係者により構成される漁業技能実習事業協議会を適切に運営する等により、開発途上地域等への技能等の移転による国際協力の推進を目的として実施されている漁業・養殖業・水産加工業における技能実習の適正化に努めました。

（8）外国人材の受入れ

（特集第２節（3）、第２章（3）オ）

　漁業、養殖業及び水産加工業の維持発展を図るために、人手不足の状況変化を把握しつつ、一定の専門性・技能を有し即戦力となる外国人（１号特定技能外国人）の適正な受入れを進めるとともに、漁業・水産加工製造活動やコミュニティ活動の核となっている漁協・水産加工業協同組合等が、外国人材を地域社会に円滑に受け入れ、共生を図るために行う環境整備を支援しました。

（9）魚類・貝類養殖業等への企業等の参入

　企業等の浜との連携、参入を円滑にするための取組として、企業等との連携の要望の把握、浜との連携を希望する企業等に関する情報の収集や浜と企業等のマッチング支援等を行いました。

（10）水産業における女性の参画の促進

（第２章（3）エ）

　第４次男女共同参画基本計画（平成27（2015）年12月25日閣議決定）及び「漁業法等の一部を改正する等の法律」により改正される「水産業協同組合法」（昭和23（1948）年法律第242号）に基づき、漁協系統組織における女性役員の登用ゼロからの脱却に向けた普及啓発等の取組を推進しました。

　また、漁村地域における女性の活躍を促進するため、漁村の女性等が中心となって取り組む特産品の加工開発、直売所や食堂の経営等を始めとした意欲的な実践活動を支援するとともに、実践活動に必要な知識・技術等を習得するための研修会や優良事例の成果報告会の開催等を支援しました。

　さらに、漁業・水産業の現場で活躍する女性の知恵と民間企業の技術、ノウハウ、アイデア等を結び付け、新たな商品やサービス開発等を行う「海の宝！水産女子の元気プロジェクト」の活動を推進しました。

2　持続的な漁業・養殖業のための環境づくり

（1）総論

（特集第3節（2）イ、第2章（2）イ、（4）イ）

　漁船の高船齢化による生産性等の低下や、メンテナンス経費の増大に加え、居住環境等が問題となっており、高性能化・大型化による居住環境の改善や安全性の向上等が必要となっています。造船事業者の供給能力が限られている現状も踏まえ、今後、高船齢船の代船を計画的に進めていくため、漁業者団体による代船のための長期的な計画の策定・実施を支援しました。

　職場環境の改善の一つとして、高速インターネットや大容量データ通信等が利用可能となる等、船舶の居住環境の改善に資する高速通信の整備について、関係府省庁で取りまとめた報告書に従って、関係府省庁が連携して情報交換を行い、高速通信の効率的な普及に向けた検討を行いました。

（2）沿岸漁業

（特集第3節（2）イ、第2章（2）エ、第5章（1）イ、（3））

　沿岸漁業については、浜プランによる所得向上の取組に加え、市場統合や生産体制の効率化・省コスト化、流通・販売の合理化を進めるため、複数の漁村地域が連携し広域的に浜の機能再編や水産関係施設の再編整備、中核的担い手の育成に取り組むための広域浜プランの策定・取組を支援しました。

　また、沿岸漁業の有する多面的機能や集落維持機能を踏まえ、離島漁業再生支援交付金や水産多面的機能発揮対策交付金等による支援を実施するとともに、漁村地域が有する豊富な観光資源、地域産品、郷土料理等の活用や、地域ブランド、マーケットインによる販路拡大、インバウンドの受入環境の整備及び交流活動の活発化といった取組を推進しました。

　さらに、「水産政策の改革」により、持続的な漁業の実現のため、新たな資源管理が導入されることを踏まえ、収益性の向上と適切な資源管理を両立させる浜の構造改革に取り組む漁業者に対し、その取組に必要な漁船等のリース方式による導入を支援しました。

（3）沖合漁業

（特集第3節（2）イ、第1章（2）ア、第2章（2）イ）

　沖合漁業については、合理的・効率的な操業体制への移行等、漁船漁業の構造改革を推進するとともに、資源変動に対応した操業・水揚体制及び漁業許可制度の検討を行いました。

（4）遠洋漁業

（特集第3節（2）イ、第2章（2）イ、第3章（4）、（6））

　遠洋漁業については、資源及び漁場を確保するため、国際機関における資源管理において引き続きリーダーシップを発揮し、公海域における資源の持続的利用の確保を図るとともに、

第2部

263

海外漁業協力等の推進や入漁国の制度等を踏まえた多様な方式での入漁等を通じ海外漁場での安定的な操業の確保を推進しました。

また、新たな操業・生産体制の導入、収益向上、コスト削減及びVD（隻日数）の有効活用により、競争力強化を目指した漁船漁業の構造改革を推進しました。

さらに、乗組員の安定的な確保・育成に向けて、漁業団体、労働組織等の間での協議を推進しました。

（5）養殖業

（特集第3節（2）エ、第1章（5）イ、第2章（2）ウ）

ア　養殖業発展のための環境整備

国内外の需要を見据えて戦略的養殖品目を設定するとともに、生産から販売・輸出に至る総合戦略を検討し、養殖業の振興に取り組みました。

イ　漁場環境や天然資源への負担の少ない養殖

養殖業者が、「持続的養殖生産確保法」（平成11（1999）年法律第51号）第4条第1項の規定に基づき漁協等が策定する漁場改善計画において設定された適正養殖可能数量を遵守して養殖を行う場合には、漁業収入安定対策の対象とすることにより、漁業者の収入の安定等を図り、適正養殖可能数量の設定及び遵守を促進し、漁場環境への負担の軽減を図りました。

また、天然資源の保存に配慮した安定的な養殖生産を実現するため、主に天然種苗を利用しているブリ、クロマグロ等について人工種苗の生産技術の開発や人工種苗への転換を促進しました。

ウ　安定的かつ収益性の高い経営の推進

養殖経営の安定を図るべく、引き続き、配合飼料の価格高騰対策や生餌の安定供給対策を適切に実施するとともに、魚の成長とコストの兼ね合いがとれた配合飼料の低魚粉化及び配合飼料原料の多様化を推進しました。

さらに、国内向けには水産物の需要の拡大を図るとともに、需要に見合った生産を行い、積極的な輸出拡大を目指す取組を更に進めつつ、消費者ニーズに合致した質の高い生産物の供給や6次産業化による養殖業の成長産業化を推進しました。

また、消費者ニーズの高い養殖魚種の生産、養殖生産の多様化、優れた耐病性や高成長などの望ましい形質を持った人工種苗の導入など、養殖生産効率の底上げを図り、収益性を重視した養殖生産体制の導入を図りました。

エ　安全・安心な養殖生産物の安定供給及び疾病対策の推進

①　水産用医薬品の適正使用の確保を図り、養殖衛生管理技術者の養成等を行うとともに、養殖水産動物の衛生管理の取組を支援しました。また、養殖魚の食の安全を確保しつつ、魚病対策を迅速化するため、現場におけるニーズを踏まえた水産用医薬品の研究・開発を支援しました。

②　生産段階での水産物の安全性の向上を図るため、貝毒やノロウイルスの監視体制の実施に対する指導・支援を行うとともに、貝毒のリスク管理に関する研究を行いました。

また、有害化学物質等の汚染状況を把握するため、ダイオキシン類、ノロウイルスについて含有実態調査を実施しました。

③　病原体が不明な４疾病（マダイの不明病、ウナギの板状出血症、ニジマスの通称ラッシュ、アユの通称ボケ病）の診断法と防除法の開発、国内に常在する２疾病（海産養殖魚のマダイイリドウイルス病、マス類の伝染性造血器壊死症）の新たな清浄性管理手法の確立に資する養殖管理技術の開発を推進しました。

オ　真珠養殖及び関連産業の振興

「真珠の振興に関する法律」（平成28（2016）年法律第74号）に基づき、幅広い関係業界や研究機関による連携の下、宝飾品のニーズを踏まえた養殖生産、養殖関係技術者の養成及び研究開発等を推進しました。

（6）内水面漁業・養殖業

（特集第３節（2）エ、第１章（4）ウ、（5）ウ、（6）イ）

内水面漁業施策の推進に当たっては、内水面資源の維持増大を図ること、漁場環境の保全・管理のための活動の核として内水面漁協が持続的に活動できるようにすること及び遊漁や川辺での自然との触れ合いが促進され水産物の販売や農業・観光業との連携による地域振興が進展することを旨として、関係府省庁、地方公共団体及び内水面漁協等が連携し、必要な施策を総合的に推進することとし、「内水面漁業の振興に関する法律」（平成26（2014）年法律第103号）第９条第１項に定める内水面漁業の振興に関する基本的な方針に基づき、次に掲げる施策を推進しました。

①　近年特に被害が広域化・深刻化しているカワウについて、「カワウ被害対策強化の考え方」（平成26（2014）年４月23日環境省・農林水産省公表）に掲げる被害を与えるカワウの個体数を令和５（2023）年度までに半減させる目標の早期達成に向けた取組を推進しました。

②　外来魚について、効率的な防除手法の技術開発を進めるとともに、電気ショッカーボート等による防除対策を推進しました。

③　冷水病等の伝染性疾病の予防及びまん延防止のため、内水面水産資源に係る伝染性疾病に対する迅速な診断法及び予防・治療技術の開発及び普及を推進しました。

④　内水面水産資源の増殖技術の研究開発を推進するとともに、得られた成果の普及を図りました。

⑤　浜プラン等の策定及びそれらに基づく内水面水産資源の種苗生産施設等の整備を推進しました。

⑥　水産動植物の生態に配慮した石倉増殖礁の設置や魚道の設置・改良、水田と河川との連続性に配慮した農業水路等の整備、さらにそれらの適切な維持管理を推進するとともに、河川が本来有している生物の生息・生育・繁殖環境等を創出することを全ての川づくりの基本として河川管理を行いました。

また、これらの実施に当たっては、各施策の効果を高められるよう関係者間の情報共有や活動の連携を図りました。

⑦　内水面漁業者が行う内水面漁業の意義に関する広報活動、放流体験等の川辺における自然体験活動及び漁業体験施設等の整備を推進しました。

⑧　「内水面漁業の振興に関する法律」第35条第１項の規定に基づいて設置された協議会において、漁場環境の再生等の内水面漁業の振興に向けた効果的な協議が円滑に行われ

るよう、関係者間の調整等を行い、それを踏まえた必要な措置を講じました。

⑨　内水面漁業の有する多面的機能が将来にわたって適切かつ十分に発揮されるよう、内水面漁業者と地域住民等が連携して行う内水面に係る生態系の維持・保全のための活動等の取組を支援しました。

⑩　ウナギの持続的利用を確保していくため、国際的な資源管理の取組については、我が国が主導的な役割を果たし、中国、韓国及び台湾との4か国・地域での養殖用種苗の池入れ量制限を始めとする資源管理を一層推進するとともに、官民一体となって資源管理に取り組みました。

　　また、国内においては、河川や海域におけるウナギの生息状況や生態等の調査、効果的な増殖手法の開発に取り組むとともに、シラスウナギ採捕、ウナギ漁業及びウナギ養殖業に係る資源管理を一体として推進しました。

　　さらに、養殖用種苗の全てを天然採捕に依存していることから、人工種苗の大量生産の早期実用化に向けた研究開発を推進しました。

⑪　国際商材として輸出拡大が期待されるニシキゴイについて、「農林水産業の輸出力強化戦略」（平成28（2016）年5月農林水産業・地域の活力創造本部とりまとめ）に基づき、輸出促進を図りました。

（7）栽培漁業及びサケ・マスふ化放流事業

（特集第1節（5）ア、第1章（4）ア）

ア　種苗放流による資源造成の推進

　漁業管理や漁場整備と一体となった種苗放流を推進するとともに、種苗放流の効果を高めるため、遺伝的多様性に配慮しつつ、成長した放流種苗を全て漁獲するのではなく、親魚を取り残し、その親魚が卵を産むことにより再生産を確保する「資源造成型栽培漁業」の取組を推進しました。

　また、広域種について、海域栽培漁業推進協議会が策定した「栽培漁業広域プラン」を勘案し、関係都道府県が行う種苗放流効果の実証等の取組を推進するとともに、資源回復に向けて、資源管理に取り組む漁業者からのニーズの高い新たな対象種の種苗生産技術の開発を推進しました。

　さらに、地球温暖化等により沿岸域の環境が変化する中で、栽培漁業を環境変化に適応させながら実施していくため、種苗生産及び放流等の増殖手法の改良を支援しました。

　二枚貝資源の増加に向けた緊急的な対策として、人工種苗生産の技術が確立しておらず、天然採苗も難しいタイラギ等の二枚貝類の人工種苗生産技術の開発を行うとともに、垂下式養殖の技術等を用いた増殖手法の実証化の取組を支援しました。

イ　対象種の重点化等による効率的かつ効果的な栽培漁業の推進

　種苗放流等については、資源管理の一環として実施するものであることを踏まえ、資源造成効果を検証した上で、資源造成の目的を達成したものや、効果が認められないものについては、資源管理等に重点を移し、資源造成効果の高い手法や魚種に重点化する取組を推進しました。

ウ　サケの漁獲量の安定化

　近年放流魚の回帰率低下によりサケ漁獲量が減少していることから、ふ化場の種苗生産

能力に応じた適正な放流体制への転換を図る取組等を支援するとともに、放流後の河川や沿岸での減耗を回避するための技術開発や、健康性の高い種苗を育成する手法の開発等に取り組みました。

また、高品質なサケ親魚の放流場所の調査等の取組を推進しました。

（8）漁業と親水性レクリエーションとの調和

（第1章（5）ウ、第5章（3））

ア　遊漁者の資源管理に対する取組の促進

漁業者が取り組む資源管理計画等について、都道府県と協力して遊漁者への啓発を実施するとともに、各地の資源管理の実態を踏まえ、必要に応じて海面利用協議会等の場を活用した漁業と遊漁が協調したルールづくりを推進しました。

イ　漁業と親水性レクリエーションとの調和がとれた海面利用の促進等

各地の資源管理の実態を踏まえ、必要に応じて海面利用協議会等の協議の場を活用し、漁業と親水性レクリエーションが協調したルールづくりに向け、都道府県による漁業と遊漁を含む親水性レクリエーションとの円滑な調整に向けた関係者への働きかけを推進しました。

また、遊漁者等に対し、水産資源の適切な管理や漁場環境の保全への理解向上のため、水産庁Webページ、講演会、イベント、釣り関連メディア等を活用した普及・啓発を実施しました。

さらに、都道府県や関係業界等と協力して、未成魚の再放流や漁場の清掃等の遊漁者等が参画しやすい取組や、安全講習会や現地指導を通じた遊漁船、遊漁船利用者等による安全対策を推進するとともに、漁船とプレジャーボート等の秩序ある漁港の利用を図るため、周辺水域の管理者との連携により、プレジャーボート等の収容施設の整備を推進しました。

加えて、「内水面漁業の振興に関する法律」に基づく協議会において、内水面水産資源の回復や親水性レクリエーションとの水面利用に関するトラブル防止等について協議が円滑に行われるよう、関係者との調整に取り組みました。

3　漁協系統組織の役割発揮・再編整備等

（特集第3節（2）カ、第2章（6））

漁協系統組織の役割発揮・再編整備等に向け、広域合併等を目指す漁協に対し、事業計画の策定等を支援しました。

また、「水産業協同組合法」の改正により公認会計士監査が導入されることに伴う漁協等の取組等を支援しました。

引き続き、経営改善に取り組んでいる漁協に対し、借換資金に対する利子助成等を行いました。

第2部

4 融資・信用保証、漁業保険制度等の経営支援の的確な実施

（第5章（2）イ）

　漁業者が融資制度を利用しやすくするとともに、意欲ある漁業者の多様な経営発展を金融面から支援するため、利子助成等の資金借入れの際の負担軽減や、実質無担保・無保証人による融資に対する信用保証を推進しました。

　また、自然環境に左右されやすい漁業の再生産を確保し、漁業経営の安定を図るため、漁業者ニーズへの対応や国による再保険の適切な運用等を通じて、漁船保険制度及び漁業共済制度の安定的な運営を確保しました。

Ⅳ　漁業・漁村の活性化を支える取組

1　漁港・漁場・漁村の総合的整備

（1）水産業の競争力強化と輸出促進に向けた漁港等の機能向上

（第2章（2）エ、（7）エ、第4章（4）ウ）

　我が国水産業の競争力強化と輸出の促進を図るため、広域浜プランとの連携の下、荷さばき所等の再編・集約を進め、地域全体において漁港機能の強化を図るとともに、水産物の流通拠点となる漁港において、高度な衛生管理に対応した岸壁、荷さばき所、冷凍及び冷蔵施設等の一体的整備や大型漁船等に対応した岸壁の整備等により、市場・流通機能の強化を図りました。

　さらに、地域の中核的な生産活動等が行われる地域においては、養殖等による生産機能の強化を図りました。

　また、国内への安定的な水産物の供給とともに、輸出先国・地域のニーズに対応した生産・流通体制の整備を推進しました。

（2）豊かな生態系の創造と海域の生産力向上に向けた漁場整備

（第1章（4）イ、（5）ア、エ）

　漁場環境の変化への対応や水産生物の生活史に配慮した水産環境整備の実施により、豊かな生態系の創造による海域全体の生産力の底上げを推進しました。

　特に沿岸環境の改善に当たっては、広域的な藻場・干潟の衰退や貧酸素水塊等の底質・水質悪化の要因を把握し、ハード対策とソフト対策を組み合わせた回復対策を推進するとともに、海水温上昇等に対応した漁場整備を推進しました。

　また、沖合域においては、漁場整備による効果を把握しつつ、新たな知見や技術をいかし、資源管理と併せて効率的な整備を推進しました。

（3）大規模自然災害に備えた対応力強化

（第5章（2）ア、イ）

　南海トラフ地震等の切迫する大規模な地震・津波などの大規模自然災害に備え、主要な漁港施設の耐震・耐津波対策の強化や避難地・避難路等の整備を行うとともに、災害発生後の水産業の早期回復を図るための事業継続計画の策定等ハード対策とソフト対策を組み合わせた対策を推進しました。

　また、今後、激甚化が懸念される台風・低気圧災害等に対する防災・減災対策や火災、土砂崩れ等の災害対策に取り組み、災害に強い漁業地域づくりを推進しました。

　さらに、平成30（2018）年台風21号や平成30（2018）年北海道胆振東部地震を始めとした自然災害を踏まえ、流通や防災上特に重要な漁港を対象に緊急点検を行った結果判明した主要施設の倒壊や電源の喪失に重大なリスクを有する漁港について、防波堤等の強化や主要電源の浸水対策、非常用電源の設置等の緊急対策を推進しました。漁港海岸についても同様に緊急点検結果を踏まえ、早期に対策の効果が上げられる緊急性の高い箇所において高潮対策等を推進しました。加えて、令和元（2019）年台風第15号や令和元（2019）年台風第19号等を踏まえた緊急施策として、堤防等の補強や面的防護対策を推進しました。

（4）漁港ストックの最大限の活用と漁村のにぎわいの創出

（第5章（2）ウ、エ、（3））

　将来を見据えた漁村の活性化を目指し、浜プランの取組を推進するほか、定住・交流の促進に資する漁村環境整備を推進しました。漁業者の減少や高齢化、漁船の減少に対応するため、漁港機能の再編・集約化を図ることにより、漁港水域の増養殖場としての活用等、漁港施設の有効活用・多機能化を推進しました。

　また、漁港ストックを活用した水産業の6次産業化や海洋性レクリエーションの振興のほか、再生可能エネルギーの活用による漁港のエコ化を推進しました。

　女性・高齢者を含む漁業就業者を始めとする漁村の人々にとって、住みやすく働きやすい漁村づくりを推進するため、漁村の環境改善対策を推進しました。

　さらに、漁港施設等の長寿命化対策を推進し、漁港機能の維持・保全を計画的に実施するため、機能保全計画に基づき、ライフサイクルコストの縮減を図りつつ、戦略的に施設の維持管理・更新を推進しました。

2　多面的機能の発揮の促進

（特集第3節（2）オ、第5章（1）イ）

　自然環境の保全、国境監視、海難救助による国民の生命・財産の保全、保健休養・交流・教育の場の提供などの、水産業・漁村の持つ水産物の供給以外の多面的な機能が将来にわたって発揮されるよう、国民の理解の増進及びその効率的・効果的な取組を促進しました。

　特に国境監視の機能については、全国に存在する漁村と漁業者による巨大な海の監視ネットワークが形成されていることから、国民の理解を得つつ、漁業者と国や地方公共団体の取締部局との協力体制の構築等その機能を高めるための取組を進めました。

第2部

269

3 水産業における調査・研究・技術開発の戦略的推進

（特集第3節（2）ア、イ、第1章（1）イ、（5）エ、オ、第2章（5）、第5章（2））

ア 資源管理・資源評価の高度化に資する研究開発

① 観測機器や解析モデルの改良による海洋環境の現況把握と将来予測精度の向上を図り、海況予測等の海洋環境把握の精度向上を図るとともに、分布、回遊、再生産等が変化している重要資源に関しては、その生態特性と環境変化との関係について調査研究を進め、その変動メカニズムの分析や、漁況予測等の精度向上を進めました。

新たな解析手法の導入等により資源評価の精度向上を進めるとともに、生態学的特性にも配慮した資源管理手法の高度化を進めました。

② 水産資源の調査・研究及び水産業に関する新技術開発等の基盤となる水産物に含まれる放射性物質の濃度調査を含めた海洋モニタリング調査及び水産動植物の遺伝資源の収集管理を推進しました。

イ 漁業・養殖業の競争力強化に資する研究開発

① ICTなどの新技術を活用して漁業からの情報に基づく7日先までの沿岸の漁場形成予測技術の開発や操業しながら観測できる簡易観測機器等を開発し、経験や勘に頼る漁業からデータに基づく効率的・先進的なスマート水産業への転換を進めました。

② 水産物の安定供給や増養殖の高度化に資するため、産学官連携を図りつつ、ウナギ、クロマグロ等の人工種苗生産技術の開発を推進しました。

ウナギについては、商業ベースでの種苗の大量生産に向けた実証試験を行いました。

また、気候変動の影響に適応した高水温耐性等を有する養殖品種の開発等に取り組みました。

ウ 漁場環境の保全・修復、インフラ施設の防災化・長寿命化等に資する研究開発

藻場の消失の原因究明と修復につながる基礎的知見の増大を図るとともに、干潟の生態系を劣化させる要因を特定し、効果的に生産力を向上させる技術の開発を推進しました。

また、地震・津波等の災害発生後の漁業の継続や早期回復を図るための防災・減災技術の開発を推進するとともに、漁港施設などの既存ストックを最大限に活用するための維持保全技術、ICTの活用による漁港施設や漁場の高度な管理技術の開発を推進しました。

エ 水産物の安全確保及び加工・流通の効率化に資する研究開発

鮮度を維持しつつ簡便・迅速に長距離輸送する技術や、高品質のまま流通させる新規の鮮度保持技術、品質評価技術を開発するとともに、鮮度を保持しながら魚肉の褐変を抑制する酸素充填解凍技術を開発しました。

加工や流通、消費の段階で魚介類の価値を決定する重要な品質（脂肪含有量及び鮮度）を非破壊分析し、品質の高い水産物を選別する技術を開発しました。

水産物の安全・安心に資するため、原料・原産地判別技術の高度化を推進するとともに、低・未利用水産資源の有効利用、水産加工の省力化、輸出の促進等のための技術を開発しました。

また、マイクロプラスチックを摂食した魚介類の生態的情報の調査を行いました。

4　漁船漁業の安全対策の強化

（1）漁船事故の防止

（第2章（4）イ）

ア　AIS（船舶自動識別装置）の普及

　関係府省庁と連携してAISの普及促進のための周知啓発活動を行いました。

イ　安全対策技術の実証

　漁船事故については、小型漁船の事故要因として最も多い衝突・転覆事故への対策が重要であり、小型漁船の安全対策技術の実証試験等を支援し、事故防止に向けて技術面からの支援を図りました。

ウ　気象情報等の入手

①　海難情報を早期に把握するため、遭難警報等を24時間体制で聴取するとともに、24時間の当直体制等をとって海難の発生に備えました。

②　気象庁船舶気象無線通報等により、海洋気象情報を始めとする各種気象情報を提供しました。

　　また、海の安全情報（沿岸域情報提供システム）を運用し、全国各地の灯台等で観測した局地的な気象・海象の現況、海上工事の状況、海上模様が把握できるライブカメラの映像等、海の安全に関する情報をインターネットやメール配信により提供しました。

③　航海用海図を始めとする水路図誌の刊行及び最新維持に必要な水路通報の発行のほか、航海用電子海図の利便性及び信頼性の向上に取り組むとともに電子水路通報を発行しました。

　　航海の安全確保のために緊急に周知が必要な情報を航行警報として、無線放送やインターネット等により提供するとともに、水路通報・航行警報については、有効な情報を地図上に表示したビジュアル情報をWebサイトで提供しました。

　　さらに、漁業無線を活用し、津波、自衛隊等が行う射撃訓練、人工衛星の打上げ等の情報を漁業者等へ提供しました。

（2）労働災害の減少

（第2章（4）イ）

ア　安全推進員の養成

　漁船での災害発生率の高さを受け、漁船の労働環境の改善や海難の未然防止等について知識を有する安全推進員等を養成し、漁業労働の安全性を向上させるとともに、遊漁船業者等への安全講習会の実施及び安全指導の実施等の取組を支援しました。

イ　ライフジャケットの着用促進

　平成30（2018）年2月から、小型船舶におけるライフジャケットの着用義務範囲が拡大され、原則、船室の外にいる全ての乗船者にライフジャケットの着用が義務付けられましたが、依然としてライフジャケットの着用が徹底されていない状況が見受けられることから、関係省庁や関係団体と連携し、都道府県別のライフジャケット着用状況調査の結果の公表や、ライフジャケットの着用徹底など漁船の安全対策に関する優良な取組に対する表

彰などにより、周知啓発を図りました。

5 渚泊の推進による漁村への来訪者増加

（第5章（3））

　海辺や漁村は、都市住民等にとって非日常的な景観や体験を享受することができる憩いの場となっているほか、新鮮な水産物を食べることができる等、豊富な観光資源を有しており、訪日外国人を含む旅行者の漁村への訪問増加を図るため、旅行者受入れビジネスとして実施できるような体制や漁村での滞在に必要な宿泊施設、漁業体験施設、水産物の提供施設等の整備を推進しました。

V　東日本大震災からの復興

1　着実な復旧・復興

（第6章）

（1）漁港

　被災した漁港や海岸を早期に復旧するとともに、必要な機能を早期に確保するため、被災した拠点漁港等の流通・防災機能の強化、かさ上げ等の地盤沈下対策等を推進しました。

（2）漁場・資源

　本格的な漁業の復興に向けて、専門業者が行うがれきの撤去や漁業者が操業中に回収したがれきの処理への支援を行うとともに、藻場・干潟の整備等を推進しました。

（3）漁船

　漁船・船団等の再建に当たっては、適切な資源管理と漁業経営の中長期的な安定の実現を図る観点から、震災前以上の収益性の確保を目指し、省エネルギー化及び事業コストの削減に資する漁船の導入等による収益性の高い操業体制への転換を図るために必要な経費を支援するとともに、共同利用漁船等の復旧について支援しました。

　また、効率的な漁業の再建を実現すべく、省エネルギー性能に優れた漁業用機器の導入について支援しました。

（4）養殖・栽培漁業

　養殖業の復興に当たり、被災地域が我が国の養殖生産の主要な拠点であることを踏まえ、他地域のモデルとなる養殖生産地域の構築を推進しました。

また、被災した養殖施設の整備、被災海域における放流種苗の確保、震災によるサケの来遊数減少に対応した採卵用サケ親魚の確保等について支援しました。

（5）水産加工・水産流通

①　被災した漁港の機能の回復を図るための施設等の整備について支援するとともに、荷さばき施設等の共同利用施設について、規模の適正化や高度化等を図るための支援を行いました。

②　水産物の生産・流通拠点となる漁港の産地市場について、品質・衛生管理の向上等による流通機能の強化・高度化を推進しました。

③　水産加工業の復興に向け、販路回復のための個別指導、セミナー及び商談会の開催や、原料転換や省力化、販路回復に必要な加工機器の整備等を支援しました。

（6）漁業経営

①　被災地域における次世代の担い手の定着・確保を推進するため、漁ろう技術の向上のための研修等漁業への新規就業に対する支援を行いました。

②　共同利用漁船・共同利用施設の新規導入を契機とする協業化や加工・流通業との連携等を促進しました。また、省エネルギー化、事業コストの削減、協業化等の取組の実証成果を踏まえて漁船・船団の合理化を促進しました。

③　被災した漁業者、水産加工業者、漁協等を対象とした災害復旧・復興関係資金について、実質無利子化、実質無担保・無保証人化等に必要な経費について助成しました。

（7）漁業協同組合

　漁協系統組織が、引き続き地域の漁業を支える役割を果たせるよう、被害を受けた漁協等を対象として、経営再建のために借り入れる資金について負担軽減のための利子助成を継続しました。

（8）漁村

　地方公共団体による土地利用の方針等を踏まえ、災害に強い漁村づくりを推進しました。具体的には、海岸保全施設や避難施設の整備、漁港や漁村における地震や津波による災害の未然防止及びその被害の拡大防止並びに被災時の応急対策を図る際に必要となる施設整備の推進や、東日本大震災を踏まえて平成24（2012）年4月に改訂を行った「災害に強い漁業地域づくりガイドライン」等の普及・啓発を図り、漁村の様態や復興状況に応じた最善の防災力の確保を促進しました。

第2部

2 原発事故の影響の克服

（第6章（2））

ア 安全な水産物の供給と操業再開に向けた支援

① 安全な水産物を供給していくため、関係府省庁、関係都道県及び関係団体と連携して、東京電力福島第一原子力発電所（以下「東電福島第一原発」という。）周辺海域において水揚げされた水産物の放射性物質濃度調査を引き続き実施するとともに、現在操業が自粛されている海域においても、水産物について放射性物質濃度の測定調査を集中的に実施しました。

また、水産物への放射性物質の移行過程等生態系における挙動を明らかにするための科学的な調査等を実施しました。

② 放射性物質濃度調査結果等に基づき、関係府省庁、関係都道県や関係団体と十分に検討を行い、必要に応じて出荷自粛や出荷制限の設定・解除の調整を行いました。

③ 操業が再開される際には、漁業者や養殖業者の経営の合理化や再建を支援するとともに、専門業者が行うがれきの撤去、漁業者が操業中に回収したがれきの処理への支援を行いました。

イ 風評被害の払拭

① 国内外で生じている水産物の安全性に係る風評被害の払拭が水産業復興に当たっての重要な課題であることから、水産物の放射性物質に関する調査結果及びQ&Aについては、引き続き水産庁Webサイト等に掲載することにより、正確かつ迅速な情報提供に努めました。

また、被災地産水産物の安全性をPRするためのセミナー等の開催を支援しました。

② 東電福島第一原発事故により漁業者等が受けた被害については、東京電力ホールディングス株式会社から適切かつ速やかな賠償が行われるよう、引き続き関係府省庁、関係都道府県、関係団体、東京電力ホールディングス株式会社等との連絡を密にし、必要な情報提供や働きかけを実施しました。

ウ 原発事故による諸外国・地域の輸入規制の撤廃・緩和

日本産農林水産物・食品に対する輸入規制を実施している諸外国・地域に対して、輸入規制の撤廃・緩和に向けた働きかけを継続して実施するとともに、相手国・地域が求める産地証明書等を円滑に発行しました。

Ⅵ　水産に関する施策を総合的かつ計画的に推進するために必要な事項

1 関係府省庁等連携による施策の効率的な推進

水産業は、漁業のほか、多様な分野の関連産業により成り立っていることから、関係府省庁等が連携を密にして計画的に施策を実施するとともに、各分野の施策の相乗効果が発揮されるよう施策間の連携の強化を図りました。

平成30（2018）年の第197回国会にて可決された「海洋再生可能エネルギー発電設備の整

備に係る海域の利用の促進に関する法律」（平成30（2018）年法律第89号）の施行に伴い、漁業と調和のとれた海洋再生可能エネルギー発電施設の整備が促進されるよう、各区域ごとに組織される協議会の場等を通じて、関係府省庁等との連携を図りました。

2　施策の進捗管理と評価

　効果的かつ効率的な行政の推進及び行政の説明責任の徹底を図る観点から、施策の実施に当たっては、政策評価も活用しつつ、毎年進捗管理を行うとともに、効果等の検証を実施し、その結果を公表しました。さらに、これを踏まえて施策内容を見直すとともに、政策評価に関する情報の公開を進めました。

3　消費者・国民のニーズを踏まえた公益的な観点からの施策の展開

　水産業・漁村に対する消費者・国民のニーズを的確に捉えた上で、消費者・国民の視点を踏まえた公益的な観点から施策を展開しました。

　また、施策の決定・実行過程の透明性を高める観点から、インターネット等を通じ、国民のニーズに即した情報公開を推進するとともに、施策内容等に関する分かりやすい広報活動の充実を図りました。

4　政策ニーズに対応した統計の作成と利用の推進

　我が国漁業の生産構造、就業構造等を明らかにするとともに、水産物流通等の漁業を取り巻く実態と変化を把握し、水産施策の企画・立案・推進に必要な基礎資料を作成するための調査を着実に実施しました。

　具体的には、平成30（2018）年度に実施した2018年漁業センサスの結果を公表するとともに、漁業・漁村の6次産業化に向けた取組状況を的確に把握するための調査等を実施しました。

　また、市場化テスト（包括的民間委託）を導入した統計調査を引き続き実施しました。

5　事業者や産地の主体性と創意工夫の発揮の促進

　官と民、国と地方の役割分担の明確化と適切な連携の確保を図りつつ、漁業者等の事業者及び産地の主体性・創意工夫の発揮を促進しました。具体的には、事業者や産地の主体的な取組を重点的に支援するとともに、規制の必要性・合理性について検証し、不断の見直しを行いました。

6　財政措置の効率的かつ重点的な運用

　厳しい財政事情の下で予算を最大限有効に活用するため、財政措置の効率的かつ重点的な運用を推進しました。

　また、施策の実施状況や水産業を取り巻く状況の変化に照らし、施策内容を機動的に見直

第
2
部

し、翌年度以降の施策の改善に反映させていきました。

令和2年度
水 産 施 策

第201回国会（常会）提出

目 次

令和2年度に講じようとする施策

令和2年度に講じようとする施策

概説

1　施策の重点

　我が国の水産業は、国民に対して水産物を安定的に供給するとともに、漁村地域の経済活動や国土強靱化の基礎をなし、その維持発展に寄与するという極めて重要な役割を担っています。しかし、水産資源の減少によって漁業生産量は長期的な減少傾向にあり、漁業者数も減少しているという課題を抱えています。

　こうした水産業をめぐる状況の変化に対応するため、「水産基本計画」（平成29（2017）年4月28日閣議決定）及び「農林水産業・地域の活力創造プラン」（平成30（2018）年6月1日改訂。農林水産業・地域の活力創造本部決定）に盛り込んだ「水産政策の改革について」に基づき、水産資源の適切な管理と水産業の成長産業化を両立させ、漁業者の所得向上を図り、将来を担う若者にとって漁業を魅力ある産業とする施策を講じます。その一環として平成30（2018）年12月に成立した「漁業法等の一部を改正する等の法律」（平成30（2018）年法律第95号）の令和2（2020）年度の施行に向けた準備を進めます。

　また、新たな資源管理システムの下で、適切な資源管理等に取り組む漁業者の経営安定を図るためのセーフティーネットとして、漁業収入安定対策の機能強化を図るとともに、法制化の検討を行います。

　さらに、資源管理の徹底とIUU（違法・無報告・無規制）漁業の撲滅を図り、輸出を促進する等の観点から、漁獲証明に係る法制度についても検討を行います。

　加えて、ICTを活用した適切な資源評価・管理、生産活動の省力化、漁獲物の高付加価値化等を図るため、スマート水産業の社会実装に向けた取組を進めます。

2　財政措置

　東日本大震災からの復興を含め、水産施策を実施するために必要な関係予算の確保とその効率的な執行を図ることとし、令和2（2020）年度水産関係当初予算として、2,034億円（一般会計、前年度2,167億円）及び665億円（東日本大震災復興特別会計、前年度707億円）を計上しています。

3　税制上の措置

　石油石炭税については、輸入・国産農林漁業用A重油等に係る石油石炭税（地球温暖化対策のための課税の特例による上乗せ分を含む。）の免税・還付措置の適用期限を3年延長するとともに、固定資産税については、公共の危害防止のために設置された施設又は設備に係る課税標準の特例措置について対象設備の見直しを行った上、適用期限を2年延長するなど所要の税制上の措置を講じます。

4　金融上の措置

　水産施策の総合的な推進を図るため、地域の水産業を支える役割を果たす漁協系統金融機関及び株式会社日本政策金融公庫による制度資金等について、所要の金融上の措置を講じます。

　また、都道府県による沿岸漁業改善資金の貸付けを促進し、省エネルギー性能に優れた漁業用機器の導入等を支援します。

　さらに、新型コロナウイルス感染症の影響を受けた漁業者に対して、農林漁業セー

フティネット資金等について貸付当初5年間を実質無利子化するなどの支援策を講じるとともに、新型コロナウイルス感染症の影響による売上減少が発生した水産加工業者に対しては、セーフティーネット保証等の中小企業対策等の枠組みの活用も含め、ワンストップ窓口等を通じて周知を図ります。

5 政策評価

効果的かつ効率的な行政の推進及び行政の説明責任の徹底を図る観点から、「行政機関が行う政策の評価に関する法律」（平成13（2001）年法律第86号）に基づき、農林水産省政策評価基本計画（5年間計画）及び毎年度定める農林水産省政策評価実施計画により、事前評価（政策を決定する前に行う政策評価）及び事後評価（政策を決定した後に行う政策評価）を推進します。

Ⅰ 漁業の成長産業化に向けた水産資源管理

1 国内の資源管理の高度化
(1) 適切な資源管理システムの基礎となる資源評価の精度向上と理解の醸成
ア 資源評価の対象種の拡大と精度向上

水揚情報の収集、調査船による調査、海洋環境と資源変動の関係解明、操業・漁場環境情報の収集等の資源調査を実施するとともに、資源評価の精度向上を図るため、人工衛星を用いた海水温や操業状況の解析、新たな観測機器を用いた調査等により情報収集体制の強化に取り組みます。

資源調査の結果に基づき、資源量や漁獲の強さ等の評価を行うとともに、資源管理目標の案や目標とする資源水準までのプロセスを定める漁獲シナリオの案を提示します。

資源評価対象魚種の拡大に向けては、関係都道府県との連携を強化しつつ、120種程度について資源調査を実施します。

併せて、漁業協同組合（以下「漁協」という。）・市場から水揚情報を収集するための体制整備に向けた実証を行います。加えて、生産から流通にわたる多様な場面で得られたデータの連携により、資源評価・管理を推進するとともに操業支援等にも資する取組を推進します。

さらに、データの利活用を適切かつ円滑に行うことを可能とするため、データポリシーの確立やデータの標準化に向けた検討を進めていきます。

イ 水産資源研究センターによる資源評価の実施と情報提供

国立研究開発法人水産研究・教育機構に、新たに水産資源研究センターを設置し、独立性・透明性・客観性・効率性を伴う資源評価を実施するとともに、漁業関係者のみならず消費者も含めた国民全般が資源状況と資源評価結果等について共通の認識を持てるよう、これらの情報を理解しやすい形で公表します。

(2) 産出量規制の推進

「漁業法等の一部を改正する等の法律」第1条に基づく改正後の「漁業法」（昭和24（1949）年法律第267号。以下「新漁業法」という。）の下、持続的に採捕可能な最大の漁獲量(MSY)を目標として資源を管理し、管理手法はTAC（漁獲可能量）を基本とする新たな資源管理システムに移行していきます。令和5（2023）年度までには、漁獲量の8割をTAC管理とすることを目指し、TAC魚種の拡大を進めていきます。

IQ（漁獲割当て）方式については、TAC魚種を主な漁獲対象とする大臣許可漁業において、準備が整ったものから順次、新漁業法に基づくIQによる管理に移行していきます。

なお、これらの推進に当たっては、水揚地において漁獲量を的確に把握する体制整備を検討します。

大半の漁獲物がIQの対象となった漁業については、既存の漁業秩序への影響も勘案しつつ、その他の方法による資源管理措置を確保した上で、漁船の規模に係る規制を定めないこととします。

このほか、漁業許可等による漁獲努力量規制、禁漁期及び禁漁区等の設定を行うほか、都道府県、海区漁業調整委員会及び内水面漁場管理委員会が実施する沿岸・内水面漁業の調整について助言・支援を行います。

(3) 資源管理指針・資源管理計画体制の推進と資源管理協定への移行

資源管理指針・資源管理計画体制を整備し、漁獲努力量削減の取組等を引き続き実施するとともに、この体制の下、科学的知見に基づく資源管理措置の検討や資源管理計画の評価・検証など、資源管理計画の高度化の推進等を支援します。

さらに、資源管理計画を確実に実施する場合に、漁業収入安定対策によって、漁業者の収入の安定等を図ります。

こうした取組を継続しつつ、漁業者自身による自主的な資源管理をより効果的なものとするため、新漁業法に基づく資源管理協定へと順次移行することとします。

(4) 資源管理のルールの遵守を担保する仕組みの推進

重要な輸出品目であるナマコ等を含む沿岸域の密漁については、都道府県、警察、海上保安庁及び流通関係者を含めた関係機関との緊密な連携等を図るとともに、密漁品の市場流通や輸出からの排除に努める等の対策を引き続き実施します。

また、財産上の不正な利益を得る目的による採捕が漁業の生産活動等に深刻な影響をもたらすおそれが大きい水産動植物（以下「特定水産動植物」という。）の採捕を原則として禁止し、違反した者に対する罰則を強化したところであり、今後、ナマコ等について特定水産動植物の指定に向けた検討を進めます。

2 国際的な資源管理の推進
(1) 公海域等における資源管理の推進

① クロマグロ、カツオ、マサバ及びサンマを始めとする資源の管理の推進について、魚種ごとに最適な管理がなされるよう、各地域漁業管理機関において、議論を主導するとともに、IUU漁業対策を強化するため、関係国等との連携・協力、資源調査の拡充・強化による適切な資源評価等を推進します。

② 太平洋クロマグロについては、引き続き、都道府県及び関係団体と協力してWCPFC（中西部太平洋まぐろ類委員会）で採択された30kg未満の小型魚に係る漁獲量の削減措置及び30kg以上の大型魚に係る漁獲量の抑制措置等を遵守するよう取り組みます。

③ ウナギについては、引き続き、中国、韓国及びチャイニーズ・タイペイと共に養殖用種苗の池入れ数量制限に取り組むとともに、法的拘束力のある国際的な枠組みの作成を目指します。

(2) 太平洋島しょ国水域での漁場確保

我が国かつお・まぐろ漁船にとって重要漁場である太平洋島しょ国水域への入漁について、厳しさが増していることから、安定的な入漁を確保するため、地域漁業管理機関を通じた国際資源の持続的な利用確保を図りつつ、二国間漁業協議等を通じて我が国漁業の海外漁場の確保を図ります。

(3) 我が国周辺国等との間の資源管理の推進

我が国の周辺水域における適切な資源管理等を推進するため、韓国、中国及びロシアとの政府間協定に基づく漁業交渉を行います。

また、韓国、中国及び台湾との間の民間協議を支援します。これらの取組とともに、我が国周辺水域における安定的な操業秩序を確保するため、違法操業対策の一層の強化を図ります。

(4) 捕鯨政策の推進

ひげ鯨類について、IWC（国際捕鯨委員会）で採択された方式に沿って算出された捕獲可能量の範囲内で捕獲枠を設定するとともに、漁場の探査や捕獲・解体技術の確立等について必要な支援を行います。

また、非致死的調査の実施や、捕鯨業を実施する中での科学的データの収集等、鯨類の資源管理に必要な科学的情報の収集を更に推進します。

IWC等にオブザーバーとして参加したり、IWCとの共同調査を実施するなど、国際機関と連携しながら、科学的知見に基づく鯨類の資源管理に貢献していきます。

水産資源の持続的な利用という我が国の立場を共有する国々との連携を更に強化していきます。

さらに、各地で行われている食の観点も含めた鯨に関する文化を打ち出した取組を支援するとともに、国内外への我が国の鯨類の持続的な利用に関する考え方について情報発信を行います。

(5) 海外漁業協力等の推進

国際的な資源管理の推進及び我が国漁業者の安定的な入漁を確保するため、我が国漁業者にとって重要な海外漁場である太平洋島しょ国を中心に海外漁業協力を戦略的かつ効率的に実施します。また、入漁国の制度等を踏まえた多様な方式での入漁、国際機関を通じた広域的な協力関係の構築等を推進します。

3 漁業取締体制の強化

資源管理の効果を上げるためには、資源管理のルールの遵守を担保することが必要であり、我が国周辺海域における外国漁船の操業が問題となっている状況を踏まえ、漁業取締本部体制の下、取締船の大型化や増隻を含む取締体制の充実強化、漁業監督官の増員や実務研修等による能力向上を図ります。また、限られた取締勢力を有効活用していくために、VMS（衛星船位測定送信機）の活用や衛星情報等の漁業取締りへの積極的活用、さらには、海上保安庁や都道府県取締機関との連携を通じた取締りの重点化・効率化を図ります。

4 適切な資源管理等に取り組む漁業者の経営安定に資する収入安定対策

記録的不漁や台風が多発する中で、計画的に資源管理等に取り組む漁業者に対して、漁業者が拠出した積立金と国費により補てんする積立ぷらすを活用し、不慮の事故によって受ける損失を補償する漁業共済と併せて漁業者の経営安定を図ります。これに加えて、「漁業法等の一部を改正する等の法律」附則第33条第1項に従って、漁業者の収入に著しい変動が生じた場合における経営への影響緩和策について、漁業災害補償制度の在り方を含めて検討を行います。

また、新型コロナウイルス感染症の影響による魚価の下落等に伴う漁業者の収入減少を補てんする積立ぷらすの基金への積み増しや積立ぷらすの漁業者の自己積立金の仮払い及び契約時の積立猶予の措置を講じます。

5 漁場環境の保全及び生態系の維持

(1) 藻場・干潟等の保全・創造

① 水産生物の生活史に対応した良好な生息環境を創出することにより生態系全体の生産力を底上げし、水産資源の回復・増大と持続可能な利用を図るため、漁場の生物相の変化等に対応して漁場の管理や整備事業の在り方を適切に見直していく順応的管理手法を取り入れた水産環境整備を推進します。また、我が国排他的経済水域における水産資源の増大を図るため、保護育成礁やマウンド礁の整備を行うフロンティア漁場整備事業を実施します。

② 実効性のある効率的な藻場・干潟の保全・創造を推進するための基本的考え方を示した「藻場・干潟ビジョン」に基づき、各海域の環境特性を踏まえ、広域的な観点からハード・ソフトを組み合わせた対策を推進するとともに、漁業者や地域の住民等が行う藻場・干潟等の保全活動を支援します。

③ 磯焼け等により効用の低下が著しい漁場においては、海域環境変動に応じた手法による藻場・干潟等の保全・創造と併せて、ウニ・アイゴ等の食害生物の駆除や海藻類の移植・増殖に対して支援を行うとともに、サンゴに関しては、厳しい環境条件下におけるサンゴ礁の面的保全・回復技術の開発に取り組みます。

④ このほか、生物多様性国家戦略2012-2020（平成24（2012）年9月28日閣議決定）及び農林水産省生物多様性戦略（平成24（2012）年2月2日改定）を踏まえ、藻場・干潟等を含む漁場環境の保全の推進等により、里海・海洋の保全施策を総合的に推進します。

(2) 生物多様性に配慮した漁業の推進

海洋の生態系を維持しつつ、持続的な漁業を行うため、各地域漁業管理機関において、サメ類の資源状況及び漁獲状況の把握、完全利用の推進及び保存管理の推進を行います。

また、海域ごとの実態を踏まえたはえ縄漁業の海鳥混獲回避措置の評価及び改善を行うほか、はえ縄漁業等におけるウミガメの混獲の実態把握及び回避技術の普及に努めます。

(3) 有害生物や赤潮等による漁業被害防止対策の推進

① トド、ヨーロッパザラボヤ、大型クラゲ等の有害生物による漁業被害は、漁業経営のみならず地域経済にも影響を及ぼしていることから、国と地方公共団体との役割分担を踏まえつつ、トドによる漁業被害軽減技術の開発・実証、我が国、中国及び韓国から成る国際的な枠組みの中で行う大型クラゲのモニタリング調査、有害生物の出現状況・生態の把握及び漁業関係者等への情報提供並びに有害生物の駆除・処理及び改良漁具の導入等の取組が効果的かつ効率的に推進されるよう支援します。

② 沿岸漁業・養殖業に被害をもたらす赤潮・貧酸素水塊については、海洋微生物解析による早期発生予測技術、その他の赤潮の予察・防除技術の開発及び人工衛星による有害赤潮の種判別を可能とする技術開発を進めます。また、赤潮・貧酸素水塊を早期にかつ的確に把握するため、自動観測装置をネットワーク化し広域な海域に対応したシステムの開発を支援します。

③ 赤潮等への対策と並行して、漁業生産力の低下が懸念される海域における栄養塩と水産資源の関係の定量的な解明及び適正な栄養塩管理モデルの構築に必要な調査を推進します。

さらに、冬季のノリの色落ち被害を防

止するために必要な栄養塩を確保する漁場環境改善等の技術開発を支援します。

(4) 海洋プラスチックごみ問題対策の推進

漁業・養殖業用プラスチック資材について、環境に配慮した素材への転換の検討等を行うとともに、リサイクルしやすい漁具の検討を行います。また、既存の技術及び新たな成果を用いた削減方策について、漁業者も含めた地域での意見交換等を行い、漁業者への普及に努めます。さらに、マイクロプラスチックを摂食した魚介類の生態的情報の調査を行います。

(5) 産卵場の保護や資源回復手段としての海洋保護区の積極的活用

海洋保護区は漁業資源の持続的利用に資する管理措置の一つであり、漁業者の自主的な管理によって、生物多様性を保存しながら、資源を持続的に利用していくような海域も効果的な保護区となり得るという基本認識の下、海洋保護区の必要性の浸透を図りつつ、海洋保護区の適切な設定と管理の充実を推進します。

(6) 気候変動の影響への適応

海洋環境調査を活用し、海洋環境の変動が水産資源に与える影響の把握に努めることにより、資源管理の基礎となる資源評価や漁場予測の精度向上を図るとともに、これらの結果を踏まえ、環境の変化に対応した順応的な漁業生産活動を可能とする施策を推進します。また、海洋環境の変化に対応した漁場整備を推進します。

Ⅲ 漁業者の所得向上に資する流通構造の改革

1 競争力ある流通構造の確立

世界の水産物需要が高まる中で、我が国漁業の成長産業化を図るためには、輸出を視野に入れて、品質面・コスト面等で競争力ある流通構造を確立する必要があることから、以下の流通改革を進めます。

① 漁業者の所得向上に資するとともに、消費者ニーズに応えた水産物の供給を進めるため、品質・衛生管理の強化、産地市場の統合・重点化を推進し、これとの関係で、漁港機能の再編・集約化や水揚漁港の重点化を進めます。

② 資源管理の徹底とIUU漁業の撲滅を図り、また、輸出を促進する等の観点から、トレーサビリティの出発点である漁獲証明に係る法制度の整備を進めるとともに、ICT等を最大限活用し、トレーサビリティの取組を推進します。

2 加工・流通・消費・輸出に関する施策の展開

(1) 加工・流通・消費に関する施策の展開

ア 多様な消費者ニーズ等に応じた水産物の供給の取組

① 国産水産物の流通・輸出の促進と消費拡大を図るため、水産加工事業者等向けの現地指導やセミナー等の開催、加工原料を新たな魚種に転換する取組や単独では解決が困難な課題に連携して対処する取組、輸出を促進する取組に必要な加工機器等の導入等を支援します。

② 生産者、水産関係団体、流通業者及び行政等、官民の関係者が一体となって消費拡大に取り組む「魚の国のしあわせ」プロジェクトを引き続き推進するとともに、地産地消など各地域のニーズに応じた水産物の供給のため、地域の学校や観光分野（郷土料理、漁業体験、漁家民宿など）等とも連携を図ります。

③ 漁業者・漁業者団体が自ら取り組む6次産業化や、漁業者が水産加工・流通業者等と連携して行う農商工連携等の取組について、引き続き支援します。

④ 新型コロナウイルス感染症の影響を受

ける魚種について、漁業者団体等が一時的に過剰供給分を保管する際の取組を支援します。また、インバウンドの減少や輸出の停滞等により、在庫の停滞及び価格の低下が生じている国産水産物等について、業界団体等が行う販売促進の取組を支援します。

イ 加工・流通・消費の各段階での魚食普及の推進への取組

① 一般消費者向けに、国産水産物の魅力や水産政策の情報発信をするための全国規模の展示・発表会の開催を支援します。

② 流通事業者向けに、水産物の知識や取扱方法等を伝えるため広域的な研修会等の開催を支援します。

③ 魚食普及に取り組む者向けに効果的な魚食普及活動や学校給食関係者等向けに学校給食での国産水産物の利用を促進するためのノウハウを提供する等の広域的セミナー等の開催を支援します。

④ 水産物の安全性に関する情報を分かりやすく紹介したWebサイトの運営や水産物を含む食品の安全に関する情報のメールマガジンによる配信など、インターネットを活用した情報提供の充実を図ります。

⑤ 食品表示に関する規定を一元化した「食品表示法」（平成25（2013）年法律第70号）に基づき、関係府省庁の連携を強化して立入検査等の執行業務を実施するとともに、産地判別等への科学的な分析手法の活用等により、効果的・効率的な監視を実施します。また、平成29（2017）年9月に改正された「食品表示基準」（平成27（2015）年内閣府令第10号）に基づく新たな加工食品の原料原産地表示制度については、引き続き、消費者、事業者等への普及啓発を行い、理解促進を図ります。

⑥ 農林水産省本省や地方農政局等におけ

る「消費者の部屋」において、消費者からの農林水産業や食生活に関する相談を受けるとともに、消費者への情報提供を通じて、水産行政に対する消費者の理解を促進します。

ウ 産地卸売市場を含めた加工・流通構造の改革

① 「食品流通構造改善促進法」（平成3（1991）年法律第59号）に基づき、食品等の流通の合理化を図る取組を引き続き支援するとともに、食品等の取引の適正化のため、取引状況に関する調査の結果を基に、関係事業者に対する指導・助言を実施します。また、令和2（2020）年6月の「卸売市場法」（昭和46（1971）年法律第35号）の改正法施行に向け、卸売市場における取引ルール等の議論を促進します。

② 生産者・流通業者・加工業者等が連携して水産物バリューチェーンの生産性の向上に取り組む場合には、連携体制の構築や取組の効果の実証を支援します。

また、漁業者においても漁獲「量」から販売「額」へ意識を転換するとともに、浜全体でマーケットインの発想に基づく取組を行うこと等を推進することにより、漁獲物の付加価値向上と所得向上を図ります。

③ 「水産加工業施設改良資金融通臨時措置法」（昭和52（1977）年法律第93号）に基づき、水産加工業者が行う新製品の開発や新技術の導入に向けた施設の改良等に必要な資金を融通する措置を講じます。

④ 漁業生産の安定・拡大、冷凍・冷蔵施設の整備、水揚げ集中時の調整保管による供給平準化等を通じ、加工原料の安定供給を図ります。

⑤ 全国の主要漁港における主要品目の水揚量、卸売価格、用途別出荷量や、水産

物の在庫量等の動向に関する情報の収集・発信を行うとともに、水産物流通について調査・検討を行います。

⑥ 品質・衛生管理の強化、ICT等の活用、産地市場の統合・重点化、新たな販路の拡大、トレーサビリティの充実などを推進します。

水産物の流通コストの低減と水産物の高付加価値化を進めるため、産地市場の統合に向けた漁港機能の再編整備を推進します。

エ 水産エコラベルの推進

我が国の水産物が持続可能な漁業・養殖業由来であることを消費者に伝えていく水産エコラベルについて、トレーサビリティ確保の観点を含め、国際取引を含めた水産エコラベルの活用による国産水産物の消費拡大を図るため、国内外の認知度の向上や認証取得の促進に向けた官民連携の取組を引き続き推進します。

オ 漁業とともに車の両輪である水産加工業の振興

個々の加工業者だけでは解決困難な課題に対処するため、産地の水産加工業の中核的人材育成に必要な専門家の派遣、研修会開催等を支援します。また、関係機関や異業種と連携して課題解決に取り組むための計画の作成のほか、計画を実行するための取組について支援します。

また、関係道府県に設置された、水産加工業者向けワンストップ窓口等を通じて、水産施策や中小企業施策等の各種支援策等が水産加工業者に有効に活用されるよう、適切に周知します。

(2) 我が国水産物の輸出促進施策の展開
ア 国内生産体制の整備の取組

安定した養殖生産の確保や適切な資源管理等により国内生産体制の整備を行います。

イ 海外市場の拡大のための取組

海外市場の拡大を図るため、早期の成果が見込める販売促進活動等を支援します。

農林水産物・食品のブランディングやプロモーション等を行う組織として平成29 (2017) 年度に創設された「日本食品海外プロモーションセンター（JFOODO）」と連携した取組を行います。

ウ 輸出先国・地域の規則・ニーズに応じた輸出環境の整備に向けた取組

① 「農林水産物及び食品の輸出の促進に関する法律」（令和元（2019）年法律第57号）に基づき、本年4月に農林水産省に設置される農林水産物・食品輸出本部の下、輸出促進に関する政府の新たな戦略（基本方針）を定め、実行計画（工程表）の作成・進捗管理を行うとともに、関係府省間の調整を行うことにより、政府一体となった輸出の促進を図ります。

② 対EU・対米国輸出施設の認定等を促進するため、研修会の開催や専門家による現地指導への支援、生産海域等のモニタリングへの支援を行います。また、農林水産省による水産加工施設等の対EU輸出施設の認定により、認定施設数の増加を図ります。

③ 輸出先国・地域の基準に対応するための水産加工・流通施設の改修等の支援や、輸出先国・地域の品質・衛生条件への適合に必要な機器整備の支援に取り組みます。また、輸出先国・地域における輸入規制の緩和・撤廃に必要な魚類の疾病に関する科学的データの調査・分析や、輸出先国・地域で使用が認められない動物用医薬品を使用し、生産した水産物の輸出が可能となるよう、輸出先国・地域に対して行う同医薬品の基準値設定の申請に必要な試験等を実施します。

④ 輸出拡大が見込まれる大規模な拠点漁港において、一貫した衛生管理の下、集出荷に必要な岸壁、荷さばき所、冷凍・冷蔵施設、製氷施設等の一体的な整備を推進します。

⑤ 輸出先国・地域に対し、検疫や通関等に際し輸出の阻害要因となっている事項について必要な改善を要請・折衝するほか、EPA（経済連携協定）交渉等の場において輸出拡大が期待される品目の市場アクセスの改善を求めていくとともに、地理的表示（GI）保護制度を導入している国との間で相互保護を進め、日本産農林水産物等のブランドの保護を図ることにより、我が国の事業者が積極的に輸出に取り組める環境を整備します。

(3) 水産物貿易交渉への取組

WTO（世界貿易機関）交渉に当たっては、水産物のように適切な管理を行わなければ枯渇する有限天然資源についてはその適切な保存管理を通じた資源の持続的利用に貢献する貿易のルールを確立すべきであり、特に漁業補助金の規律の強化については真に過剰漁獲能力又は過剰漁獲につながる補助金に限定して禁止すべきであるという基本的考え方に基づき、関係府省庁が十分に連携し、我が国の主張が最大限反映されるよう努めます。

EPA及びFTA（自由貿易協定）等については、幅広い国々・地域と戦略的かつ多角的に交渉を進めます。

Ⅲ 担い手の確保や投資の充実のための環境整備

1 浜の活力再生プランの着実な実施とそれに伴う人材の育成

(1) 浜の活力再生プラン・浜の活力再生広域プラン

水産業や漁村地域の再生を図るため、各浜の実情に即した形で、漁業収入の向上とコスト削減を目指す具体的な行動計画である「浜の活力再生プラン」（以下「浜プラン」という。）及び「浜の活力再生広域プラン」（以下「広域浜プラン」という。）に基づく取組を、引き続き推進します。

また、浜プランに基づく共同利用施設の整備、水産資源の管理・維持増大、漁港・漁場の機能高度化や防災・減災対策等といった取組を支援します。さらに、広域浜プランに基づき、中核的漁業者として位置付けられた者の競争力強化のためのリース方式による漁船の導入等を支援します。

加えて、漁業就業者の減少・高齢化といった実態も踏まえ、浜の資源を活用し消費者のニーズに応えていくため、浜の資源のフル活用に必要な施策について、引き続き検討を行います。

(2) 国際競争力のある漁業経営体の育成とこれを担う人材の確保

持続可能な収益性の高い操業体制への転換を進め、国際競争力を強化していくことが重要な課題となっていることから、このような取組を実施する者については、効率的かつ安定的な漁業経営体となるべく育成し、今後の漁業生産を担っていく主体として重点的に経営施策を支援していきます。

また、漁業収入安定対策に加入する担い手が、漁業生産の大宗を担い、多様化する消費者ニーズに即し、安定的に水産物を供給しうる漁業構造の達成を目指します。

(3) 新規就業者の育成・確保

就職氷河期世代を含む新規漁業就業者を育成・確保し、年齢構成のバランスのとれた就業構造を確立するため、通信教育等を通じたリカレント教育の受講を支援するとともに、道府県等の漁業学校等で漁業への就業に必要な知識の習得を行う若者に対して資金を交付します。全国各地の漁業の就

業情報を提供し、希望者が漁業に就業するための基礎知識を学ぶことができる就業準備講習会や、希望者と漁業の担い手を求める漁協・漁業者とのマッチングを図るための就業相談会を開催します。

また、漁業就業希望者に対して、漁業現場における最長3年間の長期研修の実施を支援するとともに、収益力向上のための経営管理の知識の習得等を支援します。

さらに、全国の地方運輸局において、若年労働力の確保のため、新規学卒者に対する求人・求職開拓を積極的に行うほか、船員求人情報ネットワークの活用や海技者セミナーの開催により、雇用機会の拡大と雇用のミスマッチの解消を図ります。

(4) 漁業経営安定対策の推進

計画的に資源管理に取り組む漁業者や漁場環境の改善に取り組む養殖業者の経営の安定を図るため、自然条件等による不漁時等の収入を補てんする漁業収入安定対策及び燃油や配合飼料の価格高騰に対応するセーフティーネット対策を引き続き実施します。

(5) 海技士等の人材の育成・確保

漁船漁業の乗組員不足に対応するため、水産高校等関係機関と連携して、計画的・安定的な人員採用を行う等、継続的な乗組員の確保に努めます。

特に漁船員の高齢化及び減少に伴い、海技免状保持者の不足が深刻化していることを踏まえ、関係府省庁が連携し、6か月間の乗船実習を含むコースを履修することで、卒業時に海技試験の受験資格を取得し、口述試験を経て海技資格を取得できる新たな仕組みについて、6か月間の乗船実習を含むコースの実施等を支援します。

(6) 水産教育の充実

国立研究開発法人水産研究・教育機構水産大学校において、水産業を担う人材の育成のための水産に関する学理・技術の教授・研究を推進します。

大学における水産学に関する教育研究環境の充実を推進する一方、水産高校等については、地域の水産業界との連携を通じて、将来の地域の水産業を担う専門的職業人の育成を推進します。

沿岸漁業や養殖業の操業の現場においては、水産業普及指導員を通じた沿岸漁業の意欲ある担い手に対する経営指導等により、漁業技術及び経営管理能力の向上を図るための自発的な取組を促進します。

(7) 外国人技能実習制度の運用

事業所管省庁並びに監理団体・実習実施者及び技能実習生の関係者により構成される漁業技能実習事業協議会を適切に運営する等により、開発途上地域等への技能等の移転による国際協力の推進を目的として実施されている漁業・養殖業・水産加工業における技能実習の適正化に努めます。

また、新型コロナウイルス感染症の影響により人手不足となった漁業・水産加工業で作業経験者等の人材を雇用する場合の掛かり増し経費や外国人船員の継続雇用のための経費等について支援します。

(8) 外国人材の受入れ

漁業、養殖業及び水産加工業の維持発展を図るために、人手不足の状況変化を把握しつつ、一定の専門性・技能を有し即戦力となる外国人（1号特定技能外国人）の適正な受入れを進めるとともに、漁業・水産加工製造活動やコミュニティ活動の核となっている漁協・水産加工業協同組合等が、外国人材を地域社会に円滑に受け入れ、共生を図るために行う環境整備を支援します。

(9) 魚類・貝類養殖業等への企業等の参入

企業等の浜との連携、参入を円滑にするための取組として、企業等との連携の要望の把握、浜との連携を希望する企業等に関する情報の収集や浜と企業等のマッチング支援等を行うとともに、浜の活性化の観点から必要な施策を引き続き検討します。

(10) 水産業における女性の参画の促進

第4次男女共同参画基本計画（平成27（2015）年12月25日閣議決定）及び「漁業法等の一部を改正する等の法律」により改正される「水産業協同組合法」（昭和23（1948）年法律第242号）に基づき、漁協系統組織における女性役員の登用ゼロからの脱却に向けた普及啓発等の取組を推進します。

また、漁村地域における女性の活躍を促進するため、漁村の女性等が中心となって取り組む特産品の加工開発、直売所や食堂の経営等を始めとした意欲的な実践活動を支援するとともに、実践活動に必要な知識・技術等を習得するための研修会や優良事例の成果報告会の開催等を支援します。

さらに、漁業・水産業の現場で活躍する女性の知恵と民間企業の技術、ノウハウ、アイデア等を結び付け、新たな商品やサービス開発等を行う「海の宝！水産女子の元気プロジェクト」の活動を推進します。

2 持続的な漁業・養殖業のための環境づくり

(1) 漁船漁業の構造改革

漁船の高船齢化による生産性等の低下や、メンテナンス経費の増大に加え、居住環境等が問題となっており、高性能化・大型化による居住環境の改善や安全性の向上等が必要となっています。造船事業者の供給能力が限られている現状も踏まえ、今後、高船齢船の代船を計画的に進めていくため、漁業者団体による代船のための長期的

な計画の策定・実施を支援します。

職場環境の改善の一つとして、高速インターネットや大容量データ通信等が利用可能となる等、船舶の居住環境の改善に資する高速通信の整備について、関係府省庁で取りまとめた報告書に従って、関係府省庁が連携して情報交換を行い、高速通信の効率的な普及に向けた検討を行います。

(2) 沿岸漁業

沿岸漁業については、浜プランによる所得向上の取組に加え、市場統合や生産体制の効率化・省コスト化、流通・販売の合理化を進めるため、複数の漁村地域が連携し広域的に浜の機能再編や水産関係施設の再編整備、中核的担い手の育成に取り組むための広域浜プランの取組を支援します。

また、沿岸漁業の有する多面的機能や集落維持機能を踏まえ、離島漁業再生支援交付金や水産多面的機能発揮対策交付金等による支援を実施するとともに、漁村地域が有する豊富な観光資源、地域産品、郷土料理等の活用や、地域ブランド、マーケットインによる販路拡大、インバウンドの受入環境の整備及び交流活動の活発化といった取組を推進します。

さらに、「水産政策の改革」により、持続的な漁業の実現のため、新たな資源管理が導入されることを踏まえ、収益性の向上と適切な資源管理を両立させる浜の構造改革に取り組む漁業者に対し、その取組に必要な漁船等のリース方式による導入を支援します。

(3) 沖合漁業

沖合漁業については、合理的・効率的な操業体制への移行等、漁船漁業の構造改革を引き続き推進するとともに、資源変動に対応した操業・水揚体制及び漁業許可制度を検討します。

(4) 遠洋漁業

遠洋漁業については、資源及び漁場を確保するため、国際機関における資源管理において引き続きリーダーシップを発揮し、公海域における資源の持続的利用の確保を図るとともに、海外漁業協力等の推進や入漁国の制度等を踏まえた多様な方式での入漁等を通じ海外漁場での安定的な操業の確保を推進します。

また、新たな操業・生産体制の導入、収益向上、コスト削減及びVD（隻日数）の有効活用により、競争力強化を目指した漁船漁業の構造改革を推進します。

さらに、乗組員の安定的な確保・育成に向けて、漁業団体、労働組織等の間での協議を推進します。

(5) 養殖業
ア 養殖業発展のための環境整備

国内外の需要を見据えて戦略的養殖品目を設定するとともに、生産から販売・輸出に至る総合戦略に基づき、養殖業の振興に本格的に取り組みます。

イ 漁場環境や天然資源への負担の少ない養殖

養殖業者が、「持続的養殖生産確保法」（平成11（1999）年法律第51号）第4条第1項の規定に基づき漁協等が策定する漁場改善計画において設定された適正養殖可能数量を遵守して養殖を行う場合には、漁業収入安定対策の対象とすることにより、漁業者の収入の安定等を図り、適正養殖可能数量の設定及び遵守を促進し、漁場環境への負担の軽減を図ります。

また、天然資源の保存に配慮した安定的な養殖生産を実現するため、主に天然種苗を利用しているブリ、クロマグロ等について人工種苗の生産技術の開発や人工種苗への転換を促進します。

ウ 安定的かつ収益性の高い経営の推進

養殖経営の安定を図るべく、引き続き、配合飼料の価格高騰対策や生餌の安定供給対策を適切に実施するとともに、魚の成長や消化吸収特性にあった配合飼料の開発及び配合飼料原料の多様化を推進します。

さらに、国内向けには水産物の需要の拡大を図るとともに、需要に見合った生産を行い、積極的な輸出拡大を目指す取組を更に進めつつ、市場の需要に応じた生産物の供給や、そのための経営手法の導入による養殖業の成長産業化を推進します。

また、消費者ニーズの高い養殖魚種の生産、養殖生産の多様化、優れた耐病性や高成長などの望ましい形質を持った人工種苗の導入など、養殖生産効率の底上げを図り、収益性を重視した養殖生産体制の導入を図ります。

エ 安全・安心な養殖生産物の安定供給及び疾病対策の推進

① 水産用医薬品の適正使用の確保を図り、養殖衛生管理技術者の養成等を行うとともに、養殖水産動物の衛生管理の取組を支援します。また、養殖魚の食の安全を確保しつつ、魚病対策を迅速化するため、現場におけるニーズを踏まえた水産用医薬品の研究・開発を支援します。

② 生産段階での水産物の安全性の向上を図るため、貝毒やノロウイルスの監視体制の実施に対する指導・支援を行うとともに、貝毒やノロウイルスのリスク管理に関する研究を行います。

また、有害化学物質等の汚染状況を把握するため、ダイオキシン類、メチル水銀、鉛、カドミウム、ノロウイルスについて含有実態調査を実施します。

③ 病原体が不明な4疾病（マダイの不明病、ウナギの板状出血症、ニジマスの通称ラッシュ、アユの通称ボケ病）の診断法と防除法の開発、国内に常在する2疾

病（海産養殖魚のマダイイリドウイルス病、マス類の伝染性造血器壊死症）の新たな清浄性管理手法の確立に資する養殖管理技術の開発を推進します。

オ　真珠養殖及び関連産業の振興

「真珠の振興に関する法律」（平成28（2016）年法律第74号）に基づき、幅広い関係業界や研究機関による連携の下、宝飾品のニーズを踏まえた養殖生産、養殖関係技術者の養成及び研究開発等を推進します。

(6) 内水面漁業・養殖業

内水面漁業施策の推進に当たっては、内水面資源の維持増大を図ること、漁場環境の保全・管理のための活動の核として内水面漁協が持続的に活動できるようにすること及び遊漁や川辺での自然との触れ合いが促進され水産物の販売や農業・観光業との連携による地域振興が進展することを旨として、関係府省庁、地方公共団体及び内水面漁協等が連携し、必要な施策を総合的に推進することとし、「内水面漁業の振興に関する法律」（平成26（2014）年法律第103号）第9条第1項に定める内水面漁業の振興に関する基本的な方針に基づき、次に掲げる施策を推進します。

① 近年特に被害が広域化・深刻化しているカワウについて、「カワウ被害対策強化の考え方」（平成26（2014）年4月23日環境省・農林水産省公表）に掲げる被害を与えるカワウの個体数を令和5（2023）年度までに半減させる目標の早期達成に向けた取組を推進します。

② 外来魚について、効率的な防除手法の技術開発を進めるとともに、電気ショッカーボート等による防除対策を推進します。

③ ニシキゴイ等の伝染性疾病の予防及びまん延防止のため、内水面水産資源に係る伝染性疾病に対する迅速な診断法及び予防・治療技術の開発及び普及を推進します。

④ 内水面水産資源の増殖技術の研究開発を推進するとともに、得られた成果の普及を図ります。

⑤ 浜プラン等の策定及びそれらに基づく内水面水産資源の種苗生産施設等の整備を推進します。

⑥ 水産動植物の生態に配慮した石倉増殖礁の設置や魚道の設置・改良、水田と河川との連続性に配慮した農業水路等の整備、さらにそれらの適切な維持管理を推進するとともに、河川が本来有している生物の生息・生育・繁殖環境等を創出することを全ての川づくりの基本として河川管理を行います。

また、これらの実施に当たっては、各施策の効果を高められるよう関係者間の情報共有や活動の連携を図ります。

⑦ 内水面漁業者が行う内水面漁業の意義に関する広報活動、放流体験等の川辺における自然体験活動及び漁業体験施設等の整備を推進します。

⑧ 「内水面漁業の振興に関する法律」第35条第1項の規定に基づいて設置された協議会において、漁場環境の再生等の内水面漁業の振興に向けた効果的な協議が円滑に行われるよう、関係者間の調整等を行い、それを踏まえた必要な措置を講じます。

⑨ 内水面漁業の有する多面的機能が将来にわたって適切かつ十分に発揮されるよう、内水面漁業者と地域住民等が連携して行う内水面に係る生態系の維持・保全のための活動等の取組を支援します。

⑩ ウナギの持続的利用を確保していくため、国際的な資源管理の取組については、我が国が主導的な役割を果たし、中国、韓国及び台湾との4か国・地域での養殖用種苗の池入れ量制限を始めとする資源

管理を一層推進するとともに、官民一体となって資源管理に取り組みます。

また、国内においては、河川や海域におけるウナギの生息状況や生態等の調査、効果的な増殖手法の開発に取り組むとともに、シラスウナギ採捕、ウナギ漁業及びウナギ養殖業に係る資源管理を一体として推進します。

さらに、養殖用種苗の全てを天然採捕に依存していることから、人工種苗の大量生産の早期実用化に向けた研究開発を推進します。

⑪ 国際商材として輸出拡大が期待されるニシキゴイについて、「農林水産業の輸出力強化戦略」（平成28（2016）年5月農林水産業・地域の活力創造本部とりまとめ）に基づき、輸出促進を図ります。

（7）栽培漁業及びサケ・マスふ化放流事業
ア 種苗放流による資源造成の推進

漁業管理や漁場整備と一体となった種苗放流を推進するとともに、種苗放流の効果を高めるため、遺伝的多様性に配慮しつつ、成長した放流種苗を全て漁獲するのではなく、親魚を取り残し、その親魚が卵を産むことにより再生産を確保する「資源造成型栽培漁業」の取組を推進します。

また、広域種について、海域栽培漁業推進協議会が策定した「栽培漁業広域プラン」を勘案し、関係都道府県が行う種苗放流効果の実証等の取組を推進するとともに、資源回復に向けて、資源管理に取り組む漁業者からのニーズの高い新たな対象種の種苗生産技術の開発を推進します。

二枚貝資源の増加に向けた緊急的な対策として、人工種苗生産の技術が確立しておらず、天然採苗も難しいタイラギ等の二枚貝類の人工種苗生産技術の開発を行います。

イ 対象種の重点化等による効率的かつ効果的な栽培漁業の推進

種苗放流等については、資源管理の一環として実施するものであることを踏まえ、資源造成効果を検証した上で、資源造成の目的を達成したものや、効果が認められないものについては、資源管理等に重点を移し、資源造成効果の高い手法や魚種に重点化する取組を推進します。

ウ サケの漁獲量の安定化

近年放流魚の回帰率低下によりサケ漁獲量が減少していることから、ふ化場の種苗生産能力に応じた適正な放流体制への転換を図る取組等を支援するとともに、放流後の河川や沿岸での減耗を回避するための技術開発や、健康性の高い種苗を育成する手法の開発等に取り組みます。

（8）漁業と親水性レクリエーションとの調和
ア 遊漁者の資源管理に対する取組の促進

漁業者が取り組む資源管理計画等について、都道府県と協力して遊漁者への啓発を実施するとともに、各地の資源管理の実態を踏まえ、必要に応じて海面利用協議会等の場を活用した漁業と遊漁が協調したルールづくりを推進します。

イ 漁業と親水性レクリエーションとの調和がとれた海面利用の促進等

各地の資源管理の実態を踏まえ、必要に応じて海面利用協議会等の協議の場を活用し、漁業と親水性レクリエーションが協調したルールづくりに向け、都道府県による漁業と遊漁を含む親水性レクリエーションとの円滑な調整に向けた関係者への働きかけを推進します。

また、遊漁者等に対し、水産資源の適切な管理や漁場環境の保全への理解向上のため、水産庁Webページ、講演会、イベント、釣り関連メディア等を活用した普及・啓発を実施します。

さらに、都道府県や関係業界等と協力し

て、未成魚の再放流や漁場の清掃等の遊漁者等が参画しやすい取組、安全講習会や現地指導を通じた遊漁船、遊漁船利用者等による安全対策を推進するとともに、漁船とプレジャーボート等の秩序ある漁港の利用を図るため、周辺水域の管理者との連携により、プレジャーボート等の収容施設の整備を推進します。

加えて、「内水面漁業の振興に関する法律」に基づく協議会において、内水面水産資源の回復や親水性レクリエーションとの水面利用に関するトラブル防止等について協議が円滑に行われるよう、関係者との調整に取り組みます。

3　漁協系統組織の役割発揮・再編整備等

漁協系統組織の役割発揮・再編整備等に向け、広域合併等を目指す漁協に対し、事業計画の策定等を支援します。

また、「水産業協同組合法」の改正により公認会計士監査が導入されることに伴う漁協等の取組等を支援します。

併せて、これらの実行に必要となる借入金に対し利子助成等を行います。

引き続き、経営改善に取り組んでいる漁協に対し、借換資金に対する利子助成等を行います。

4　融資・信用保証、漁業保険制度等の経営支援の的確な実施

漁業者が融資制度を利用しやすくするとともに、意欲ある漁業者の多様な経営発展を金融面から支援するため、利子助成等の資金借入れの際の負担軽減や、実質無担保・無保証人による融資に対する信用保証を推進します。

また、自然環境に左右されやすい漁業の再生産を確保し、漁業経営の安定を図るため、漁業者ニーズへの対応や国による再保険の適切な運用等を通じて、漁船保険制度

及び漁業共済制度の安定的な運営を確保します。

Ⅳ　漁業・漁村の活性化を支える取組

1　漁港・漁場・漁村の総合的整備

(1) 水産業の競争力強化と輸出促進に向けた漁港等の機能向上

我が国水産業の競争力強化と輸出の促進を図るため、広域浜プランとの連携の下、荷さばき所等の再編・集約を進め、地域全体において漁港機能の強化を図るとともに、水産物の流通拠点となる漁港において、高度な衛生管理に対応した岸壁、荷さばき所、冷凍及び冷蔵施設等の一体的整備や大型漁船等に対応した岸壁の整備等により、市場・流通機能の強化を図ります。

さらに、地域の中核的な生産活動等が行われる地域においては、養殖等による生産機能の強化を図ります。

また、国内への安定的な水産物の供給とともに、輸出先国・地域のニーズに対応した生産・流通体制の整備を推進します。

(2) 豊かな生態系の創造と海域の生産力向上に向けた漁場整備

漁場環境の変化への対応や水産生物の生活史に配慮した水産環境整備の実施により、豊かな生態系の創造による海域全体の生産力の底上げを推進します。

特に沿岸環境の改善に当たっては、広域的な藻場・干潟の衰退や貧酸素水塊等の底質・水質悪化の要因を把握し、ハード対策とソフト対策を組み合わせた回復対策を推進するとともに、海水温上昇等に対応した漁場整備を推進します。

また、沖合域においては、漁場整備による効果を把握しつつ、新たな知見や技術をいかし、資源管理と併せて効率的な整備を推進します。

（3）大規模自然災害に備えた対応力強化

　南海トラフ地震等の切迫する大規模な地震・津波などの大規模自然災害に備え、主要な漁港施設の耐震・耐津波対策の強化や避難地・避難路等の整備を行うとともに、災害発生後の水産業の早期回復を図るための事業継続計画の策定等ハード対策とソフト対策を組み合わせた対策を推進します。

　また、今後、激甚化が懸念される台風・低気圧災害等に対する防災・減災対策や火災、土砂崩れ等の災害対策に取り組み、災害に強い漁業地域づくりを推進します。

　さらに、平成30（2018）年台風21号や平成30（2018）年北海道胆振東部地震を始めとした自然災害を踏まえ、流通や防災上特に重要な漁港を対象に緊急点検を行った結果判明した主要施設の倒壊や電源の喪失に重大なリスクを有する漁港について、防波堤等の強化や主要電源の浸水対策、非常用電源の設置等の緊急対策を推進します。漁港海岸についても同様に緊急点検結果を踏まえ、早期に対策の効果が上げられる緊急性の高い箇所において高潮対策等を推進します。

（4）漁港ストックの最大限の活用と漁村のにぎわいの創出

　将来を見据えた漁村の活性化を目指し、浜プランの取組を推進するほか、定住・交流の促進に資する漁村環境整備を推進します。漁業者の減少や高齢化、漁船の減少に対応するため、漁港機能の再編・集約化を図ることにより、漁港水域の増養殖場としての活用等、漁港施設の有効活用・多機能化を推進します。

　また、漁港ストックを活用した水産業の6次産業化や海洋性レクリエーションの振興のほか、再生可能エネルギーの活用による漁港のエコ化を推進します。

　女性・高齢者を含む漁業就業者を始めとする漁村の人々にとって、住みやすく働きやすい漁村づくりを推進するため、漁村の環境改善対策を推進します。

　さらに、漁港施設等の長寿命化対策を推進し、漁港機能の維持・保全を計画的に実施するため、機能保全計画に基づき、ライフサイクルコストの縮減を図りつつ、戦略的に施設の維持管理・更新を推進します。

2　多面的機能の発揮の促進

　自然環境の保全、国境監視、海難救助による国民の生命・財産の保全、保健休養・交流・教育の場の提供などの、水産業・漁村の持つ水産物の供給以外の多面的な機能が将来にわたって発揮されるよう、国民の理解の増進及びその効率的・効果的な取組を促進します。

　特に国境監視の機能については、全国に存在する漁村と漁業者による巨大な海の監視ネットワークが形成されていることから、国民の理解を得つつ、漁業者と国や地方公共団体の取締部局との協力体制の構築等その機能を高めるための取組を進めます。

3　水産業における調査・研究・技術開発の戦略的推進

ア　資源管理・資源評価の高度化に資する研究開発

①　観測機器や解析モデルの改良による海洋環境の現況把握と将来予測精度の向上を図り、海況予測等の海洋環境把握の精度向上を図るとともに、分布、回遊、再生産等が変化している重要資源に関しては、その生態特性と環境変化との関係について調査研究を進め、その変動メカニズムの分析や、漁況予測等の精度向上を進めます。

　新たな解析手法の導入等により資源評価の精度向上を進めるとともに、生態学的特性にも配慮した資源管理手法の高度化を進めます。

② 水産資源の調査・研究及び水産業に関する新技術開発等の基盤となる水産物に含まれる放射性物質の濃度調査を含めた海洋モニタリング調査及び水産動植物の遺伝資源の収集管理を推進します。

イ　漁業・養殖業の競争力強化に資する研究開発

① ICTなどの新技術を活用して漁業からの情報に基づく7日先までの沿岸の漁場形成予測技術の開発や操業しながら観測できる簡易観測機器等を開発し、経験や勘に頼る漁業からデータに基づく効率的・先進的なスマート水産業への転換を進めます。

② 水産物の安定供給や増養殖の高度化に資するため、産学官連携を図りつつ、ウナギ、クロマグロ等の人工種苗生産技術の開発を推進します。

ウナギについては、商業ベースでの種苗の大量生産に向けた実証試験を行います。

また、気候変動の影響に適応した高水温耐性等を有する養殖品種の開発等に取り組みます。

ウ　漁場環境の保全・修復、インフラ施設の防災化・長寿命化等に資する研究開発

藻場の消失の原因究明と修復につながる基礎的知見の増大を図るとともに、干潟の生態系を劣化させる要因を特定し、効果的に生産力を向上させる技術の開発を推進します。

また、地震・津波等の災害発生後の漁業の継続や早期回復を図るための防災・減災技術の開発を推進するとともに、漁港施設などの既存ストックを最大限に活用するための維持保全技術、ICTの活用による漁港施設や漁場の高度な管理技術の開発を推進します。

エ　水産物の安全確保及び加工・流通の効率化に資する研究開発

鮮度を維持しつつ簡便・迅速に長距離輸送する技術や、高品質のまま流通させる新規の鮮度保持技術、品質評価技術を開発するとともに、鮮度を保持しながら魚肉の褐変を抑制する酸素充填解凍技術を開発します。

加工や流通、消費の段階で魚介類の価値を決定する重要な品質（脂肪含有量及び鮮度）を非破壊分析し、品質の高い水産物を選別する技術を開発します。

水産物の安全・安心に資するため、原料・原産地判別技術の高度化を推進するとともに、低・未利用水産資源の有効利用、水産加工の省力化、輸出の促進等のための技術を開発します。

また、マイクロプラスチックを摂食した魚介類の生態的情報の調査を行います。

4　漁船漁業の安全対策の強化
(1) 漁船事故の防止
ア　AIS（船舶自動識別装置）の普及

関係府省庁と連携してAISの普及促進のための周知啓発活動を行います。

イ　安全対策技術の実証

漁船事故については、小型漁船の事故要因として最も多い衝突・転覆事故への対策が重要であり、小型漁船の安全対策技術の実証試験等を支援し、事故防止に向けて技術面からの支援を図ります。

ウ　気象情報等の入手

① 海難情報を早期に把握するため、遭難警報等を24時間体制で聴取するとともに、24時間の当直体制等をとって海難の発生に備えます。

② 気象庁船舶気象無線通報等により、海洋気象情報を始めとする各種気象情報を提供します。

また、海の安全情報（沿岸域情報提供システム）を運用し、全国各地の灯台等で観測した局地的な気象・海象の現況、海上工事の状況、海上模様が把握できるライブカメラの映像等、海の安全に関する情報をインターネットやメール配信により提供します。

③ 航海用海図を始めとする水路図誌の刊行及び最新維持に必要な水路通報の発行のほか、航海用電子海図の利便性及び信頼性の向上に取り組むとともに電子水路通報を発行します。

航海の安全確保のために緊急に周知が必要な情報を航行警報として、無線放送やインターネット等により提供するとともに、水路通報・航行警報については、有効な情報を地図上に表示したビジュアル情報をWebサイトで提供します。

さらに、漁業無線を活用し、津波、自衛隊等が行う射撃訓練、人工衛星の打上げ等の情報を漁業者等へ提供します。

(2) 労働災害の減少
ア 安全推進員の養成

漁船での災害発生率の高さを受け、漁船の労働環境の改善や海難の未然防止等について知識を有する安全推進員等を養成し、漁業労働の安全性を向上させるとともに、遊漁船業者等への安全講習会の実施及び安全指導の実施等の取組を支援します。

イ ライフジャケットの着用促進

平成30（2018）年2月から、小型船舶におけるライフジャケットの着用義務範囲が拡大され、原則、船室の外にいる全ての乗船者にライフジャケットの着用が義務付けられました。しかしながら、依然として着用が徹底されていない状況が見受けられるため、引き続きライフジャケットの着用率向上を目指し、周知徹底を図ります。

5 渚泊の推進による漁村への来訪者増加

海辺や漁村は、都市住民等にとって非日常的な景観や体験を享受することができる憩いの場となっているほか、新鮮な水産物を食べることができる等、豊富な観光資源を有しており、訪日外国人を含む旅行者の漁村への訪問増加を図るため、旅行者受入れビジネスとして実施できるような体制や漁村での滞在に必要な宿泊施設、漁業体験施設、水産物の提供施設等の整備を推進します。

V　東日本大震災からの復興

1 着実な復旧・復興
(1) 漁港

被災した漁港や海岸を早期に復旧するとともに、必要な機能を早期に確保するため、被災した拠点漁港等の流通・防災機能の強化、かさ上げ等の地盤沈下対策等を推進します。

(2) 漁場・資源

本格的な漁業の復興に向けて、専門業者が行うがれきの撤去や漁業者が操業中に回収したがれきの処理への支援を行うとともに、引き続き、藻場・干潟の整備等を推進します。

(3) 漁船

漁船・船団等の再建に当たっては、適切な資源管理と漁業経営の中長期的な安定の実現を図る観点から、震災前以上の収益性の確保を目指し、省エネルギー化及び事業コストの削減に資する漁船の導入等による収益性の高い操業体制への転換を図るために必要な経費を支援するとともに、共同利用漁船等の復旧について支援します。

また、効率的な漁業の再建を実現すべく、

省エネルギー性能に優れた漁業用機器の導入について支援します。

(4) 養殖・栽培漁業

養殖業の復興に当たり、被災地域が我が国の養殖生産の主要な拠点であることを踏まえ、他地域のモデルとなる養殖生産地域の構築を推進します。

また、被災した養殖施設の整備、被災海域における放流種苗の確保、震災によるサケの来遊数減少に対応した採卵用サケ親魚の確保等について支援します。

(5) 水産加工・水産流通

① 被災した漁港の機能の回復を図るための施設等の整備について支援するとともに、荷さばき施設等の共同利用施設について、規模の適正化や高度化等を図るための支援を行います。

② 水産物の生産・流通拠点となる漁港の産地市場について、品質・衛生管理の向上等による流通機能の強化・高度化を推進します。

③ 水産加工業の復興に向け、販路回復のための個別指導、セミナー及び商談会の開催や、原料転換や省力化、販路回復に必要な加工機器の整備等を支援します。

(6) 漁業経営

① 被災地域における次世代の担い手の定着・確保を推進するため、漁ろう技術の向上のための研修等漁業への新規就業に対する支援を行います。

② 共同利用漁船・共同利用施設の新規導入を契機とする協業化や加工・流通業との連携等を促進します。また、省エネルギー化、事業コストの削減、協業化等の取組の実証成果を踏まえて漁船・船団の合理化を促進します。

③ 被災した漁業者、水産加工業者、漁協等を対象とした災害復旧・復興関係資金について、実質無利子化、実質無担保・無保証人化等に必要な経費について助成します。

(7) 漁業協同組合

漁協系統組織が、引き続き地域の漁業を支える役割を果たせるよう、被害を受けた漁協等を対象として、経営再建のために借り入れる資金について負担軽減のための利子助成を継続します。

(8) 漁村

地方公共団体による土地利用の方針等を踏まえ、災害に強い漁村づくりを推進します。具体的には、海岸保全施設や避難施設の整備、漁港や漁村における地震や津波による災害の未然防止及びその被害の拡大防止並びに被災時の応急対策を図る際に必要となる施設整備の推進や、東日本大震災を踏まえて平成24（2012）年4月に改訂を行った「災害に強い漁業地域づくりガイドライン」等の普及・啓発を図り、漁村の様態や復興状況に応じた最善の防災力の確保を促進します。

2 原発事故の影響の克服
ア 安全な水産物の供給と操業再開に向けた支援

① 安全な水産物を供給していくため、関係府省庁、関係都道県及び関係団体と連携して、東京電力福島第一原子力発電所（以下「東電福島第一原発」という。）周辺海域において水揚げされた水産物の放射性物質濃度調査を引き続き実施します。

また、水産物への放射性物質の移行過程等生態系における挙動を明らかにするための科学的な調査等を実施します。

② 放射性物質濃度調査結果等に基づき、関係府省庁、関係都道県や関係団体と十分に検討を行い、必要に応じて出荷自粛

や出荷制限の設定・解除の調整を行います。

③　操業が再開される際には、漁業者や養殖業者の経営の合理化や再建を支援するとともに、専門業者が行うがれきの撤去、漁業者が操業中に回収したがれきの処理への支援を行います。

イ　風評被害の払拭

①　国内外で生じている水産物の安全性に係る風評被害の払拭が水産業復興に当たっての重要な課題であることから、水産物の放射性物質に関する調査結果及びQ&Aについては、引き続き水産庁Webサイト等に掲載することにより、正確かつ迅速な情報提供に努めます。

また、被災地産水産物の安全性をPRするためのセミナー等の開催を支援します。

②　東電福島第一原発事故により漁業者等が受けた被害については、東京電力ホールディングス株式会社から適切かつ速やかな賠償が行われるよう、引き続き関係府省庁、関係都道府県、関係団体、東京電力ホールディングス株式会社等との連絡を密にし、必要な情報提供や働きかけを実施します。

ウ　原発事故による諸外国・地域の輸入規制の緩和・撤廃

日本産農林水産物・食品に対する輸入規制を実施している諸外国・地域に対して、輸入規制の緩和・撤廃に向けた働きかけを継続して実施します。また、「農林水産物及び食品の輸出の促進に関する法律」に基づき、相手国・地域が求める産地証明書等の申請・発行窓口の一元化を進め、証明書を円滑に発行します。

Ⅵ　水産に関する施策を総合的かつ計画的に推進するために必要な事項

1　関係府省庁等連携による施策の効率的な推進

水産業は、漁業のほか、多様な分野の関連産業により成り立っていることから、関係府省庁等が連携を密にして計画的に施策を実施するとともに、各分野の施策の相乗効果が発揮されるよう施策間の連携の強化を図ります。

「海洋再生可能エネルギー発電設備の整備に係る海域の利用の促進に関する法律」（平成30（2018）年法律第89号）に基づき、漁業と調和のとれた海洋再生可能エネルギー発電施設の整備が促進されるよう、各区域ごとに組織される協議会の場等を通じて、関係府省庁等との連携を図ります。

2　施策の進捗管理と評価

効果的かつ効率的な行政の推進及び行政の説明責任の徹底を図る観点から、施策の実施に当たっては、政策評価も活用しつつ、毎年進捗管理を行うとともに、効果等の検証を実施し、その結果を公表します。さらに、これを踏まえて施策内容を見直すとともに、政策評価に関する情報の公開を進めます。

3　消費者・国民のニーズを踏まえた公益的な観点からの施策の展開

水産業・漁村に対する消費者・国民のニーズを的確に捉えた上で、消費者・国民の視点を踏まえた公益的な観点から施策を展開します。

また、施策の決定・実行過程の透明性を高める観点から、インターネット等を通じ、国民のニーズに即した情報公開を推進する

とともに、施策内容等に関する分かりやすい広報活動の充実を図ります。

4 政策ニーズに対応した統計の作成と利用の推進

我が国漁業の生産構造、就業構造等を明らかにするとともに、水産物流通等の漁業を取り巻く実態と変化を把握し、水産施策の企画・立案・推進に必要な基礎資料を作成するための調査を着実に実施します。

具体的には、漁業・漁村の6次産業化に向けた取組状況を的確に把握するための調査等を実施します。

また、市場化テスト（包括的民間委託）を導入した統計調査を引き続き実施します。

5 事業者や産地の主体性と創意工夫の発揮の促進

官と民、国と地方の役割分担の明確化と適切な連携の確保を図りつつ、漁業者等の事業者及び産地の主体性・創意工夫の発揮を促進します。具体的には、事業者や産地の主体的な取組を重点的に支援するとともに、規制の必要性・合理性について検証し、不断の見直しを行います。

6 財政措置の効率的かつ重点的な運用

厳しい財政事情の下で予算を最大限有効に活用するため、財政措置の効率的かつ重点的な運用を推進します。

また、施策の実施状況や水産業を取り巻く状況の変化に照らし、施策内容を機動的に見直し、翌年度以降の施策の改善に反映させていきます。

「水産白書」についてのご意見等は、下記までお願いします。
水産庁漁政部企画課動向分析班
　　電話：03-6744-2344　　FAX：03-3501-5097

令和2年版 水産白書

令和2年7月22日　印刷
令和2年7月31日　発行　　　　　　　　　　　　　定価は表紙に表示してあります。

編集　水産庁
〒100-8907　東京都千代田区霞が関1-2-1
https://www.jfa.maff.go.jp/

発行　一般財団法人　農林統計協会
〒153-0064　東京都目黒区下目黒3-9-13 目黒・炭やビル
http://www.aafs.or.jp/
電話　03-3492-2987（出版事業推進部）
03-3492-2950（編　集　部）
振替　00190-5-70255

ISBN978-4-541-04314-6 C0062